数字测图

一体化版

沈友东 主 编

郭阳明 李国太 邓皓玉 肖启艳 林金权 副主编

清華大學出版社

北京

内 容 简 介

本书主要以草图法、编码法、三维测图法测绘大比例尺地形图为主线，按照数字测图生产和运用实际过程编排全书内容。以全站仪、RTK、大疆无人机等仪器为主要硬件，以南方数码 CASS 10.1 和 Context Capture 软件为例来示范数字测图内外业操作流程。全书共有 7 个项目，20 个任务，主要项目包括课程导入、数字测图基础知识、野外数据采集及设备、数字测图外业、大比例尺数字地形图绘制、数字地形图质量检查与验收、数字地形图运用。

本书可以作为高职高专测绘类、建筑类专业教材，也可以作为广大测绘工程技术人员和建筑技术人员的参考书。

图书在版编目（CIP）数据

数字测图 : 一体化版 / 沈友东主编 ; 郭阳明等副主编 . -- 北京 : 清华大学出版社 , 2024. 8. -- ISBN 978-7-302-67024-7

Ⅰ. P231.5

中国国家版本馆 CIP 数据核字第 20244SF505 号

责任编辑：聂军来
封面设计：刘　键
责任校对：袁　芳
责任印制：沈　露

出版发行：清华大学出版社
网　　址：https://www.tup.com.cn, https://www.wqxuetang.com
地　　址：北京清华大学学研大厦 A 座　　**邮　　编：**100084
社 总 机：010-83470000　　**邮　　购：**010-62786544
投稿与读者服务：010-62776969, c-service@tup.tsinghua.edu.cn
质量反馈：010-62772015, zhiliang@tup.tsinghua.edu.cn
课件下载：https://www.tup.com.cn,010-83470410
印 装 者：三河市龙大印装有限公司
经　　销：全国新华书店
开　　本：185mm × 260mm　　**印　　张：**11.75　　**字　　数：**295 千字
版　　次：2024 年 9 月第 1 版　　**印　　次：**2024 年 9 月第 1 次印刷
定　　价：45.00 元

产品编号：102071-01

前　言

党的二十大报告指出："加快建设制造强国、质量强国、航天强国、交通强国、网络强国、数字中国。""数字中国"与地理信息系统、集成遥感、GNSS 技术基础设施有着密切的联系。自然资源部办公厅发布的《关于全面推进实景三维中国建设的通知》以及住房和城乡建设部发布的城市信息模型（CIM）相关文件都强调三维数字模型。目前，建筑类专业学生主要学习的三维数字模型为建筑信息模型（BIM），该模型主要以施工图纸为依托，构建三维数字模型。近年来，随着建筑类专业对实景三维模型建设技术的需要不断提高，依托该课程，基于 STEM 教育理念，编写适合建筑类专业需求的教材就显得十分必要了。

测量是建筑类专[illegible]数字化测绘技术转化，测量数据[illegible]规范化，

前言

党的二十大报告指出："加快建设制造强国、质量强国、航天强国、交通强国、网络强国、数字中国。""数字中国"与地理信息系统、集成遥感、GNSS技术基础设施有着密切的联系。自然资源部办公厅发布的《关于全面推进实景三维中国建设的通知》以及住房和城乡建设部发布的城市信息模型（CIM）相关文件都强调三维数字模型。目前，建筑类专业学生主要学习的三维数字模型为建筑信息模型（BIM），该模型主要以施工图纸为依托，构建三维数字模型。近年来，随着建筑类专业对实景三维模型建设技术的需要不断提高，依托该课程，基于STEM教育理念，编写适合建筑类专业需求的教材就显得十分必要了。

测量是建筑类专业学生学习的基础课程。传统的测量技术正向着数字化测绘技术转化，测量数据采集和处理的自动化、实时化、数字化，测量数据管理的科学化、标准化、规范化，测量数据传播与应用的网络化、多样化、社会化，正成为我国测绘工程技术发展的趋势。随着实景三维中国建设概念的提出，建筑行业迫切需要融合测绘新技术。RTK和无人机测绘技术为实景三维中国建设提供了底层数据平台，为实现建筑行业的数字化转型提供了可能。

本书基于STEM教育理念，编者认真调研社会需求，走访了测绘生产企业、建筑施工管理企业、园林设计施工企业、工程造价事务所等单位，听取了大量宝贵建议，认真讨论了编写大纲，使教材更加贴合我国高职高专建筑类专业教学的实际情况，突出建筑类高职高专专业的特点，注重应用，强化操作技能，体现了高素质高技能型人才培养特点。本书力求使学生通过对理论知识和实践技能的系统学习，基本掌握数字测图的原理，全站仪、RTK、无人机的使用，实景三维模型的建立，能够使用CASS 10.1成图软件进行数据处理、内业成图、图形编辑与整饰，了解地形图质量控制与验收，掌握地形图的运用、实景三维模型修模等有关知识。

本书由江西职业技术大学沈友东、郭阳明、李国太、邓皓玉、肖启艳和江西省地质局第五地质大队测绘地理信息院总工程师林金权共同编写，全书由沈友东主编和统稿。

本书配套有数字测图在线课程视频资源，涵盖了数字测图外业和内业全过程。书中视频资源可以作为读者操作相关软硬件的学习资源，扫描本书正文中的二维码即可观看相应视频。

在编写过程中，本书参阅了大量文献，参考了同类书刊中的一些资料，在此谨向有关作者表示谢意！同时，对清华大学出版社为本书的出版所付出的辛勤劳动表示感谢！

由于编者水平有限，书中仍会有不足和不妥之处，恳请广大读者批评、指正。

编　者

2023年12月

目　录

项目一

课 程 导 入

项目概述

本项目首先对数字测图的职业岗位进行分析，让学生了解典型的数字测图的工作任务、作业方法和工作特点，以及从事该岗位应该具备的知识、技能和素质要求；其次介绍本课程的特点和主要内容，学习本课程的方法和建议；最后重点介绍数字地图和数字测图，并对数字测图的现状和未来发展趋势进行了简要分析。

学习目标

（1）了解目前数字测图常用的方法，数字测图的工作任务、内容、工作特点，理解数字测图的基本概念与特点，以及数字测图技术的发展趋势；

（2）建立跨学科解决某一问题的意识；

（3）通过介绍国产软硬件研发历程，激发学生树立自力更生和不断超越的创新精神。

教学内容

项　目	重　难　点	任　　务	主　要　内　容
课程导入	重点：了解课程工作任务 难点：认识数字测图	任务一　课程工作任务	数字地图的获取；本课程的主要内容；本课程与其他课程的关系和学习要求
		任务二　数字测图简介	数字地图的概念、特点、分类；数字测图的概念、作业流程；数字测图的现状与展望

引导案例

中国幅员辽阔，陆地总面积约 960 万平方千米，海域总面积约 473 万平方千米，中国陆地边界长度约 2.2 万千米，大陆海岸线长度约 1.8 万千米。若错绘国界线、漏绘重要岛屿等，将会严重影响国家领土主权。在国家安全方面，精确地理数据可用于校准导弹制导图，地形匹配制导、影像匹配制导是精确制导武器的主要制导方式。在我国公民使用方面，地图错误将影响点位、长度、面积等精度。为此，《中华人民共和国地图编制出版管理条例》规定地图内容的表示不符合国家有关规定造成严重错误的，公开地图泄露国家秘密或产生危害国家主权或安全、损害国家利益的其他后果的，都将承担相应的法律责任。

任务一　课程工作任务

测绘，是指对自然地理要素或者地表人工设施的形状、大小、空间位置及其属性等进行测定、采集并绘制成图，为人类了解自然、认识自然和改造自然提供服务。以计算机技术、光电技术、网络通信技术、空间科学、信息科学为基础，以全球导航卫星定位系统（global navigation satellite system，GNSS）、遥感（remote sensing，RS）、地理信息系统（geographic information system，GIS）为技术核心，选取地面已有的特征点和界线并通过测量手段获得反映地面现状的图形和位置信息，供工程建设、规划设计和行政管理使用。大比例尺地形图测绘是测绘、公路、建设、水电、城乡规划、国土自然调查、矿山等行业的一些基础性、日常性测绘工作。随着现代测绘仪器的自动化和计算机技术的发展，数字地形图测图方式由传统的全野外数字测图向无人机摄影测量与遥感测图方向发展。

一、数字地图的获取

数字地图的获取主要分为 3 种：利用全站仪、RTK（real time kinematic）或其他测量仪器进行野外观测并绘制成图；利用手扶跟踪数字化仪或扫描仪将纸质地形图数字化；利用相片、影像、点云数据进行数字测图。第一种是外业采集数据，后两种主要是室内作业采集数据。上述技术将采集到的地形数据传输到计算机，由数字成图软件进行数据处理，经过编辑、整饰，生成数字地图。

（一）纸质地图数字化

纸质地图数字化是将已有纸质地形图通过数字化仪或扫描仪进行数字化，这种方法获得的数字地图精度一般低于原图的精度，而且它所反映的只是纸质地形图成图时地表的各种地物地貌，不能保证图纸的现势性，需要进一步补测后成图。

（二）摄影测量或遥感影像数字测图

摄影测量与遥感影像是利用无人机或卫星获取航片和卫片，通过专业处理软件获取数字地图的方法。该方法适用于较大范围的测图，成图速度快、效率高、成本低。随着无人机技术逐渐发展成熟，摄影测量将是大范围数字测图的重要发展方向之一。

（三）野外数字化测图

利用全站仪、RTK、超站仪或其他测量仪器进行野外观测并绘制成图，称为野外数字测图。由于这类测量仪器精度高，电子记录又如实记录和处理，所以野外数字化测图是几种数字地图获取方法中精度最高的一种，也是城市地区的大比例尺测图中最主要的测图方法。

本课程主要根据目前大比例尺数字测图的主流方法（野外数字化测绘和无人机摄影测量）进行编排，同时考虑无人机在建筑、施工和规划设计中越来越多的运用，重点介绍利用全站仪、RTK、无人机进行数据采集，以及实景三维模型和数字地图生产的软件操作。

二、本课程的主要内容

随着城市信息模型的建设，数字测图将是建筑类专业一门重要的专业基础课程，是一门实践性非常强的综合性课程。本课程的主要内容既包括传统的数字测图课程内容，又融合无人机摄影测量技术课程内容，便于建筑类专业学习数字测图。本课程的内容主要分为课程导入、数字测图基础知识、野外数据采集及设备、数字测图外业、大比例尺数字地形图绘制、数字地形图质量检查与验收、数字地形图运用 7 个项目，重点阐述数字测图的基本原理和作业方法。由于目前大比例尺数字测图主要以无人机摄影测量和野外数字化测绘为主，因此本书重点介绍以上两种方式，对遥感成图只简单介绍其基本概念。

通过本课程的学习，学生要能掌握大比例尺数字地形图测绘的基本知识和技能，独立进行大比例尺数字地形图的测绘；掌握实景三维模型建立的方法；在工程建设中正确运用数字地形图与实景三维模型完成规划、设计和施工各阶段的量测、计算、报建和绘图等工作。

三、本课程与其他课程的关系和学习要求

（一）本课程与其他课程的关系

数字测图课程不仅有自身的理论、原则和作业方法及步骤，而且与其他课程如地形测量、CAD 绘图、控制测量、地籍测量和数据库原理与运用、无人机摄影测量技术有着密切的联系，涉及这些课程中的相关基本知识，如图根控制测量、碎部测量、地形图的绘制方法、地形图图式符号的应用、全站仪和 RTK 及无人机等测量仪器的综合运用、数据入库前的工作准备等。

（二）学习本课程的方法

要学好数字测图，必须重视理论联系实际的学习方法。在学习过程中，除课堂上认真听讲，学习理论知识外，还要参加与理论教学对应实训课的教学实习。掌握课堂讲授内容的同时，认真完成每次实训课的实训内容，以巩固和验证所学理论。课后按要求完成作业和虚拟仿真实训的练习，以加深对基本概念和理论的理解，要自始至终完成各项学习任务。在条件允许的情况下，应使用指导教师提供的数字测图虚拟仿真系统、在线课程进行学习，在指导教师的安排下，组织开展一些与本课程相关的、融合多学科知识的综合实训，了解本课程与其他学科的交叉融合性，增强多学科解决问题的能力。

在完成课程实训和教学实习后，可以结合实际项目，积极参与与本课程紧密相关的综合实训。在指导教师的组织安排下，按生产现场的作业要求拟订实践任务或组织参加教学生产实训，将大比例尺数字测图地形数据的采集、数据处理和成图、成果和图形输出、实景三维模型运用等环节的操作过程衔接起来，掌握每一个环节的作业方法和步骤，完成大比例尺测图作业的全过程，通过理实一体化的教育方式，培养分析问题和解决问题的能力以及实际动手能力，为今后从事测绘、智慧城市工作打下良好的基础。

微课：课程工作任务

（三）本课程涉及的技术规范与规定

为系统掌握数字测图，结合将来工作的不同项目，课程列举了与数字测图相关的技术规范与规定，见表 1-1，以帮助大家进一步学习。

表 1-1 数字测图主要技术规范与规定

序号	名　称	标准代号
1	工程测量标准	GB 50026—2020
2	城市测量规范	CJJ/T 8—2011
3	国家基本比例尺地图图式　第 1 部分：1∶500　1∶1 000　1∶2 000 地形图图式	GB/T 20257.1—2017
4	基础地理信息要素分类与代码	GB/T 13923—2022
5	基础地理信息要素数据字典 第 1 部分：1∶500　1∶1 000　1∶2 000 比例尺	GB/T 20258.1—2019
6	基础地理信息城市数据库建设规范	GB/T 21740—2008
7	数字测绘成果质量要求	GB/T 17941—2008
8	数字地形图产品基本要求	GB/T 17278—2009
9	数字测绘成果质量检查与验收	GB/T 18316—2008
10	测绘成果质量检查与验收	GB/T 24356—2023
11	1∶500　1∶1 000　1∶2 000 外业数字测图规程	GB/T 19412—2017
12	城市基础地理信息系统技术标准	CJJ/T 100—2017
13	基础地理信息数字产品元数据	CH/T 1007—2001
14	测绘技术设计规定	CH/T 1004—2005
15	测绘技术总结编写规定	CH/T 1001—2005
16	1∶500　1∶1 000　1∶2 000 地形图航空摄影测量外业规范	GB/T 7931—2008
17	1∶500　1∶1 000　1∶2 000 地形图航空摄影测量内业规范	GB/T 7930—2008
18	地理空间数据交换格式	GB/T 17798—2007
19	测绘作业人员安全规范	CH 1016—2008
20	倾斜数字航空摄影技术规程	GB/T 39610—2020
21	测绘地理信息质量管理办法	国测国发〔2015〕17 号 2015 年 6 月 26 日

任务二　数字测图简介

一、数字地形图

（一）大比例尺数字地形图的概念

按照现代地形图学观点，我们可以这么认为：“地形图是根据一定的数学法则将地球（或其他星体）上的自然和社会现象，通过制图综合所形成的信息，运用符号系统缩绘到平面上的图形，并传递它们的数量和质量，在时间和空间上的分布和发展变化。”地形图包括地物和地貌。地物指的是地球表面的固定物体，如建筑物、道路、河流、森林等；地貌指的是地球表面各种高低起伏形态，如高山、深谷、陡坎、悬崖峭壁、雨裂冲沟等。

随着科学技术与制图工艺的飞速发展，地形图的含义也不断拓展，表现形式更加丰富，特别是计算机制图技术的应用，使得数字地形图开始发展起来。数字地形图是用数字形式描述地图要素的属性、定位和连接关系信息的数据集合。数字地形图经过可视化处理后可以在电子屏幕上显示成为电子地形图，它是数字地形图的一种表现形式。

大比例尺地形图通常指（1∶500）~（1∶10 000）比例尺地形图，相应的数字地形图即可称为大比例尺数字地形图。

（二）大比例尺数字地形图的特点

传统测图的主要产品是纸质地形图，而数字测图得到的是以数字形式存储的数字地形图，数字地形图具有以下主要特点。

1. 生产效率高

与传统白纸测图方法比较，数字测图生产效率高，在外业数据采集阶段，数字测图方法避免了大量烦琐的手工记录、计算、检核等工作，全站仪、RTK 采集的数据与信息可以按照文件的形式直接传输到计算机中进行处理与编辑成图。尤其是现在无人机技术快速发展，可以通过无人机外业自动化采集照片，可大大降低劳动强度，生产效率更高。

2. 点位精度高

在大比例尺地面数字测图时，碎部点一般都是采用全站仪、RTK 直接测量其坐标，所以具有较高的点位测量精度。按目前的测量技术，碎部点相对于邻近控制点的位置精度可以控制在 5cm 以内。

3. 成果更新快

数字地形图的最终成果是图形数据文件和地形图数据库，其更新时，只要将地形图变更的部分输入计算机，通过数据处理即可对原有的数字地形图和有关的信息作相应的更新，使大比例尺数字地形图具有良好的显示性。所以地形图的更新比纸质地图更方便有效、迅速快捷。

4. 输出成果多样化

数字地形图是数字形式存储的，可根据用户的需要，在一定比例尺范围内输出不同比例尺和不同图幅大小的地形图；除基本地形图外，还可输出各种用途的专用地图，如地籍图、管线图、水系图、交通图、资源分布图等。

5. 应用范围广

在国家经济建设、国防和科研的各个领域，数字地形图是重要的基础地理信息资源。大比例尺数字地形图除了具有传统纸质地形图的应用外，还可为建立大比例尺地图数据库和位置有关的信息系统（如 GIS）提供基础数据。特别是智慧城市的建设，迫切需要城市环境的综合信息系统，也就是需要建立城市地理信息系统，而城市测绘工作所提供的地形图和其他数字测绘成果资料是城市地理信息系统的基础，所以数字地形图的应用将更加广泛。

（三）数字地形图的分类

根据国家标准《数字地形图产品基本要求》（GB/T 17278—2009），数字地形图可以按照产品类别、数据结构和空间范围进行分类。

按照产品类别，数字地形图可以分为基本产品和非基本产品两大类。基本产品是符合相应测绘标准规范的国家基本比例尺数字地形图，如 1∶500、1∶1 000、1∶2 000、1∶10 000、1∶50 000、1∶250 000、1∶1 000 000 等比例尺数字地图。非基本产品是指其他比例尺数字地形图，内容包括数字地形图主要要素，表现形式可以是复合图形或渲染图。

数字地形图按空间范围可分为标准图幅和非标准图幅两大类。标准图幅是按照 GB/T 13989 标准分幅的图幅；非标准分幅是按照需要进行的分幅，如行政区域、自然区域和其他区域的分幅。

数字地形图按数据结构分为矢量式、栅格式和矢栅混合式三大类。使用较广的数字地形图有矢量式的数字高程模型、数字线划图，栅格式的数字栅格地图和矢栅混合式的数字正射影像图等。

1. 数字高程模型

数字高程模型（digital elevation model，DEM）是用一组有序数值矩阵形式表示的地面高程的一种实体表面模型。它是在特定投影平面上规则空间水平间隔的高程值矩阵，如图 1-1 所示。DEM 的水平间隔应随地面类型的不同而改变。为控制地表形态，可配套提供离散高程点数据。

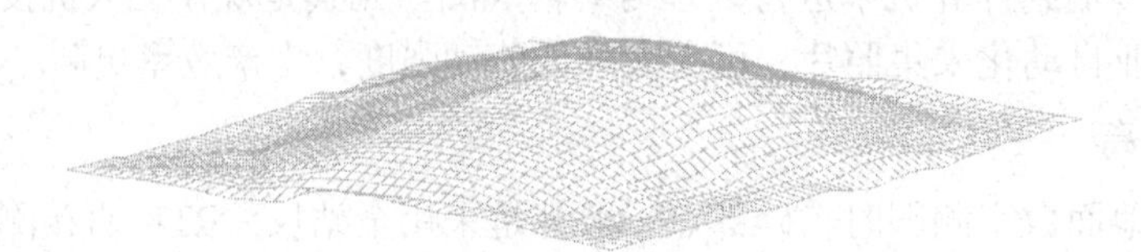

图 1-1 数字高程模型示图

DEM 可以采用野外数据采集法、航空摄影测量法、矢量数据生成法和机载激光雷达测量方法来建立与生成。

DEM 应用可转换为等高线图、透视图、断面图以及专题图等各种图解产品，或者按照用户的需求计算出体积、空间距离、表面覆盖面积等工程数据和统计数据。

2. 数字正射影像图

数字正射影像图（digital orthophoto map，DOM）是利用航空相片和高分辨率卫星遥感图像数据，逐像元进行几何改正和镶嵌，并叠加部分实体要素和注记，按一定图幅范围裁剪生产的数字正射影像图，如图 1-2 所示。

图 1-2 数字正射影像图示图

DOM 可采用航空摄影测量法和卫星遥感摄影法制作生成。它是同时具有地图几何精度和影像特征的图像。DOM 具有精度高、信息丰富、直观真实、获取快捷等优点，可作为背景控制信息，评价其他数据的精度、现实性和完整性；可从中提取数字城市所需要的各种类别的海量地理信息、自然资源信息和社会经济发展技术，为城市现代化建设、防灾减灾和公共城市建设规划各种调查和管理提供可靠依据；还可从中提取和派生新的信息，实现地图的修测更新。

3. 数字栅格地图

数字栅格地图（digital raster graphic，DRG）是各种比例尺的纸介质地形图和各种专业使用的彩色数字化产品。DRG 可作为背景用于数据参照或修测拟合其他地理相关信息，也可用于数字线划图的数据采集、评价和更新，还可与 DOM、DEM 等数据信息集成使用，派生出新的可视信息，从而提取、更新地图数据，绘制纸质地图。

4. 数字线划图

数字线划图（digital line graphic，DLG）是以点、线、面形式或地图特定图形符号形式，表达地形要素的地理信息矢量数据集，是一种更为方便的放大、漫游、查询、检查、量测、叠加的地图。其数据量小，便于分层，能快速地生产专题地图，如图 1-3 所示。

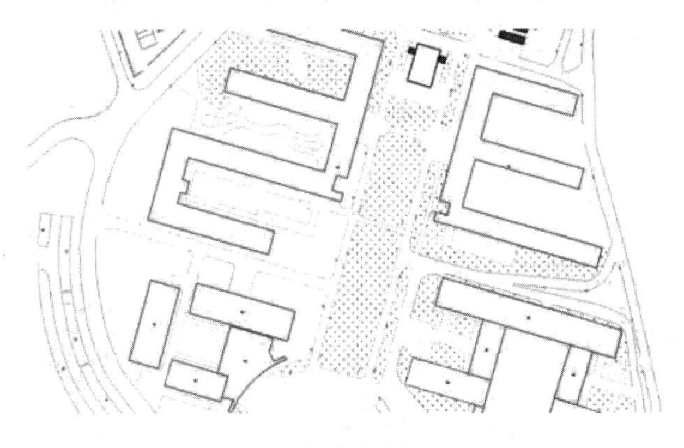

图 1-3　数字线划图示图

DLG 可以采用全野外数据采集法、航空摄影测量法、模拟地形图数字化法来生成。

DLG 是地表上各种地理空间信息的位置矢量表示和属性性质集成，并对各种地理要素进行严格的分层和拓扑关系建立，最终以数据库的形式加以组织，因此具备编码、编辑、查询、检索、统计、分析等功能，是建立各种地理信息系统的数据源。它是 4D（DEM、DOM、DRG、DLG）产品的核心，是 4D 产品中最重要、最实用的产品。它在工程建设的规划与施工设计、土地使用规划与控制、交通规划与建设、城市建设管理、环境工程与大气污染监测、自然灾害的监测评估、自然资源调查和公共事业服务等领域有着广泛的运用。

二、数字测图

（一）数字测图的概念

计算机、测量仪器、数字化测图软件的迅速发展，使人类进入了一个全新的时代——数字时代，数字技术作为数字时代的平台，是实现信息采集、存储、处理、传输和再现的关键。数字技术也对测绘科学产生了深刻的影响，改变了传统的地形测图方法，使测图领域发生了革命性的变化，从而产生了一种全新的地形测图技术——数字测图。利用全站仪、RTK 等测量仪器进行野外数据采集，或利用纸质图扫描数字化及利用无人机航测相片，遥感影像数字化进行室内数据采集，并把采集到的地形数据传输到计算机，由数字成图软件进行数据处理，形成数字地形图的过程，称为数字测图。

广义的数字测图包括全野外数字测图、地形图扫描数字化、航空摄影测量数字测图和遥感影像数字测图。本课程主要介绍全野外数字测图和航空摄影测量数字测图。

（二）数字测图的基本作业流程

大比例尺数字测图项目实施，其作业流程一般可分为以下几个阶段：项目技术设计、测区基本控制与图根控制测量、数据采集和编码、数据处理、质量检查和地图数据的输出。

数字测图项目技术设计的主要目的是根据项目要求，确定测图方法，明确成果的坐标系统、高程基准、时间系统、投影方法、技术等级和精度指标，形成能指导作业的技术设计书。测区控制测量的主要任务是实地建立平面与高程控制系统，为数据采集和相片控制提供基础。数据采集是数字测图的基础，这一工作主要是外业期间完成。内业进行数据的图形处理，在人机交互方式下进行图形编辑，生成绘图文件。质量检查的任务是根据规范与测区技术要求进行相应环节的质量检查，保证数字地图的质量可靠。最后由绘图软件绘制大比例尺地图，其作业阶段划分如图 1-4 所示，各阶段的主要作业内容如下。

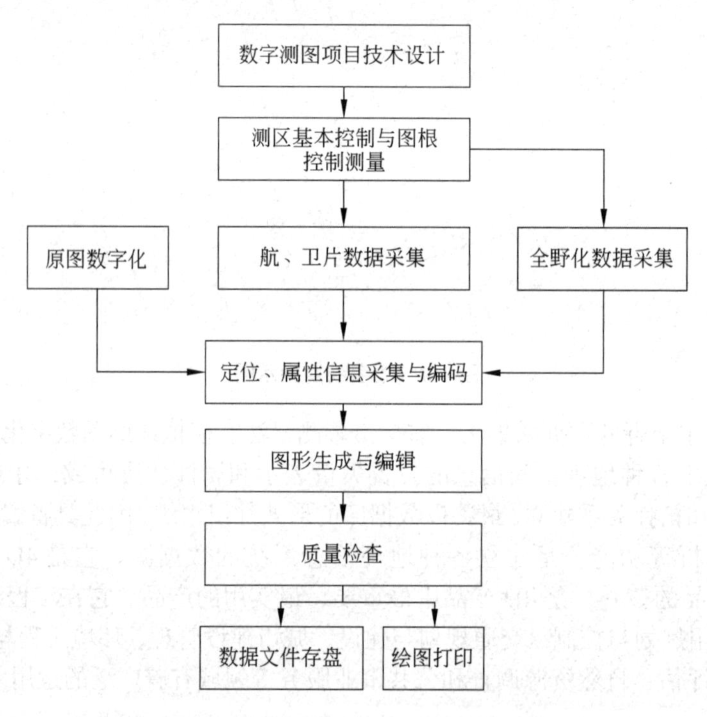

图 1-4　大比例尺数字测图方法与流程示意图

1. 项目技术设计的主要内容

（1）说明任务的来源、目的、任务量、测区范围和作业内容、行政隶属以及完成期限等任务基本情况。

（2）说明与测绘作业有关作业区的自然地理概况。

（3）说明已有资料情况。说明已有资料的数量、形式、主要资料情况和评价，说明已有资料利用的可能性和利用方案等。

（4）说明所引用的标准、规范或其他技术文件。

（5）说明成果（或产品）的主要技术指标和规格。一般包括成果类型及形式、坐标系统、高程基准、时间系统、比例尺、分带、投影方法、分带编号及其空间单元、数据基本内容、数据格式、数据精度以及其他技术指标等。

（6）说明设计方案。主要内容为：硬件与软件环境、作业的技术路线或流程、作业方法与技术要求、生产过程中的质量控制和产品质量检查、数据安全与备份、上交或归档成果、有关附录等。

2. 测区基本控制与图根控制测量

测区基本控制与图根控制测量主要是完成四等以下平面与高程控制测量系统的建立工作，其作业方法有 GPS 测量、导线测量、交会测量和极坐标（引点）法等。精度要求是：四等以下各级基础平面控制测量的最弱点相对于起算点点位中误差不大于 5cm；四等以下各级基础高程控制测量的最弱点相对于起算点高程中误差不大于 2cm；1∶500 测图时图根控制点相对于图根起算点点位中误差不大于 5cm，1∶1 000、1∶2 000 时不大于 10cm，图根控制点高程中误差不大于测图比例尺基本等高距的 1/10。

3. 数据采集和编码

数字测图时数据采集和编码的主要工作是地形碎部点的测量。

地形碎部点的测量工作是获取碎部点数据文件、碎部点之间的连接关系和点的属性。这样，每一个碎部点的记录，通常有点号、观测值、坐标与高程、连接关系及属性。连接关系及属性一般是用编码来完成的，输入这些信息码极其重要，因为地面数字测图在计算机制图中自动绘制地图符号就是通过识别碎部点的信息码执行相应的程序来完成的。信息码的输入可在地形碎部点测量的同时进行，即观测每一个碎部点后随即输入该点的信息码，或者是在碎部点测量时绘制草图，随后按草图输入碎部点的信息码。

4. 数据处理和图形文件生成与编辑

数据预处理是对原始记录数据做检查，删除已作废除标记的记录和删去与图形生成无关的记录，补充碎部点的坐标计算和修改有错误的信息码。数据预处理后生成碎部点数据文件。

根据碎部点数据文件，在数字测图软件的支撑下形成图块文件。图块文件生成后可进行人机交互方式下的地图编辑。在人机交互方式下的地图编辑，主要包括删除错误的图形和不需要表示的图形，修正不合理的符号表示，增添植被、土壤等配置符号以及进行地图注记。

5. 质量检查

质量检查的主要任务是完成作业的过程检查和最终检查，检查的内容包括数学基础、平面和高程精度、接边精度、属性精度、逻辑一致性、整饰质量和附件质量检查等。

微课视频：数字测图简介

6. 地图数据的输出

地图数据的输出可以通过图解和数字方式进行。图解方式是用绘图软件绘图，数字方式是通过数据的存储，建立数据库，最后按项目要求提供数字测图成果。

三、数字测图的现状与展望

（一）数字测图的现状

数字测图是基于计算机自动制图技术的测图方法。20 世纪 50 年代发达国家就开始了计算机自动制图方面的研究，20 世纪 70 年代已具备规模化生产能力，特别是全站仪、数字摄影测量技术的发展，为数字测图提供了有力技术保证。20 世纪 90 年代后，RTK 技术的成熟与应用，它的快速、简便与高效，使得地面数字测图技术开创了新局面。

目前国内大面积数字测图主要采用摄影测量方法，直接外业数据采集数字测图模式主要是全站仪、RTK 数据采集数字化测图（草图测记）。该测图方式为大多数图形编辑软件所支持且自动化程度较高，可较大地提高外业工作效率。由于全站仪可以直接提供碎部点的坐标和高程，因此作业中主要的问题是采集地物属性与连接关系这些信息，一般应在现场对碎部点进行编号、确定属性与连接关系以及绘制草图，以便内业图形编辑处理，这样既保证了地物属性与连接关系，又提高了工作效率。

RTK 数据采集数字化测图，它充分发挥现有 GPS 动态测量的作用，地物属性与连接关系这些信息的采集与处理同全站仪采集基本相同，但有些隐蔽地方，需要借助全站仪和测距仪配合完成数据采集。

随着测量设备的不断更新，地面数字测图的数据采集方法也在不断更新发展，三维激光扫描系统、机载激光雷达、移动扫描车、无人机测量系统，这些先进技术已规模化应用于数字测图中。

（二）数字测图的技术展望

随着科学技术水平的不断提高和地理信息系统的不断发展，全野外数字测图技术将在以下几方面得到较快发展。

1. 地面数据采集设备更加智能化

全站仪与 RTK 测量技术的高度集成，如图 1-5 所示，这样的组合充分发挥了这两类仪器的特点，全站仪测定碎部点方便迅速，RTK 实时定位，迁站快捷，这是外业直接数据采集的一个发展方向。结合无线传输与实时网络传输的应用，数据采集与处理将更加自动化、实时化和网络化。

2. 单点测量向点云测量转变

在外业直接进行数据采集时，传统的方法是单点测量，不管是全站仪还是 RTK，都要一个一个地进行测量。在精度要求高、采集密度大的情况下，工作量巨大，劳动强度大，效率较低。随着三维激光扫描系统的应用，这种情况可以彻底改观，碎部点测量将从单点测量时代向点云测量时代迈进，这是一个概念与观念上的进步，是外业数字测图的发展方向，如图 1-6 所示。

图 1-5　全站仪与 RTK 组合

图 1-6　点云图

3. 数字地图由二维向多维动态发展

地理信息系统的发展趋势将从二维向多维动态发展，由单台机向网络化发展，由简单数据结构向面向对象的矢栅一体化复杂数据结构发展。现在三维景观地图生产已经具有一定规模，随着实时三维数据采集仪器设备的广泛应用，动态、多维、网络地理信息系统的综合分析功能和知识挖掘技术水平的不断提高，利用虚拟现实等技术实现动态多维的虚拟再现是发展的必然。

4. 数字化测图向信息化测绘转变

测绘信息化是指在测绘行业各个领域各个方面充分利用现代信息技术，深入开发和广泛利用地理信息资源，加速实现测绘现代化的进程。测绘信息化主要包括测绘手段现代化、产品形式数字化和信息服务网络化等。测绘信息化的特点主要体现在信息获取实时化、信息处理自动化、信息服务网络化、信息应用社会化等方面。

数字测图相对于传统测图方法已经发生了根本性变革，其数字测绘成果不再只是简单的点位信息，而是包含地理空间位置与相关数学的数据集合，是地理信息系统基础资料，因此，数字测图的内容将不断扩展，其应用也将更加广泛。例如，一栋建筑物测绘，除了要测定其特征点位置，还要采集其相关的信息，包括建筑物权属、材料、结构、面积、高度、建筑时间、施工单位等相关信息；一条排水管线测绘，不只是采集位置和类别的信息，还包括埋深、管径、材质、流向、敷设时间、产权单位等相关信息的采集。数字城市、智慧城市的发展离不开地理信息系统，地理信息系统的建立与更新离不开基础地理信息数据采集，所以信息化测绘是数字测图技术的发展方向和必然趋势。

微课：数字测图现状与展望

今后，数字测图的数据处理将更加科学化、标准化、规格化，数字测图系统将更加智能化、实时化，信息化测绘的成果传播与应用将更加网络化、社会化，数字地图更新将更加自动化、实时化。

课后习题

一、单项选择题

1. 下列属于地物的为（　　）。

A. 高山　　B. 建筑物　　C. 陡坎　　D. 悬崖峭壁

2. 下列属于地貌的为（　　）。

A. 道路　　B. 建筑物　　C. 森林　　D. 深谷

3. 以下（　　）比例尺地形图不属于大比例尺地形图。

A. 1∶500　　B. 1∶1 000　　C. 1∶10 000　　D. 1∶100 000

4. 下列（　　）不属于数字高程模型（DEM）的运用。

A. 计算空间距离　　B. 计算表面覆盖面积

C. 生产等高线图　　D. 生产数字线划图

5. 四等以下各级基础高程控制测量的最弱点相对于起算点高程中误差不大于（　　）。

A. 1mm　　B. 2mm　　C. 2cm　　D. 1cm

6. 测区基本控制测量主要是完成四等以下平面与高程控制测量系统的建立工作，其平面中误差不大于（　　）。

A. 5mm　　B. 5cm　　C. 5dm　　D. 5m

7. 矢量式数字地图不包括的有（　　）。

A. 数字高程模型　　B. 数字线划图

C. 数字栅格地图　　D. 矢栅混合式的数字正射影像图

二、多项选择题

1. 数字线划图可以采用（　　）生产。

A. 全野外数据采集法　　B. CAD 绘图

C. 模拟地形图数字化　　D. 航空摄影测量法

2. 3S 系统包括（　　）。

A. GIS　　B. RS　　C. GNSS　　D. CS

3. 测绘，是指对自然地理要素或者地表人工设施的形状、大小、空间位置及其属性等进行（　　）并绘制成图，为人类了解自然、认识自然和改造自然提供服务。

A. 测设　　B. 测定　　C. 放样　　D. 采集

4. 4D 数字地形图通常指的是（　　）。

A. DEM　　B. DOM　　C. DLG　　D. DRG

5. 数字地图主要技术指标和规格一般包括（　　）。

A. 坐标系统　　B. 高程基准

C. 时间系统　　D. 比例尺

E. 投影方法

6. 数字地形图按数据结构分类，分为（　　）。

A. 矢量式　　B. 标量式　　C. 栅格式　　D. 矢栅混合式

7. 数字地形图按照国家标准《数字地形图产品基本要求》（GB/T 17278—2009）规定，按照产品类别分类，分为（　　）。

A. 1∶500　　B. 1∶1 000　　C. 基本产品　　D. 非基本产品

8. 大比例尺数字地图的特点为（　　）。

A. 生产效率高　　B. 点位精度高

C. 成果更新快　　D. 输出成果多样化

E. 应用范围广

9. 数字地图的获取（　　）。

A. 纸质地图数字化　　B. 摄影测量

C. 遥感影像数字测图　　D. 野外数字化测图

E. CAD 绘图

10. 广义上讲，数字测图包括（　　）。

A. 全野外数字测图　　B. 地形图扫描数字化

C. 航空摄影测量数字测图　　D. 遥感影像数字测图

E. 平板测图

三、简答题

1. 什么是数字测图？

2. 大比例尺数字测图项目实施，其作业流程一般可分为几个阶段？

3. 我国数字测图技术有哪些发展趋势？

项目二

数字测图基础知识

项目概述

本项目主要介绍数字测图所需的基础知识，包括测量坐标系统、数字地图基础技术、数字地图表示方法等，培养学生运用数学和工程知识解决数字测图问题的能力。

学习目标

（1）通过本项目的学习，理解测量坐标系统，了解数字地图基础知识，掌握数字地图表示方法；

（2）通过对数字地图表示方法的讲解培养学生讲规矩、终身学习的意识；

（3）通过测量坐标系统的建立培养学生科学、创新意识。

教学内容

项　目	重　难　点	任　　务	主 要 内 容
数字测图基础知识	重点：数字地图基础技术、数字地图表示方法 难点：测量坐标系统	任务一　测量坐标系统	大地坐标系（球面）；高斯－克吕格平面直角坐标系；高程系统
		任务二　数字地图基础技术	地形图的比例尺；地形图的图号、图名和图廓
		任务三　数字地图表示方法	地物符号；地貌符号；注记符号

引导案例

日常生活经验告诉我们，对于某些曲面，可以设法把它铺成平面，而对于另外一些曲面，则办不到。例如，如果把一个圆柱面用剪刀沿着平行于轴的直线剪开，就可以把它铺成平面，原来柱面上的图形就能按原样描在平面上；但是如果把半个橘子皮压平，它不是产生褶皱就是边缘破裂，假如这个橘子皮上有一个图形，就不能保持原样把它画在平面上。地球表面地物、地貌就像这个橘子皮上的图形，请大家思考，怎样能够将地球表面铺成我们习惯使用的平面？相信通过本项目的学习可以明白科学家解决这个问题的思路。

任务一　测量坐标系统

为了研究空间物体的位置，测量上采用投影的方法加以处理。地面点的空间位置需要三个量来确定，其中两个量表示地面点沿基准线投影到基准面后在基准面上的位置，所以又将这两个量称为坐标；第三个量表示地面点沿基准线到基准面的距离，在测量上称为高程。在这里，基准线可以是点的法线，也可以是点的铅垂线；基准面可以是椭球面，也可以是大地水准面或平面。实际测绘工作中，野外工作的基准面为大地水准面，基准线为铅垂线；内业工作的基准面为参考椭球面，基准线为法线。

表示地面点位置的平面坐标和高程，都是针对某一特定坐标系和高程系而言的。测量工作中常用的球面坐标系是大地坐标系，平面坐标系是高斯－克吕格平面直角坐标系，常用的高程系是正高系，下面分别予以介绍。

一、大地坐标系（球面）

如图 2-1 所示，*NS* 表示椭球的旋转轴，*N* 点表示北极，*S* 点表示南极，包括椭球旋转轴 *NS* 的平面称为子午面，其中通过格林尼治的子午面称为起始子午面，子午面与椭球面的交线是一个椭球，称为子午圈或子午线，子午圈也称为经圈，它有无数个，图中 *NP'SN* 为经过 *P'* 点的子午圈。垂直于旋转轴 *NS* 的平面与椭球面的交线称为平行圈，平行圈也称为纬圈，平行圈也有无数个，其中通过椭球中心 *O* 且与旋转轴 *NS* 正交的平面称为赤道面，赤道面与椭球面的交线 *EFWE* 为赤道。

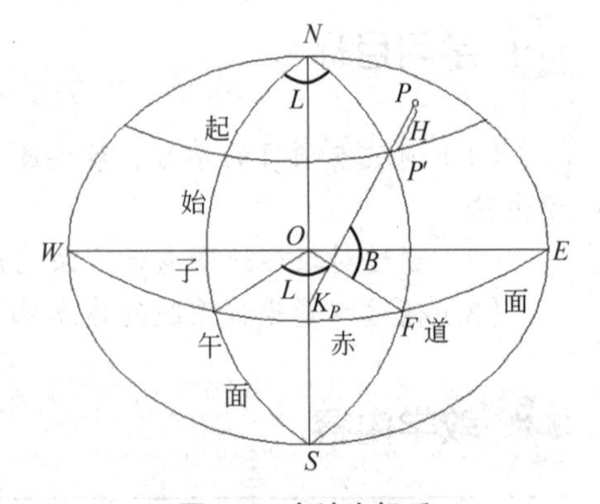

图 2-1　大地坐标系

大地坐标系是以大地经度 *L*、大地纬度 *B* 和大地高 *H* 三个量来表示地面点空间位置的，称为点的大地坐标。图 2-1 中，*P* 点为地面上一点，将 *P* 沿法线 PK_P 方向投影到椭球面上，得 *P'* 点。*P* 点的大地经度 *L*，是指过 *P'* 点的子午面与起始子午面间的夹角，由起始子午面起算，向东为正，称为东经，向西为负，称为西经，其值为 0°～±180°，实际上东经 180° 与西经 180° 是同一子午面；*P* 点的大地纬度 *B* 是指过 *P* 点的法线 PK_P 与赤道面的夹角，由赤道面起算，向北为正，称为北纬，向南为负，称为南纬，其值为 0°～90° *N*(*S*)；*P* 点的大地高 *H* 是 *P* 点沿法线到椭球面的距离 *PP'*，由椭球面起算，向外大地高为正，向内为负。我国的疆域位于赤道以北的东半球，所以各地的大地经度 *L* 和大地纬度 *B* 都是正值。

大地坐标系是大地测量的基本坐标系，它对于大地测量计算、地球形状大小的研究和地图编制都是非常有用的。

二、高斯－克吕格平面直角坐标系

当测区范围较小时，可将地球表面看成平面，这时测得的地面数据可直接缩绘到平面图上。但是，如果测区范围较大，就不能再将地球表面当作平面看待，而应将地面点投影到参考椭球面上，按有关理论进行计算和绘图。但人们在规划、设计和施工中又习惯使用平面图来反映地面形态，而且在平面上进行计算和绘图要比在球面上方便得多。这样就产生了如何将球面上的物体转换到平面上的投影变换问题。在测量工作中，是采用高斯投影的方法来解决的。

（一）高斯投影的概念

椭球面是一个不可展曲面，将椭球面上的图形转换到平面上，就必然要产生一定的变形。此种变形一般分为角度变形、长度变形和面积变形。尽管投影变形不可避免，但是变形的大小却是可以控制的。根据变形的性质，地图投影可以分为等角投影、等距离投影和等面积投影三种。从地形测图和用途的角度出发，最适合的投影是等角投影。

等角投影又叫正形投影，它能保证椭球面的微小图形与其在平面上的投影保持相似，这样测图时可以直接缩绘，用图时可以直接量取。正形投影有两个基本条件：一是保角性，即角度投影后大小不变，这就保证了微分图形投影后的相似性；二是伸长的固定性，即长度投影后产生变形，但同一点上不同方向的微分线段，投影后长度比为常数，如图 2-2 所示。

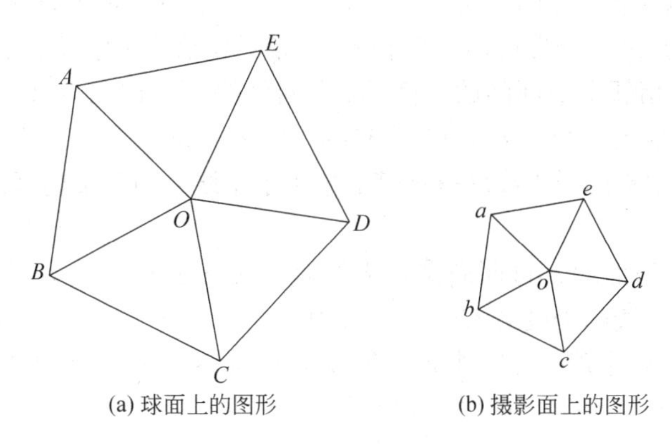

图 2-2　等角投影

球面上无穷小的多边形 *ABCDE* 和它的正形投影 *abcde*，由于角度不变形，故其任意方向的长度比为

$$m=\frac{bo}{BO}=\frac{do}{DO}=\frac{eo}{EO}=\frac{ao}{AO}=\text{常数} \tag{2-1}$$

即

$$m=\frac{\text{投影面上的长度}}{\text{球面上的长度}}=\frac{\mathrm{d}s}{\mathrm{d}S}=k\,(\text{常数}) \tag{2-2}$$

高斯投影是正形投影的一种，最早由高斯提出，后由克吕格加以改进和完善，所以常称为高斯－克吕格投影，简称高斯投影。高斯投影是一种横椭圆柱投影。如图 2-3 所示，设想将椭球装进一个椭圆柱内，使横椭圆柱内面恰好与椭球面上某个子午线相切，这条切线称为中央子午线，这样中央子午线就毫无改变地转移到椭圆柱面，即投影面上，然后将中央子午线附近的一定经差范围内椭球面上的点线按正形投影的条件向横椭圆柱上投影，并从两级将椭圆柱面剪开展为平面，此即高斯投影平面。投影后，中央子午线为一直线，且长度不变，其他子午线投影后均为曲线，且对称地凹向中央子午线，赤道投影后为一直线，且与中央子午线正交，各平行圈投影为曲线，以赤道为对称轴凸向赤道，并与子午线正交。

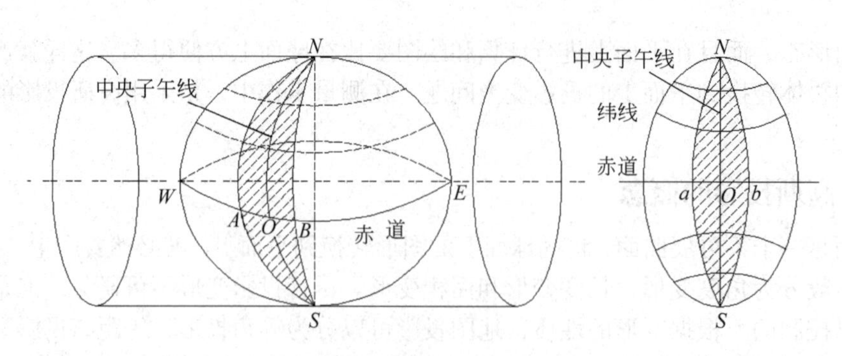

图 2-3　高斯投影平面

（二）高斯投影分带

高斯投影保持了投影前后图形的等角条件，但除中央子午线投影后为一直线，且长度不变外，其他长度都产生变形，投影面上的长度总比球面上大，且离中央子午线越远，变形越大。长度变形过大，会影响测图、施工的精度，因此，必须对这种变形加以限制，使其不超过某一限度。限制的方法就是采用分带投影，使每一投影带只包括位于中央子午线两侧的邻近部分。

投影带宽度是以相邻子午面间的经度差 l 来划分的，有 6°带和 3°带两种。这样，就将椭球面沿子午线划分成若干个经差为 6°和 3°的投影带，每个投影带按高斯投影的规律分别进行投影，位于各带中央的子午线就是该带的中央子午线，而各带边缘的子午线则称为分带子午线。

6°带是自起始子午面起，自西向东每隔经差 6°划分一带，全球共分 60 个带，编号为 1~60，各带的中央子午线的经度 L_0 依次为 3°，9°，15°，…，357°，3°带是自东经 1° 30′开始每隔经差 3°划分的，全球分 120 个带，编号依次为 1~120，各带的中央子午线的经度 L_0 依次为 3°，6°，9°，…，360°，如图 2-4 所示。

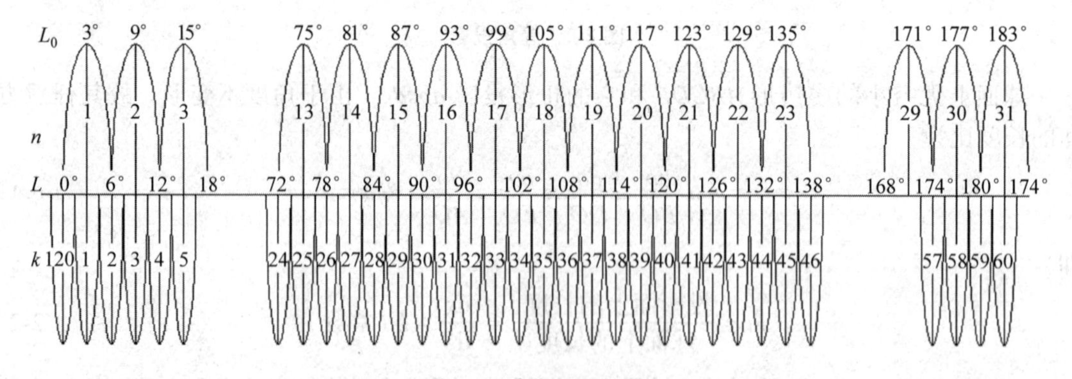

图 2-4　高斯投影分带

我国境内有 11 个 6°带，带号由 13 带到 23 带；有 21 个 3°带，带号由 25 带到 45 带，两者之间无重叠带号。不难看出，3°带的中央子午线经度有一半与 6°带中央子午线经度相同，另一半是 6°分带子午线的经度。

带号与中央子午线经度 L_0 的关系为

$$\begin{cases} L_0^6 = 6n - 3 \\ L_0^3 = 3k \end{cases} \tag{2-3}$$

式中：L_0^6、L_0^3 分别为 6°带和 3°带的中央子午线经度；n、k 分别为 6°带和 3°带的带号。

例如，江西九江位于东经 115° 57′，所在 6°带和 3°带的中央子午线经度为 $L_0^6=L_0^3=117°$，则由式（2-3）得：

$$\begin{cases} n=(L_0^6+3)/6=20 \\ k=L_0^3/3=39 \end{cases} \tag{2-4}$$

可见，九江的 6°带的带号为 20，3°带的带号为 39。

（三）高斯－克吕格平面直角坐标系

采用分带投影后，各带的中央子午线与赤道垂直相交于 O 点，称为坐标原点，如图 2-5 所示。以每一带的中央子午线为纵坐标，用 x 表示，赤道以北为正，赤道以南为负；以赤道为横坐标，用 y 表示，中央子午线以东为正，以西为负。这样，各带就构成了独立的平面直角坐标系，称为高斯－克吕格平面直角坐标系。对 6°带而言，有 60 个这样的坐标系；对 3°带而言，有 120 个这样的坐标系。

地面点在高斯平面直角坐标系中的坐标，用点到两个坐标轴的垂直距离量度。我国位于北半球，纵坐标均为正值，而横坐标则有正有负。为了避免横坐标出现负值，把纵轴向西平移 500km，如图 2-6 所示，即在 y 坐标上统一加上 500km，由于赤道上经差为 3°的平行圈长约为 330km，当纵轴西移后，凡位于中央子午线以东的点，它的横坐标值都大于 500km，而位于中央子午线以西的点，其横坐标值都小于 500km，但均为正值。此外，为了区分某点位于哪一带，还规定在横坐标值前冠以带号。通常把未加 500km 和带号的横坐标值称为自然值，加上的则称为通用值。

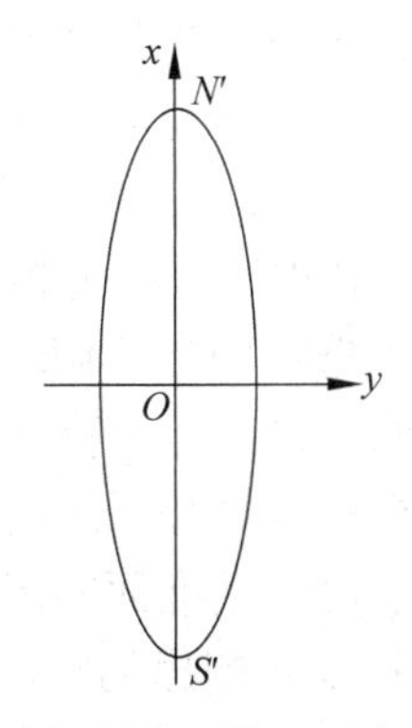

图 2-5　高斯－克吕格平面直角坐标系

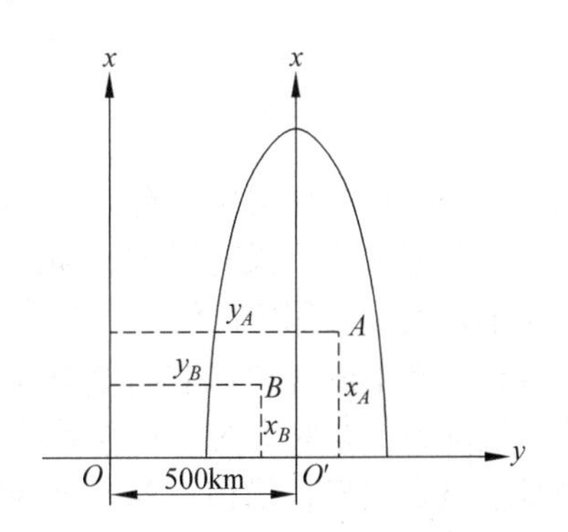

图 2-6　高斯－克吕格平面直角通用坐标

图 2-6 中，设 A、B 两点位于 3°带中的 39 带内，横坐标值的自然值分别为

$$\begin{aligned} y_A' &= 36\ 212.911\text{m} \\ y_B' &= -44\ 423.901\text{m} \end{aligned} \tag{2-5}$$

将 A、B 两点横坐标的自然值加上 500 km，并在前面冠以带号，则通用坐标值为

$$\begin{aligned} y_A &= 39\ 536\ 212.911\text{m} \\ y_B &= 39\ 455\ 576.099\text{m} \end{aligned} \tag{2-6}$$

根据以上结果知道 y 坐标（以米为单位）整数位是 8 位数，测绘管理部门提供的坐标成果均为通用值，在工地中常常可见 y 坐标的整数位是 6 位数是因为去掉了带号。

微课：测量坐标系统

微课：坐标系转换

三、高程系统

为了确定地面点的空间位置，除了要确定其在基准面上的投影位置外，还应确定其沿投影方向到基准面的距离，即确定地面点的高程。

地面点沿铅垂线到大地水准面的距离，称为该点的绝对高程或海拔、标高，简称高程，用 H 表示。如图 2-7 所示，H_A、H_B 表示地面点 A 和 B 的绝对高程。如果基准面不是大地水准面，而是任意假定水准面时，则点到假定水准面的距离称为相对高程或假定高程，用 H' 表示。图 2-7 中的 H'_A、H'_B 表示 A、B 两点的假定高程。

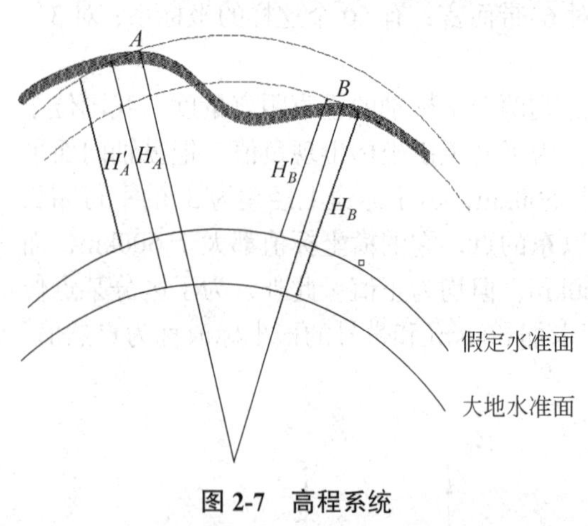

图 2-7　高程系统

20 世纪 80 年代初，我国根据青岛验潮站 1953—1979 年的观测资料，计算水准原点的高程为 72.260 4m,称为“1985 年国家高程基准”，该基准已于 1985 年 1 月 1 日起执行。

全国各地的地面点的高程，都是以青岛国家水准原点的黄海高程为起算数据，因而高程系统是全国统一的。在局部地区，如果远离已知高程的国家水准点，也可建立假定高程系统，即假定某个固定点的高程作为起算点，测算出其他各点的假定高程（也称为相对高程）。

在 GNSS 系统中，没有经过转换测得的高程是相对于一个选定的参考椭球，即所谓的大地高，而不是实际应用中广泛采用的与地球重力场密切相关的正高或正常高。不过如果能够设法获得相应点上的大地水准面差距或高程异常，就可以进行相应高程系统的转换，将大地高转换为正高或正常高系统。正高系统指的是以地球大地水准面为基准面的高程系统，某点的正高是从该点出发，沿该点与基准面间各个重力等位面的垂线所测出的距离，如图 2-8 所示的 H_g，大地水准面到参考椭球面的距离用 N 表示，如果大地水准面差距已知，能够通过 $H_g=H-N$ 确定。确定大地水准面差距的基本方法常用几何内插法，在一个点上进行 GNSS 观测，可以得到该点的大地高 H，若能够得到该点的正常高 H_g，就可根据式（2-7）计算出该点的大地水准面差距 N：

$$N=H-H_g \tag{2-7}$$

式中：H 可通过水准测量测得。

几何内插法的基本原理就是通过一些既进行了 GNSS 观测又具有水准资料的点上的大地水准面差距 N，采用常数、平面、曲面拟合、三次样条内插方法，得到其他点上的大地水准面差距 N，其中常数拟合至少需要 1 个公共点，平面拟合至少需要 3 个公共点，曲面拟合至少需要 6 个公共点，常数拟合在工程建设、小范围数字测图中得到广泛运用。

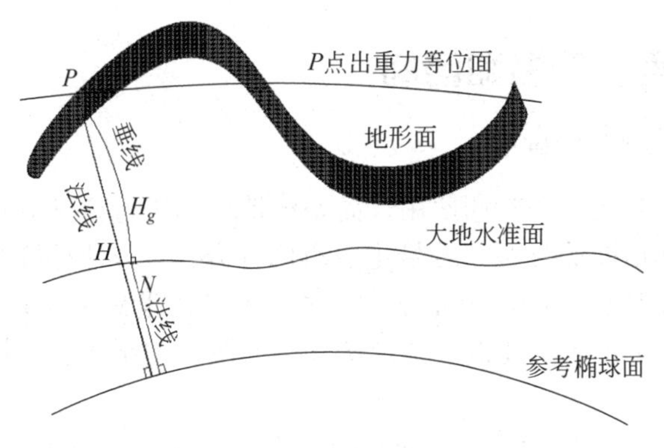

图 2-8　大地高与正高

任务二　数字地图基础技术

一、地形图的比例尺

（一）数字比例尺

地形图的比例尺通常用分子为 1 的分数来表示，称为数字比例尺，也可以用文字或图式来表示。设图上一线段的长度为 d，对应实际地面上的水平长度为 D，则其比例尺可以表示为

$$\frac{d}{D}=\frac{1}{\frac{D}{d}}=\frac{1}{M} \tag{2-8}$$

式中：M 为比例尺分母。

比例尺分母越小即式（2-8）中 M 越小，则比例尺越大，图上表示的内容越详细，但是相同图面表达内容范围越小。

（二）比例尺精度

在正常情况下，人的肉眼可以在图上进行分辨的最小距离是 0.1mm，当图上两点之间的距离小于 0.1mm 时，人眼将无法进行分辨而将其认同一点。因此，在测量工作中，可以将相当于图上长度 0.1mm 的实际地面水平距离称为地形图的比例尺精度。即比例尺精度值为 0.1mm×M。表 2-1 为常用比例尺对应的比例尺精度。

表 2-1　常用比例尺对应的比例尺精度

比例尺	1：500	1：1 000	1：2 000	1：5 000	1：10 000
比例尺精度 /m	0.05	0.1	0.2	0.5	1.0

比例尺精度对测图非常重要。如选用比例尺为 1：500，对应的比例尺精度为 0.05m，在实际地面测量时仅需测量距离大于 0.05m 的物体与距离，因为即使测量得再精细，小于 0.05m 的物体也无法在图纸上表达，因此可以根据比例尺精度来确定实地量距的最小尺寸。再如在测图上需反映地面上大于 0.1m 的细节，则可以根据测图比例尺精度选择测图比例尺为 1：1 000，即根据需求来确定合适的比例尺。

二、地形图的图号、图名和图廓

（一）地形图的分幅和编号

为了便于地形图的测绘、保管和使用，需要将地形图进行科学分幅，并将分幅后的地形图进行系统地编号。地形图的分幅与编号主要有两种方式：一种是按经纬线划分的梯形分幅与编号，主要用于中小比例尺的国家基本图；另一种是按坐标格网划分的矩形分幅与编号，对于工程方面需要的局部地区大比例尺地形图和平面图、中小比例尺挂图和地图集，常用矩形分幅。

1∶5 000 地形图通常采用 40cm×40cm 的正方形分幅，1∶500、1∶1 000、1∶2 000 地形图一般采用 50cm×50cm 的正方形分幅或 40cm×50cm 的矩形分幅；根据实际需要也可采用其他规格的任意分幅。表 2-2 是大比例尺地形图正方形分幅数据表。

表 2-2　大比例尺地形图正方形分幅数据表

比例尺	内图廓尺寸 /cm×cm	实地面积 /km^2	一幅 1∶5 000 图幅包含相应比例尺图幅数
1∶5 000	40×40	4	1
1∶2 000	50×50	1	4
1∶1 000	50×50	0.25	16
1∶500	50×50	0.062 5	64

正方形或矩形分幅的地形图的图幅编号，一般采用图廓西南角坐标千米数编号法，也可以选用流水编号法和行列编号法。

（1）按图廓西南角坐标千米数编号法。

采用图廓西南角坐标千米数编号时，*X* 坐标千米数在前，*Y* 坐标千米数在后。如某幅 1∶1 000 比例尺的地形图的西南角坐标 *X*=30.0km，*Y*=15.0km，则该图幅编号为“30.0-15.0”。在具体编号时，1∶500 地形图取至 0.01km（如 30.11-24.22），1∶1 000、1∶2 000 地形图取至 0.1km（如 12.1-10.2）。

（2）按数字顺序编号法。

对于带状地形图或小面积测量区域，可以按测区统一顺序进行编号，编号时一般按从左到右、从上到下用数字 1，2，3，…编定。对于特定地区，也可以对横行用代号 A，B，C，…从上到下排列，纵向用数字 1，2，3，…排列编定，编号时先行后列，如“A-3”。对于已实测过地形图的测区，也可沿用原有的分幅和编号。

（二）地形图的图名和接图表

图名为本图幅的名称，一般是以本图内最著名的地名或企、事业单位名称来命名。图名选取有困难时，也可不注图名，仅注图号。图名为两个字的其间隔为两个字距、三个字的间隔为一个字距，四个字以上的字一般隔开 2~3mm。图名和图号应注写在图幅的上部中央，且图名在上，图号在下，如图 2-9 所示。

接图表在图的北图廓左上方，用来说明本图与邻近图幅的位置关系。中间画有斜线的格代表本图幅，四邻分别注明相应的图号（图名），便于查找相邻的图幅。

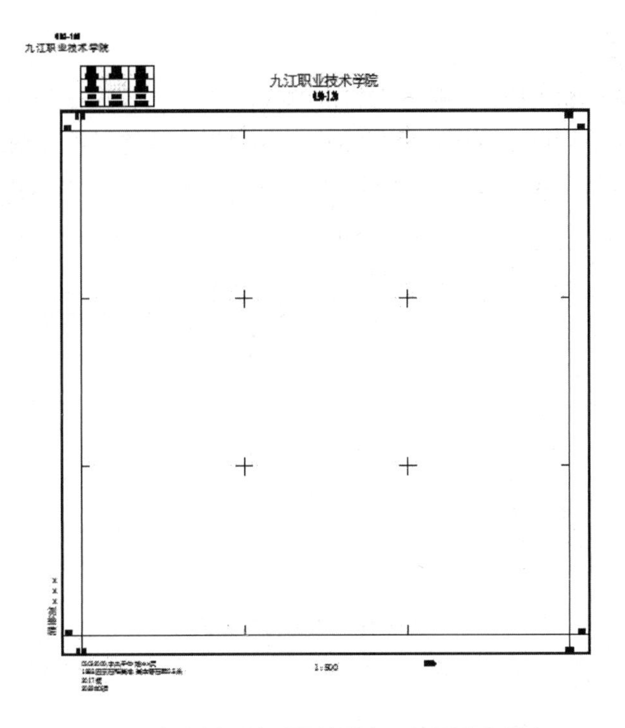

图 2-9　大比例尺地形图的图名、接图表和图廓

（三）地形图的图廓

地形图都有内外图廓，内图廓用细实线表示，是图幅的范围线，绘图必须控制在该范围线内；外图廓用粗实线表示，主要起装饰作用。大比例尺图的内图廓同时也是坐标格网线，在内外图廓之间和图内绘有坐标格网的交点，同时在内外图廓之间标注以千米为单位的坐标格网值。

微课：数字地图基础技术

在图廓外中间处标注数字比例尺，部分图纸也是数字比例尺下方绘制直线比例尺。同时在图廓左下方外应注明测图时间、测图方法、坐标系统以及高程系统等，在右下方标注绘图者等信息。

任务三　数字地图表示方法

数字地图的表示是指用数字形式表示居民地、道路网、水系、境界、土质与植被等基本地理要素的形状、大小和位置以及用等高线等表示地面起伏的普通地图。居民地、道路网、水系、境界、土质与植被和等高线等常用地物符号和地貌符号来表示，并用注记符号对地物符号和地貌符号进行补充说明，下面分别介绍地物符号、地貌符号和注记符号。

一、地物符号

地物是地形图的重要内容，地物的类别、形状、大小及其在图上的位置，都是用符号表示，这样的符号称为地物符号，主要包括测量控制点、水系、居民地及设施、交通、管线、境界等。根据地物特性、用途、形状大小和描绘方法的不同，地物符号分为比例符号、非比例符号、半比例符号。

（一）比例符号

有些地物依比例尺缩小后，其长度和宽度能依比例尺缩小表示，如房屋、花园、草地等，此类地物的形状和大小均可按测图比例尺缩小，并用规定的符号绘在图纸上，这样的地物符号称为比例符号，如图 2-10 所示。比例符号能表示地物的位置、形状和大小。

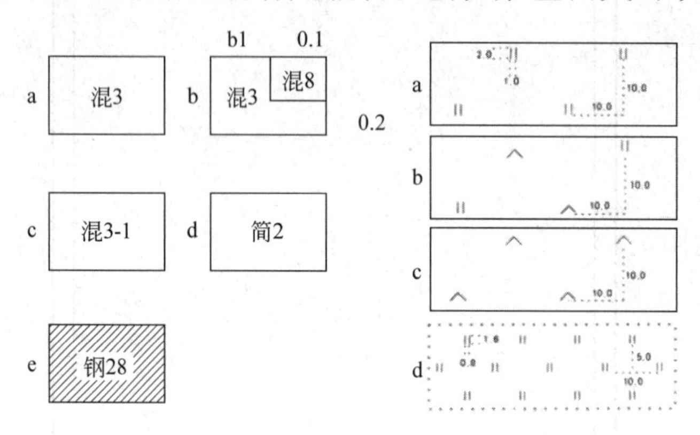

图 2-10 比例符号图式

（二）非比例符号

地物依比例尺缩小后，其长度和宽度不能依比例尺缩小表示，用规定的符号绘在图纸上，并在符号旁标注地物长、宽尺寸值，这样的地物符号称为非比例符号，如图 2-11 所示。如烟囱，窨井盖、测量控制点等，这些地物轮廓较小，无法将其形状和大小按比例缩绘到图上，但该地物又非常重要，因而采用非比例符号表示。非比例符号只表示地物的中心位置，不能反映地物实际的大小。

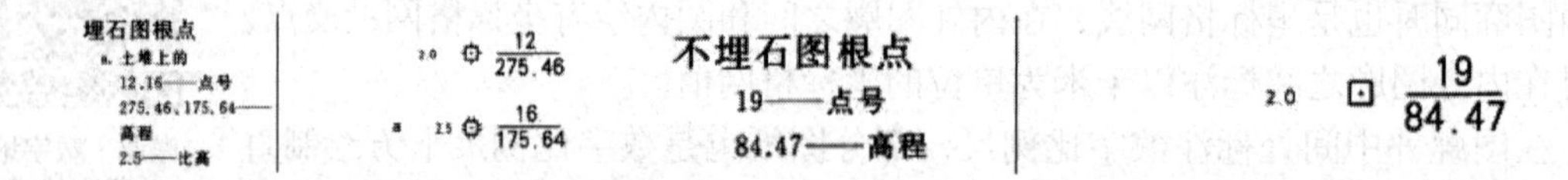

图 2-11 非比例符号图式

（三）半比例符号

地物依比例尺缩小后，其长度能按比例尺缩小而宽度不能按比例尺缩小表示，用规定的符号绘在图纸上并在符号旁只标注宽度尺寸值，这样的地物符号称为半比例符号，如图 2-12 所示。半比例符号一般用来表示线状地物，因此也常被称为线形符号。一些带状狭长地物，如管线、公路、铁路、河流、围墙、通信线路等，长度可按比例尺缩绘，而宽度按规定尺寸绘出，常用半比例符号表示。半比例符号的中心线代表地物的中心线位置。

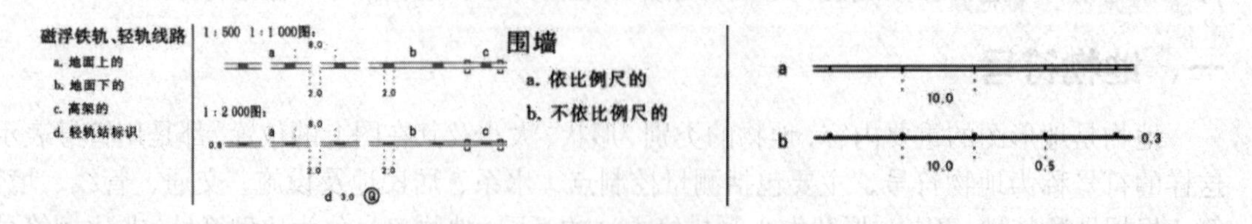

图 2-12 半比例符号图式

二、地貌符号

地貌在地形图上主要用等高线表示。用等高线表示地貌，能够准确表示地面起伏形态，确定地面点的高程，也能直接判断或确定地面坡度的变化。下面介绍用等高线表示地貌的方法。

（一）等高线的概念

等高线是地面上高程相同的相邻各点连成的闭合曲线。如图 2-13 所示，用一组等距（h 相等）的水平面去切某高地，得到一组截交线。然后再将各截交线垂直投影到水平面上，并按测图比例尺缩小，就得出表示该地貌的等高线。

（二）等高距和等高线平距

相邻等高线之间的高差称为等高距，用 h 表示。相邻等高线之间的水平距离称为等高线平距，用 d 表示，如图 2-14 所示。同一幅地形图的等高距是相等的，所以等高线平距的大小是由地面坡度的陡缓来反映的。等高距 h 与等高线平距 d 的比值就是地面坡度 i，即

$$i=\frac{h}{d} \tag{2-9}$$

显然，等高线平距越小，相应等高线紧密，则对应地面坡度大、较陡；等高线平距越大，相应等高线越稀，则对应地面坡度小、较缓；如果一系列等高线平距相等，则该地的坡度相等。

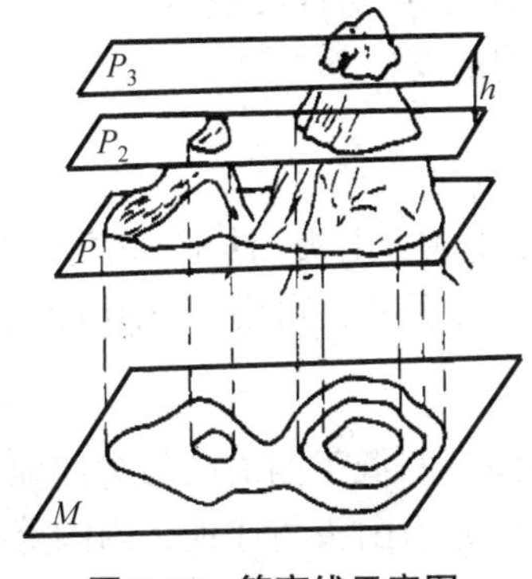

图 2-13　等高线示意图

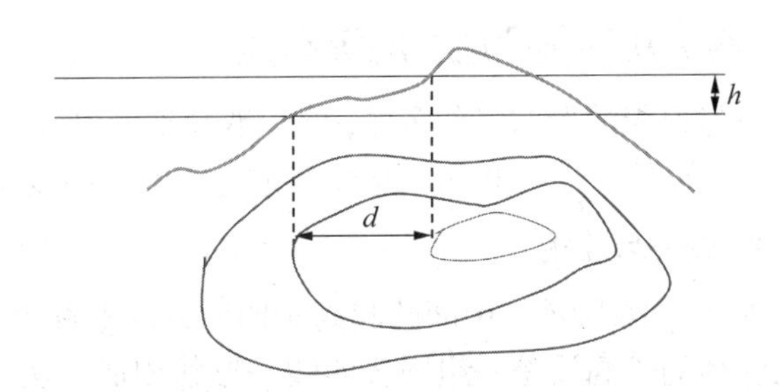

图 2-14　等高距和等高线平距

在一个区域内，如果等高距过小，则等高线非常密集，该区域将难以表达清楚，过大的等高距则不能正确反映地面的高低起伏状况。因此绘制地形图以前，应根据测图比例尺和测区地面坡度状况，按照规范要求选择合适的基本等高距。表 2-3 列出了地形图的基本等高距。

表 2-3　地形图的基本等高距

地形类别	地形倾角 α	基本等高距 /m			
		比例尺 1∶500	比例尺 1∶1 000	比例尺 1∶2 000	比例尺 1∶5 000
平坦地	$\alpha<3°$	0.5	0.5	1	2
丘陵地	$3° \leqslant \alpha<10°$	0.5	1	2	5
山地	$10° \leqslant \alpha<25°$	1	1	2	5
高山地	$\alpha \geqslant 25°$	1	2	2	5

（三）等高线分类

为了更好地表示地貌的特征，便于识图和用图，地形图上把等高线分为首曲线和计曲线，有时在局部地方还采用间曲线和助曲线，如图 2-15 所示。

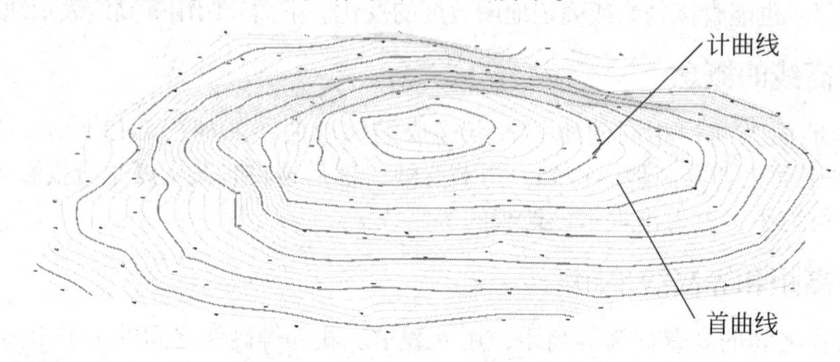

图 2-15　等高线首曲线和计曲线

（1）首曲线：按基本等高距绘制的等高线，称为首曲线，也称基本等高线。用线宽为 0.15mm 的细实线表示，它是地形图上最主要的等高线。

（2）计曲线：由 0m 起算，每隔四条基本等高线绘一条加粗的等高线，称为计曲线。计曲线的线宽为 0.3mm，其上注有高程值，是辨认等高线高程的依据。

（3）间曲线：按 1/2 基本等高距而绘制的等高线，称间曲线，用长虚线表示。

（4）助曲线：按 1/4 基本等高距而绘制的等高线，称助曲线，用短虚线表示。

间曲线和助曲线用于首曲线难以表示的重要而较小的地貌形态。

（四）几种典型地貌的等高线

自然地貌的形态多种多样，但归纳起来可以分为几种基本地貌：山头、洼地、山脊、山谷、鞍部、陡崖等。了解和熟悉这些基本地貌的等高线特征，有助于识图、测绘和应用地形图。

1. 山头与洼地

如图 2-16 所示，中间凸起高于四周的高地称为山头；中间下凹低于四周的称为洼地。山地与洼地的等高线是一组闭合曲线，形状相似。从高程注记可分为山头与洼地，内圈等高线高程高于外圈等高线高程，表示是山头；相反，内圈等高线高程低于外圈等高线高程，表示是洼地。也可以通过示坡线来区分山头与洼地，示坡线是与等高线垂直相交的短线，其交点是斜坡的上方，另一端指向斜坡的下方。若一组闭合曲线下标示坡线，可认为是山头。

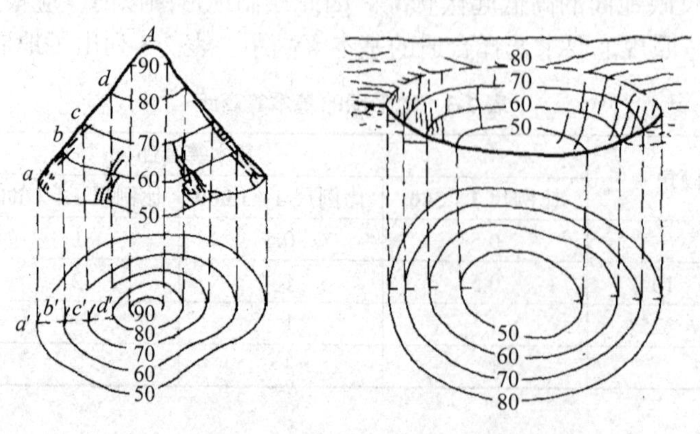

图 2-16　山头与洼地的等高线

2. 山脊与山谷

如图 2-17 所示，山脊的等高线为一组凸出向低处的曲线，各条曲线方向改变处的连线为山脊线。在山脊上，雨水必然以山脊线为分界分别流向山脊的两侧，也称为分水线，山脊线是该区域内坡度最缓的地方。山谷正好相反，等高线为一组凸向高处的曲线，各条曲线方向改变处的连线为山谷线。山谷线是雨水汇集后流出的通道，也称为集水线，山谷线是该区域内坡度最陡的地方。

山脊线和山谷线是表示地貌特征的线，又称为地形线，且山脊线和山谷线与等高线正交。

3. 鞍部

如图 2-18 所示，山脊上相邻两山顶间形如马鞍状的低凹部分称为鞍部。鞍部的等高线由两组相对的山脊和山谷的等高线组成，形如两组双曲线簇。鞍部等高线的特点是两组的等高线被另一组较大的等高线包围。在山区选定道路时，常从鞍部通过。

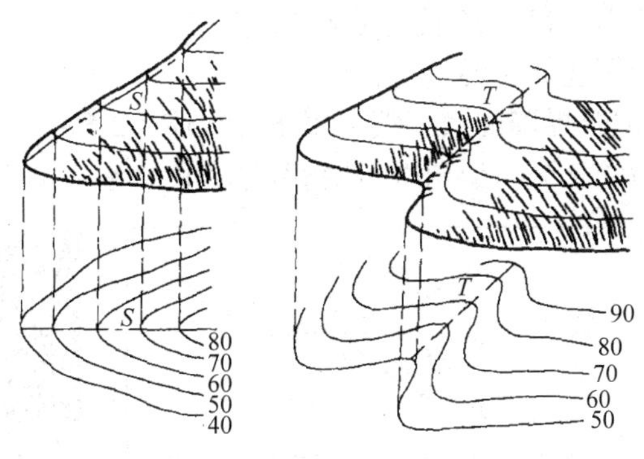

图 2-17　山脊与山谷等高线

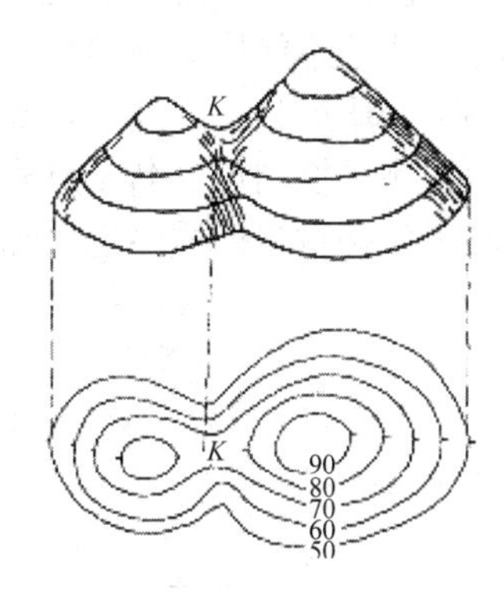

图 2-18　鞍部等高线

4. 峭壁和悬崖

峭壁是近于垂直的陡坡，此处不同高程的等高线投影后互相重合，如图 2-19 所示。如果峭壁的上部向前凸出，中间凹进去，就形成悬崖；悬崖凸出部位的等高线与凹进部位的等高线彼此相交，而凹进部位用虚线勾绘。

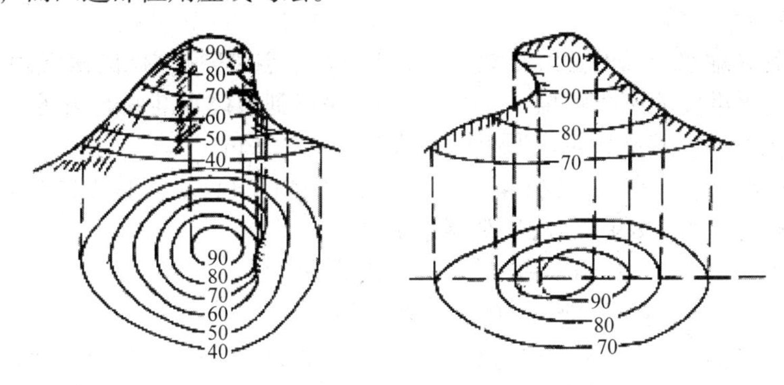

图 2-19　峭壁与悬崖等高线

（五）等高线的特征

从等高线的概念和分类可知，等高线具有以下特征。

（1）同一等高线上各点，其高程必定相等。

（2）等高线是闭合曲线。闭合曲线有大有小，大的曲线若未能在本图幅内闭合，一定会在相邻的两幅或多幅图内闭合。

（3）除悬崖、峭壁、陡坎等特殊情况，等高线不能相交，不能重合，也不能分岔。

（4）等高线在通过山脊、山谷线时，应与山脊、山谷线正交。

（5）遇河流的等高线，不能直跨而过，应终止于河岸线。

（6）等高线越密集，表示地面的坡度越陡；反之，越稀表示坡度越缓。

三、注记符号

注记符号是以文字、数字或特定符号对地物符号和地貌符号进行补充说明的符号。如城镇、工厂、铁路、公路的名称，河流的流速、深度（图 2-20），房屋的层数及建筑材料，果蔬、森林的类别。下面列出一些注记规则。

（1）注记字向一般为字头朝北图廓直立。

（2）注记不能掩盖道路交叉处、居民地出入口及其他主要地物。

（3）房屋层数、支线、内部路注记用细等线体（2.0）。

（4）测量控制点点名（点号）、高程注记及界碑的数字编号用正等线体（2.5）。

（5）各种材料性质注记用细等线体（2.0，2.5）且与相应地物符号颜色一致。

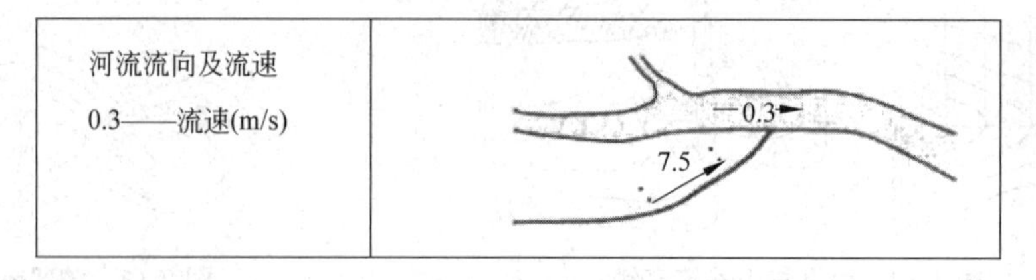

微课：数字地图表示方法

图 2-20　河流的流速、深度注记

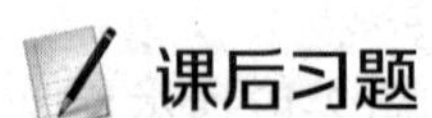

课后习题

一、单项选择题

1. 大地高为（　　）。

A. 该点到大地水准面的法线距离　　B. 该点到参考椭球面的法线距离

C. 该点到水准面的法线距离　　D. 该点到假设水准面的法线距离

2. 1985 年国家高程基准，水准原点的高程为（　　）m。

A. 72.260 4　　B. 72.261 4　　C. 72.264 1　　D. 72.262 4

3. 实际测绘工作中，内业工作的基准线为（　　）。

A. 垂直线　　B. 铅垂线　　C. 曲线　　D. 法线

4. 实际测绘工作中，内业工作的基准面为（　　）。

A. 大地水准面　　B. 参考椭球面　　C. 水准面　　D. 水平面

5. 高斯投影能保持图上任意的（　　）与实地相应的数据相等，在小范围内保持图上形状与实地相似。

A. 长度　　B. 角度　　C. 高度　　D. 面积

6. 接图表在图的北图廓（　　）。

A. 左上方　　B. 右上方　　C. 左下方　　D. 右下方

7. 采用图廓西南角坐标（　　）编号时，X 坐标千米数在前，Y 坐标千米数在后。
A. 厘米数　B. 分米数　C. 米数　D. 公里数
8. 等高线越稀，表示地面的坡度（　　）。
A. 越缓　B. 越陡
C. 有时缓，有时陡　D. 无法确定
9. 以下用半比例符号表示的地物为（　　）。
A. 草地　B. 井盖　C. 测量控制点　D. 河流
10. 以下用非比例符号表示的地物为（　　）。
A. 花园　B. 草地　C. 测量控制点　D. 管线

二、多项选择题

1. 图廓左下方外应注明（　　）。
A. 测图时间　B. 测图方法
C. 坐标系统　D. 绘图者
E. 高程系统
2. GNSS 高程观测，高程拟合常采用的方法为（　　）。
A. 常数　B. 平面
C. 球面　D. 三次样条内插
E. 曲面拟合
3. 以下用比例符号表示的地物为（　　）。
A. 房屋　B. 花园
C. 围墙　D. 控制点
E. 草地
4. 等高线的类型有（　　）。
A. 首曲线　B. 计曲线
C. 间曲线　D. 助曲线
E. 地性线

三、填空题

1. 实际测绘工作中，野外工作的基准面为________，基准线为________；内业工作的基准面为________，基准线为________。

2. 高斯平面直角坐标系的横坐标轴是________的投影，纵坐标轴是中央子午线的投影。

3. 地形图的分幅与编号主要有两种方式：一种是按经纬线划分的________，主要用于中小比例尺的国家基本图；另一种是按坐标格网划分的________。

4. 地貌在地形图上主要用________表示。

5. 半比例符号：地物依比例尺缩小后，其________能按比例尺缩小而________不能按比例尺缩小表示，用规定的符号绘在图纸上并在符号旁只标注宽度尺寸值。

四、简答题

1. 什么是等角投影？
2. 简述高斯－克吕格平面直角坐标系。
3. 简述比例尺精度。
4. 简述等高线特征。

项目三

野外数据采集及设备

项目概述

本项目主要讲解数字测图野外采集设备及原理，包括全站仪测量系统、RTK 测量系统、无人机测量系统，旨在培养学生使用全站仪、RTK、无人机等进行野外数据采集的能力。通过 RTK、无人机、实景建模软件的融合使用，建立一个小型的实景三维模型。

学习目标

（1）通过本项目的学习，了解全站仪、RTK、无人机的工作原理，熟练掌握全站仪、RTK、无人机的使用；

（2）能够通过 RTK、无人机、实景建模软件建立一个小型实景三维模型；

（3）通过介绍我国处于国际领先地位的无人机新设备、国产一流实景建模软件，让学生树立文化自信和制度自信。

教学内容

项 目	重 难 点	任 务	主 要 内 容
野外数据采集及设备	重点：全站仪测量系统；RTK 测量系统 难点：无人机测量系统	任务一　全站仪测量系统	全站仪技术参数及功能、运用范围；全站仪常规功能操作；全站仪检验
		任务二　RTK 测量系统	RTK 的概念；GNSS 测量的基本概念；RTK 的使用与操作
		任务三　无人机测量系统	无人机航空摄影测量系统；外业数据采集；建模软件

引导案例

汉代甚至汉以前的华夏先民，已经有能力比较准确地测量地理信息。先秦时期，古人运用“北斗”等星象与地理信息的对应关系判断方位；到了汉代，人们对于“北斗导航”的认识已经更加全面，例如，在《淮南子》中就记载有“夫乘舟而惑者，不知东西，见斗极则寤矣”的说法。这说明在古人日常生活中，依靠“北斗”判断方向已经成为通识。

古人对“北斗导航”这类天文现象的观察、运用，以及规（测定单位距离，并画圆画弧）、矩（测定直角）、准（水准仪，测水平面）、绳（铅垂线，测定垂直）、记里鼓车等工具的发明和使用，使得中国古代绘制的很多地图已经有了比较高的准确性。通过本项目的学习，我们将了解现代测量仪器设备。

任务一　全站仪测量系统

全站仪是全站型电子测速仪的简称，是随着电子技术、光电测距技术以及计算机技术的发展而产生的智能测量仪器，它由电子测角、电子测距、电子计算机和数据存储单元组成的三维坐标测量系统，测量结果能自动显示，是能与外围设备交换信息的多功能测绘仪器。全站仪的组成可分为两部分：一是为采集数据而设置的专用设备，主要有电子测角系统、电子测距系统、数据存储系统、自动补偿设备等；二是测量过程的控制设备，主要用于有序地实现上述每个专用设备的功能，包括微处理器等。

目前，国外主流品牌全站仪主要有瑞士徕卡，美国天宝，日本拓普康、尼康、索佳、宾得；国内主流品牌全站仪主要有南方、科力达、三鼎、苏一光等。

生产厂家不同，全站仪的外形、结构、性能和各部件名称略有区别，但总体来讲大同小异，都有照准部、基座和度盘三大部件。照准部上有望远镜、水平/竖直制动与微动螺旋、管水准器、圆水准器、激光对中器等。另外，仪器正反两侧大都有液晶显示器和操作键盘。

一、全站仪技术参数及功能、运用范围

（一）全站仪技术参数

全站仪的技术参数指标主要有测程、测距精度和测角精度，这三个技术参数反映着全站仪的距离和角度测量精度，也是衡量全站仪优劣的主要指标。

1. 测程

全站仪测程是指全站仪距离测量的工作范围，常用 D 表示，以千米为单位，如某仪器在杆式棱镜模式下的测程为 1.3~500m，表示该全站仪在杆式棱镜模式下测距的范围为 1.3m 到 500m 之间，低于 1.3m 和高于 500m 都测不出距离来。

2. 测距精度

全站仪测距精度经常用 $m_D=\pm(A+B\times D\times 10^{-6})$ mm 来表示，其中，A 为固定误差，B 为比例误差，D 为所测距离，常以千米为单位。如某仪器在棱镜精测模式下，标称为 $(1.5+2\times D\times 10^{-6})$ mm，表示该全站仪的固定误差为 1.5mm，比例误差为 2mm，如测量 1km 距离的误差为 3.5mm。

3. 测角精度

全站仪按测角精度等级分为四类，见表 3-1。测角精度表示一测回测角中误差，如测角精度为 1 表示“一测回测角中误差为 1”。

表 3-1 全站仪测角精度等级分类

仪器等级	Ⅰ		Ⅱ		Ⅲ			Ⅳ
标称标准偏差	0.5″	1.0″	1.5″	2.0″	3.0″	5.0″	6.0″	10″
各级标准差范围	m_β≤1.0″		1.0″<m_β≤2.0″		2.0″<m_β≤6.0″			6.0″<m_β≤10.0″

显然仪器等级越小，测角精度越高。如仪器等级为Ⅰ的比等级为Ⅱ的测角精度高。

（二）全站仪功能

随着信息时代的到来，世界上主要测量仪器每年都有新型号的产品出现，全站仪的功能与性能不断增强，得到了广大测量人员的青睐和认可。目前的全站仪大都能够存储测量结果，激光对中，免棱镜测距，并能进行气象改正、仪器误差改正和数据处理，有丰富的应用程序，如数据采集、施工放样、导线测量、偏心观测、悬高测量、对边测量、自由设站等，有的全站仪还具有自动对焦功能、自动跟踪功能、测量数据 U 盘传输功能。

（三）全站仪的应用范围

全站仪的应用范围不仅局限于测绘工程、建筑工程、交通与水利工程、地籍与房产测量，而且在大型工业生产设备和构件的安装调试、船体设计施工、大桥水坝的变形观测、地质灾害监测及体育竞技等领域中都有广泛的应用。

全站仪的应用具有以下特点。

（1）在地形测量过程中可以将控制测量和地形测量同时进行。

（2）在施工放样测量中，可以将设计好的管线、道路、工程建筑的位置测设到地面上，实现三维坐标快速施工放样。

（3）在变形观测中，可以将建筑（构筑）物的变形、地质灾害等进行实时动态监测。

（4）在控制测量中，导线测量、前方交会、后方交会等程序功能操作简单、速度快、精度高，其他程序测量功能方便、实用且应用广泛。

（5）在同一测站点，可以完成测量的全部基本内容，包括角度测量、距离测量、高差测量，实现数据的存储传输。

（6）通过传输设备，可以将全站仪与计算机、绘图仪相连，形成内外业一体的测绘系统，大幅提高了地形图测绘的质量和效率。

微课：全站仪测量系统

二、全站仪常规功能操作

全站仪的功能很多，通过显示屏和操作键盘来实现。不同型号的全站仪操作键盘不同，大致可区分为两大类，一类是操作按键比较多（15 个左右），每个键都有 2~3 个功能，通过按某个键来执行某个功能；另一类是操作键盘比较少，只有几个作业模式按键和几个软键（功能键），通过选择菜单达到执行某项功能。最近全站仪的发展，目前部分全站仪具有触屏操作的功能，能够像操作手机程序一样对全站仪的程序进行操作。

下面分别以科力达 KTS-440 全站仪（国产）和拓普康 GM-101 全站仪（进口）为例，介绍全站仪的使用方法。

（一）科力达 KTS-440 全站仪

1. 科力达 KTS-440 全站仪简介

科力达 KTS-440 全站仪有两面操作按键及显示窗，操作很方便。能够自动进行水平和垂直倾斜改正，补偿范围为 $-4'\sim+4'$。测角最小读数为 0.1″，测角精度为 2″；测距最小读数为 0.1mm，有棱镜模式测距精度为 $\pm(2+2\times D\times10^{-6})$ mm。单棱镜测距为 5km，无棱镜测距为 800m。内有自动记录装置，仪器自带内存 4MB，可进行 SD 卡拓展。科力达 KTS-440 全站仪测量程序丰富，具备常用的基本测量程序（角度测量、距离测量、坐标测量）与特殊测量程序，可进行悬高测量、偏心测量、对边测量、面积计算、放样、后方交会、直线放样、圆弧放样，满足专业测量的要求，同时具有参数设置、数据存储、激光对中等功能。科力达 KTS-440 全站仪面板有 28 个按键，即电源开关键 1 个、照明键 1 个、软键 4 个、操作键 10 个和字母数字键 12 个，如图 3-1 所示，其名称与功能见表 3-2。

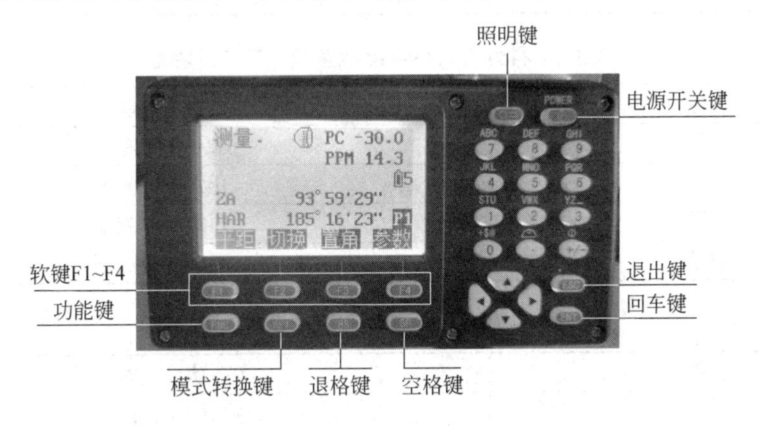

图 3-1　科力达 KTS-440 全站仪面板

表 3-2　科力达 KTS-440 全站仪按键名称及功能

按　键	名　称	功　能
	照明键	打开或关闭显示窗口望远镜分划板照明
FNC	菜单键、翻页键	软键功能菜单，翻页
ESC	退出键	取消前一操作，退回到前一个显示屏或前一个模式
SFT	转换键	打开或关闭转换（Shift）模式（在输入法中切换字母和数字功能）
F1~F4	软键	实现显示窗最后一行显示的功能
BS	退格键	删除光标前一个字符
SP	空格键、功能键	在输入法中输入空格，在非输入法中为快捷功能键
ENT	确认键	确认输入或存入该行数据并换行

科力达 KTS-440 显示窗可显示 6 行，通常前两行显示棱镜常数及气象改正数，第 3~5 行显示测量的距离和角度，显示窗内常用符号含义见表 3-3。

表 3-3　科力达 KTS-440 显示窗内常用符号含义

显示	含　义	显示	含　义
PC	棱镜常数	PPM	气象改正数
ZA	天顶距（天顶 0°）	VA	垂直角（水平 0° / 水平 0° ±90°）
%	坡度	S	斜距
H	平距	V	高差
HAR	右角	HAL	左角
HAh	水平角锁定		倾斜补偿有效

软键的有关信息显示在最后一行，各软键的功能见相应的显示信息，各功能的切换通过FNC键进行切换，仪器出厂时在测量模式下各软键的功能见表3-4~ 表3-6。

表3-4　科力达KTS-440测量模式第一页功能

名　　称	功　　能
平距（斜距或高差）	开始距离测量
切换	选择测距类型（在平距、斜距、高差之间切换）
置角	预置水平角
参数	距离测量参数设置

表3-5　科力达KTS-440测量模式第二页功能

名称	功　　能
置零	水平角置零
坐标	开始坐标测量
放样	开始放样测量
记录	记录观测数据

表3-6　科力达KTS-440测量模式第三页功能

名称	功　　能
对边	开始对边测量
后交	开始后方交会测量
菜单	显示菜单模式
高度	设置仪器高和目标高

2. 测量准备

打开三脚架，三脚架架好后将科力达KTS-440全站仪安置在架头上，按下POWER键，即打开电源，全站仪进入“测量”界面，如图3-2所示。

图中PC代表棱镜常数，PPM表示气象改正数，▮表示电池容量，边上的数字代表电量，5表示70%~100%电量，电量充足，可操作使用，2表示50%电量，电池尚可使用1h左右，1表示10%~50%电量，需尽快结束操作，更换电池并充电，0表示0%~10%电量，此时到缺电关机可持续几分钟，电池已无电应立即更换电池并充电。

查看仪器电量后，按SFT键后，屏幕右侧电池图标下出现S，再按+/– 键出现界面如图3-3所示。

测量.		PC	–30
		PPM	0
S	111.374	m	▮5
ZA	92° 36′ 25″		
HAR	120° 30′ 10″		P1
斜距	切换	置角	参数

图3-2　KTS-440全站仪“测量”界面

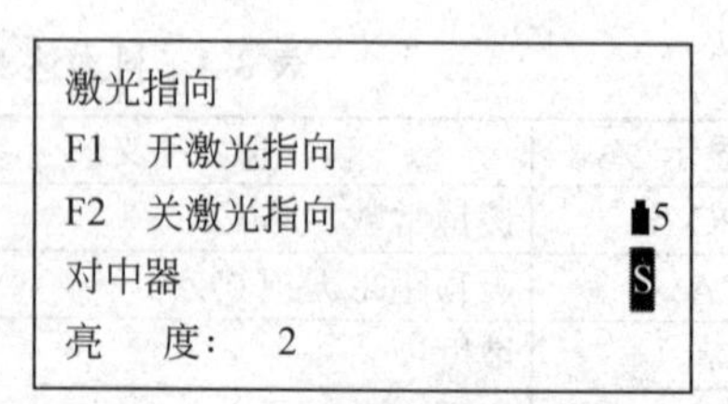

图3-3　打开激光指向界面

进入此界面激光对中自动打开，按▲键或▼键调整激光对中器亮度。亮度值为 0，对中器关闭；亮度值为 4，对中器强度最高。安置仪器使激光对中器精确对中测站点及精确整平后，即可退出，退出后激光对中器自动关闭。

完成对中整平后，纵转望远镜，使望远镜的视准轴通过水平线，立即显示竖直度盘读数和水平度盘读数。若仪器没有整平（超出自动补偿范围），又设置了自动倾斜模式，则此时不显示度盘读数。全站仪显示度盘读数后，就可以进行观测条件设置，比较常用的设置为棱镜常数设置和气象改正设置，下面分别进行棱镜常数设置和气象改正设置。

1）棱镜常数

棱镜是直角光学玻璃椎体，光在玻璃中的传播速度比空气中慢，因此光在玻璃中传播时所用的超量时间会使测量距离增大一个值，这个值就是棱镜常数。棱镜基本结构如图 3-4 所示。全站仪配套棱镜在出厂时都有其固定的棱镜常数值 BD，供测距时使用，配套使用时只需要保持仪器原有的系统设置即可，通常我国所用的棱镜常数为 −30mm，进口棱镜常数为 0mm。

棱镜常数在“参数”界面里进行设置，棱镜常数 PC 输入范围为 −99~+99mm（步长 1mm），如图 3-5 所示。

2）气象改正

光在大气中的传播速度随大气的温度和气压而变化。光电测距时测距仪发出之光束通过大气，测距仪在大气环绕的环境中完成了测距的任务，观测成果必然受到大气的影响。消除或削弱这种影响，就是气象改正的任务。全站仪一旦设置了气象改正值，即可自动对测距结果实施气象改正。

气象改正数在“参数”界面里进行设置，气象改正设置采取两种方式，一种是采集全站仪和棱镜附近的温度气压，另一种为直接设置气象改正数 PPM，如图 3-6 所示。

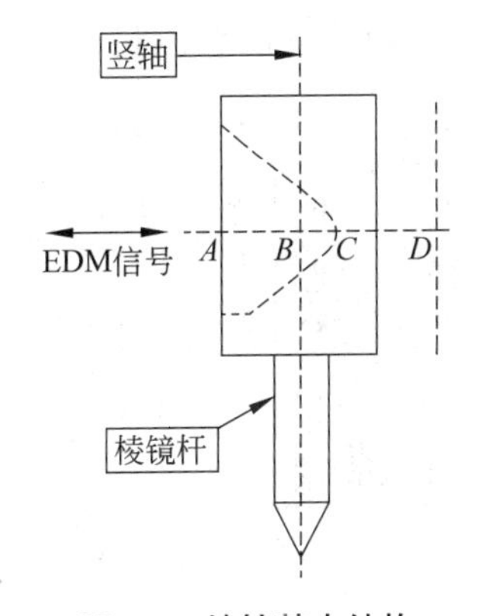

图 3-4　棱镜基本结构

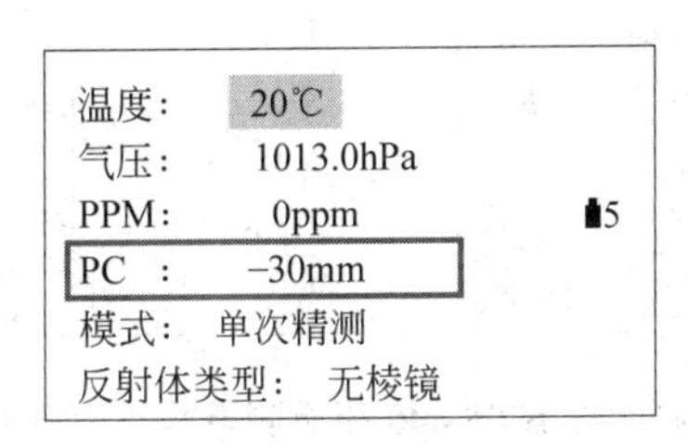

图 3-5　棱镜常数设置

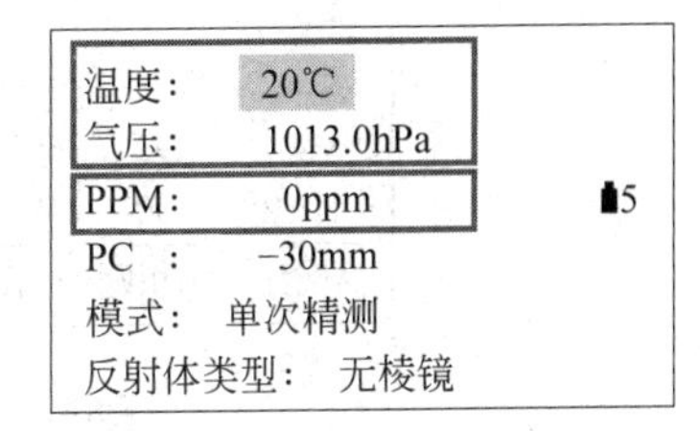

图 3-6　气象改正数设置

需要说明的是，棱镜常数和气象改正数只需要在进行距离测量中进行设置，如果只进行角度测量则不需要进行设置。

3. 角度测量

如图 3-7 所示，欲测 *OA*、*OB* 两个方向的水平夹角，在 *O* 点安置仪器后，照准目标 *A* 后，按 FNC 键和“置零”键，可设置目标 *A* 的水平度盘读数为 0° 0′0″。旋转全站仪照准目标 *B*，直接显示 *AOB* 的右角 HAR（顺时针角）和目标 *B* 的无顶距 ZA。

当作业要求多测回观测某一角度，提高测角精度时，可以采用“置角”功能进行设置。如图 3-7 所示，当观测 *AOB* 的水平角，并进行两个测回，则在第二测回时需进行设置 90° 0′0″，在输入度、分、秒之间按 . 键设定角度符号，具体操作见图 3-8。

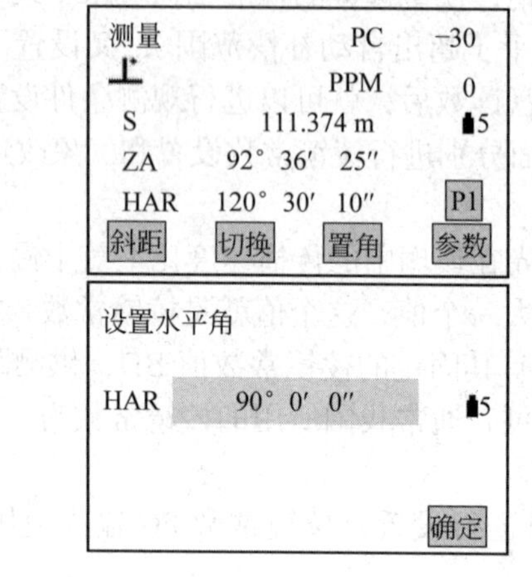

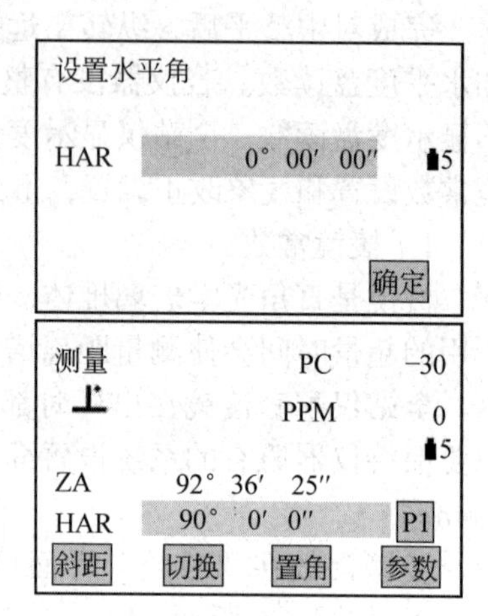

图 3-7　水平角测量示意图

图 3-8　水平角置角操作流程

4. 距离测量

距离测量有精测、跟踪两种模式，精测又分为重复精测、*N* 次精测、单次精测，随着现代光电技术的发展，单次测量精度基本满足距离测量的要求。一般情况下用单次精测模式，最小显示为 1mm，测量时间约 0.3s。跟踪模式最小显示为 1mm，测量时间约为 0.1s，常用于观测移动目标。

当距离测量模式和观测次数设定后，照准棱镜中心，按照要求测量测站点到目标点的相应距离，通过切换键进行设置需要测量的斜距 *S*、平距 *H*、高差 *V*。切换好需要测量距离，按 F1 键即可进行测站点到目标点的距离，如图 3-9 所示。

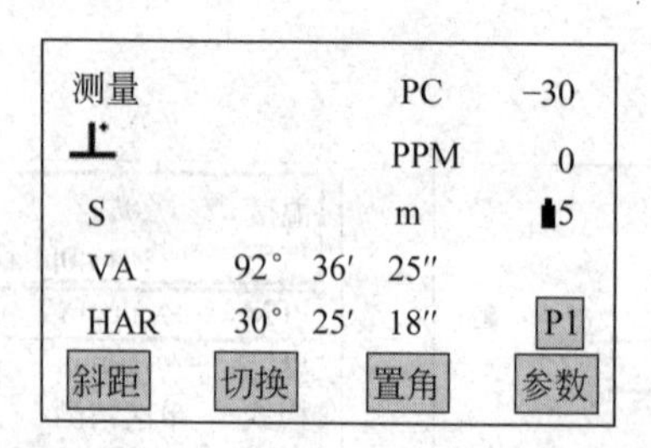

图 3-9　科力达 KTS-440 距离测量操作示意图

5. 坐标测量

科力达 KTS-440 全站仪可在坐标测量模式下直接测定碎部点坐标。在坐标测量之前必须将全站仪进行定向，输入测站点坐标。若测量三维坐标，还必须输入仪器高和棱镜高。具体操作如下。

（1）在测量模式第二页，通过坐标键进入坐标测量模式，进入“设置测站”界面，输入测站点坐标（*NO*，*EO*，*ZO*）、测站高、目标高（棱镜高），需要说明的是，每输入一行数字按 ENT 键进行确认，如图 3-10 所示。

（2）进入“设置后视”界面，后视定向分为角度定后视和坐标定后视两种模式，一般常用的模式为坐标定后视，坐标定后视就是根据输入后视点坐标（图 3-11），全站仪内部程序自动计算后视点与测站点组成直线的坐标方位角。后视定向的目的是确定后视点与测站点组成直线的坐标方位角，如图 3-12 所示。

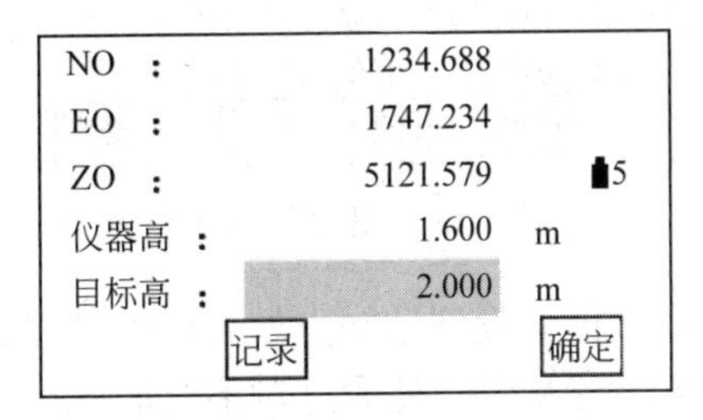

图 3-10　测站设置界面

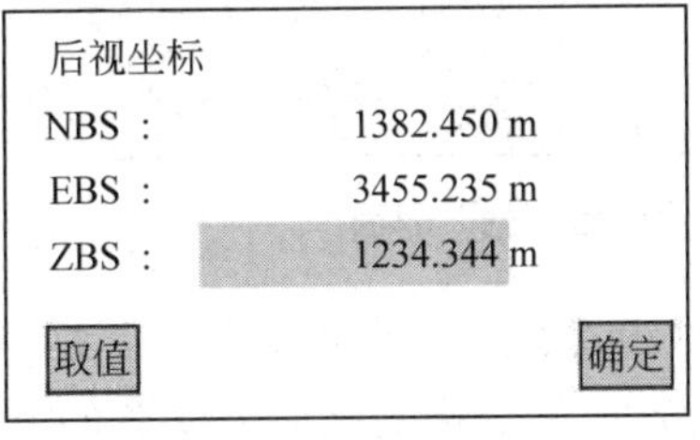

图 3-11　后视坐标输入界面

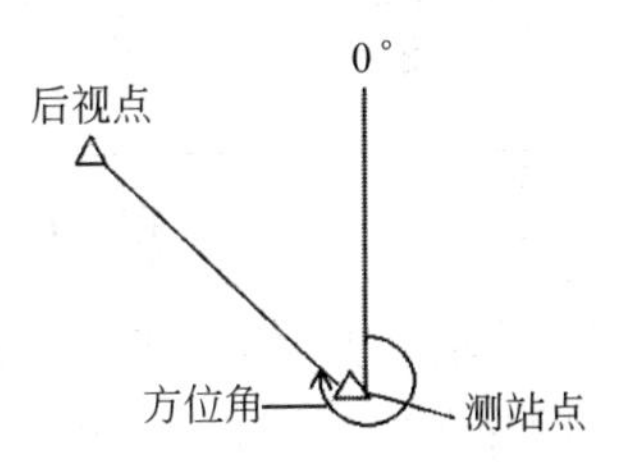

图 3-12　坐标方位角示意图

（3）设置好后视后，精确照准目标（未知点）棱镜中心后，就可以开始进行测量操作。进入“坐标测量”界面后，照准目标棱镜，按 ENT 键或观测键就可采集未知点的坐标和高程。采集未知点坐标，可以通过记录键，将它保存到仪器内，以便内业处理。重复以上过程，将棱镜架设到所有未知点处，采集该测站能观测的所有未知点坐标和高程为止，如图 3-13 所示。

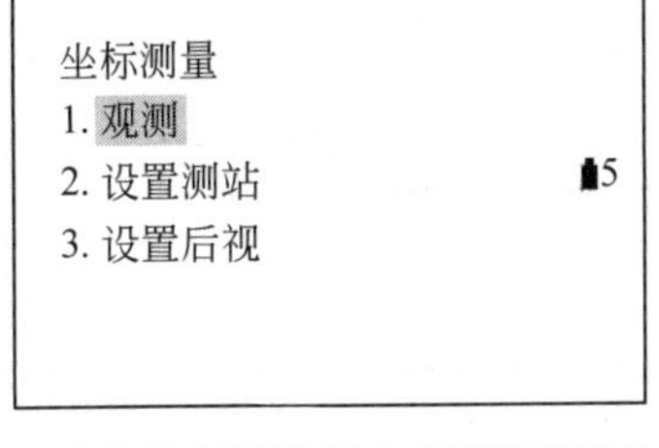

N : 1534.688 m
E : 1048.234 m
Z : 1121.579 m
S 1382.450 m
HAR 12° 34′ 34″
记录　测站　观测

*N : 1534.688 m
*E : 1048.234 m
*Z : 1121.579 m
点名: KOLIDA
编码:
存储　标高　编码

N : 1534.688 m
E : 1848.234 m
Z : 1821.579 m
S 482.450 m
HAR 92° 34′ 34″
测站　观测

图 3-13　坐标测量界面操作流程

6. 放样

放样用于在实地上测定出所要求的点。在放样测量中，通过对照准点的水平角、距离或坐标的测量，仪器所显示的是预先输入的待放样值与实测值之差。一般全站仪放样采用盘左位置进行，通过放样测量得到的差值为

$$显示值 = 实测值 - 放样值 \tag{3-1}$$

放样与坐标测量步骤基本相同，进入“放样”界面，在测量模式第二页，通过放样键进入放样模式，首先进入“设置测站”界面，输入测站点坐标（*NO*，*EO*，*ZO*）、测站高、目标高（棱镜高），需要说明的是，每输入一行数字按 ENT 键进行确认，如图 3-14 所示。

其次设置后视，与坐标测量不同的是，放样的后视设置在“设置测站”界面的后视中输入。设置完测站点坐标后，按后视键，输入后视点坐标（*NO*，*EO*，*ZO*）后瞄准后视点，单击

F4 键，完成坐标定向，如图 3-15 所示。

放样
1. 设置测站
2. 放样
3. 观测
4. 测距参数

NO： 123.789
EO： 100.346
ZO： 320.679
仪器高： 1.650 m
目标高： 2.100 m
取值 方位 后视 后交

图 3-14 “设置测站”界面

后视
请照准后视
ZA 89° 45′ 23″
HAR 49° 26′ 34″
方位角 150° 16′ 54″
记录 检查 否 是

图 3-15 “设置”后视界面

通过以上方式进行测站设置，完成直线定向，需要将全站仪架设到已知点处。还可采用“后交”的方式进行测站设置，后交指的是后方交会的方法，后方交会是通过对多个已知点的测量定出测站点的坐标，这种方式可以不进行对中操作，在实际坐标采集和放样工作中得到广泛运用，具体原理如图 3-16 所示。由于已知点坐标已知，只需要测量测站点到已知点的距离或相关角度就可以得出测站点坐标。根据三角函数知识，在测距时，最少观测 2 个已知点，无法测距时，最少观测 3 个已知点。具体操作如下。

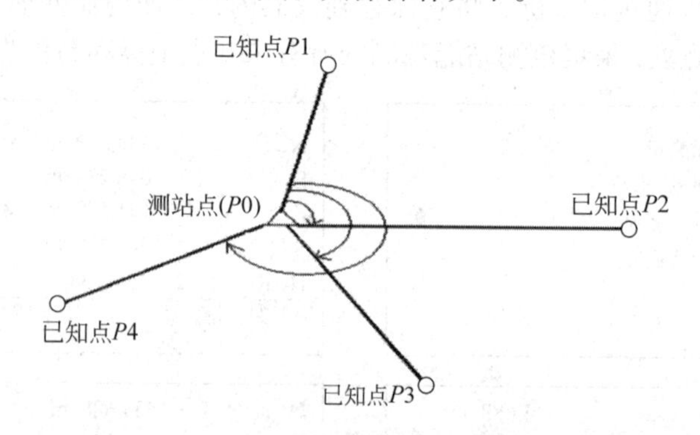

图 3-16 后方交会测量原理图

进入“后交”后，输入各已知点坐标，最少需要输入 2 个已知点，仪器界面出现“测量”后，就可以按 F1 键进入瞄准仪器指点的各已知点，通过“测距”或“测角”观测测站到已知点的角度或距离以及输入已知点棱镜高。完成以上测量后，仪器界面出现“计算”，按 F1 键完成计算，就可得到测站点坐标（N，E，Z）以及精度（$@N$,$@E$），根据计算的精度和项目精度要求决定是否采用测站点坐标（N，E，Z），当精度符合要求时，按“确定”键，就得到测站点坐标，随后全站仪屏幕出现照准第三个已知点，精确照准后，按“是”键，就完成了直线定向。具体操作流程如图 3-17 所示。

以上两种方式是常用的设置测站的方法，完成以上设置后，就可以进行放样，点的放样是建筑行业最常见的放样，因此这里主要介绍点的坐标放样。坐标放样测量用于在实地上测定出其坐标值为已知的点，在输入放样点的坐标后，仪器自动计算出所需水平角和平距值并存储于内部存储器中。借助角度放样和距离放样功能便可设定待放样点的位置。原理如图 3-18 所示。具体操作如下。

进入“放样”界面后，输入或调取放样点坐标后，仪器自动计算出放样所需距离和水平角，并显示在屏幕上，移动全站仪照准部，使水平角变为 0° 0′ 0″，旋紧水平制动螺旋，此时照准部不能移动，全站仪操作员指挥立棱镜人员移动，使棱镜位于望远镜十字丝中央，按

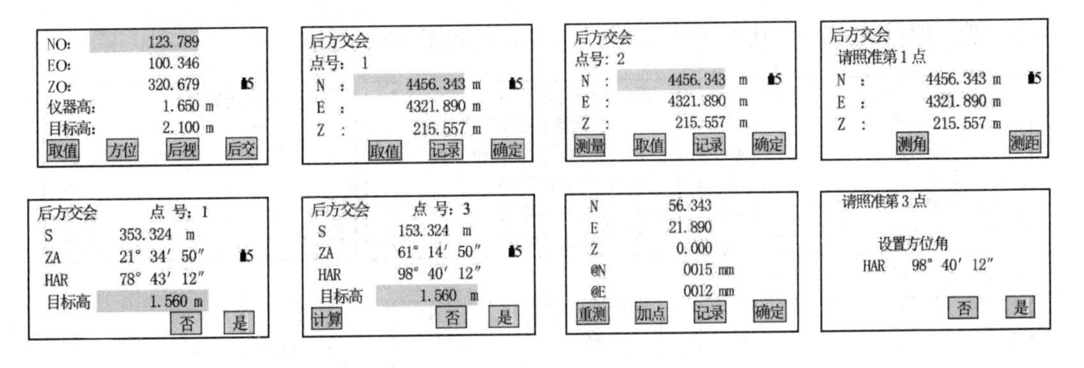

图 3-17　后方交会设置流程

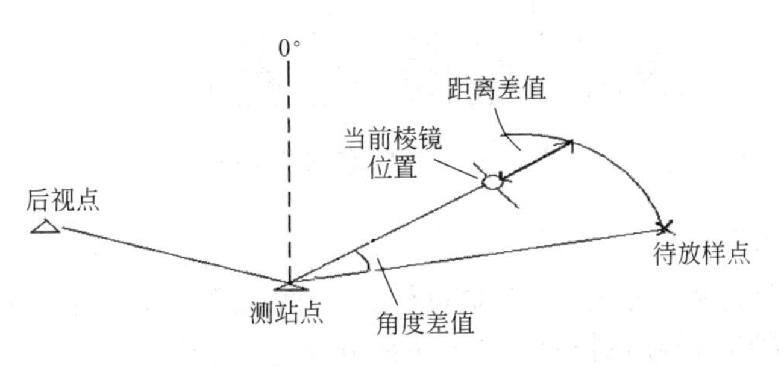

图 3-18　点的坐标放样原理图

◄►键就可以得到当前棱镜位置与待放样点的距离差值，通过反复操作以上步骤，最后使棱镜位置位于待放样点位置。具体流程如图 3-19 所示。

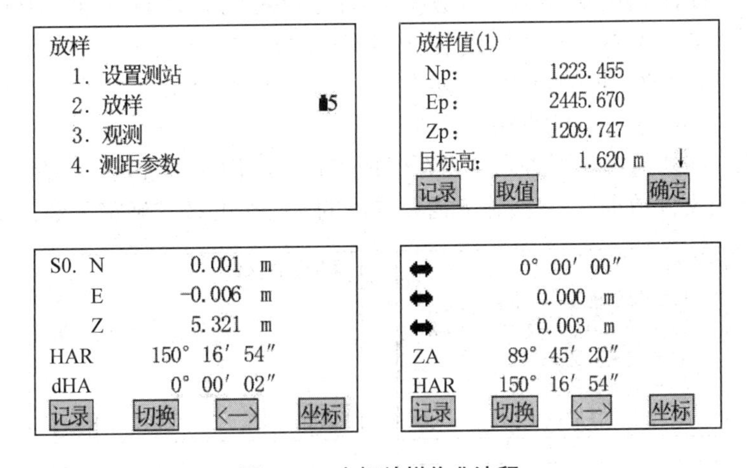

图 3-19　坐标放样作业流程

7. 新建工作文件

一个公司往往具有多个项目，为了充分发挥全站仪的经济效益，一台仪器往往会用于不同项目的测量，而测量过程中的数据往往保存在仪器内部，这样就有必要对不同项目的测量任务建立不同的工作文件名，以便于录入或调取相关数据。下面介绍全站仪新建工作文件流程。在测量模式下进入“内存管理（1）”界面，再进入“内存 . 工作文件（1）”界面，选择“选择当前工作文件”，按“调用”键，选择需要更名的文件所在磁盘进行确定，按 P1 键进入下一页，按“新建”键，进入“新建”界面，选择“新建工作文件”，输入新建工作文件名后按

“确定”键，即可建立一个新的工作文件，具体流程如图 3-20 所示。

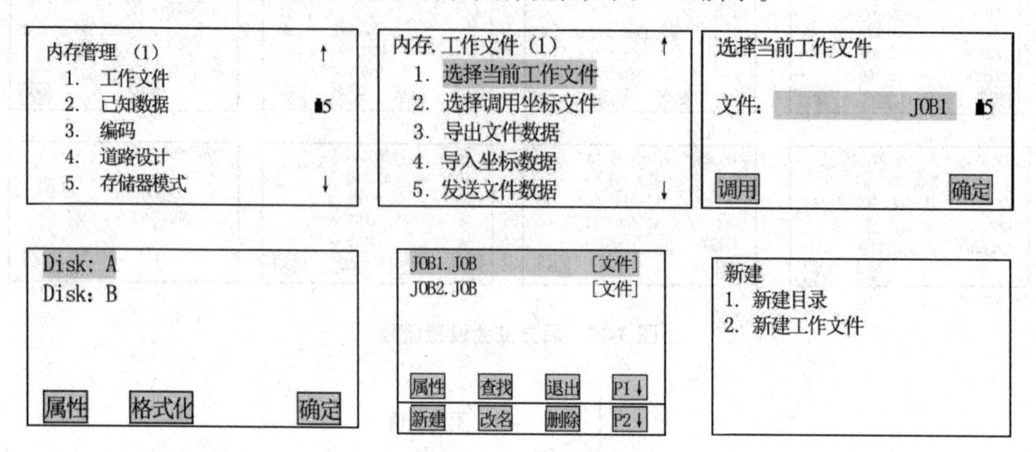

图 3-20　新建工作文件流程

8. 导入导出坐标数据

导入导出数据分为两种方式，一种通过传输软件将数据导入导出，另一种方式通过仪器自带程序将坐标数据导入导出到 SD 卡中，下面分别进行介绍。

1）通过 SD 卡导出导入坐标数据

通过 SD 卡导出坐标数据前，必须插入 SD 卡，所有导出的文件后缀名系统将自动转换成 TXT 或 DAT 格式的文件，其坐标格式为：点名，编码，*E*（东坐标），*N*（北坐标），*Z*（高程）。例如，某 TXT 或 DAT 格式文件第一行数据为：1,,377963.082,2947453.079,1096.553，其中 1 代表点名，编码为空，377963.082 代表东坐标即 *Y* 坐标，2947453.079 代表北坐标即 *X* 坐标，1096.553 代表高程。坐标和高程的单位都为米，“,” 不能在全角方式即中文状态下输入，编码可以为空，但其后的逗号不能省略。

操作流程为：在测量模式下进入“内存管理（1）”界面，再进入“内存 . 工作文件（1）”界面，选择“导出文件数据”，直接输入需要导出的文件名并按“确定”键，如图 3-21 所示。

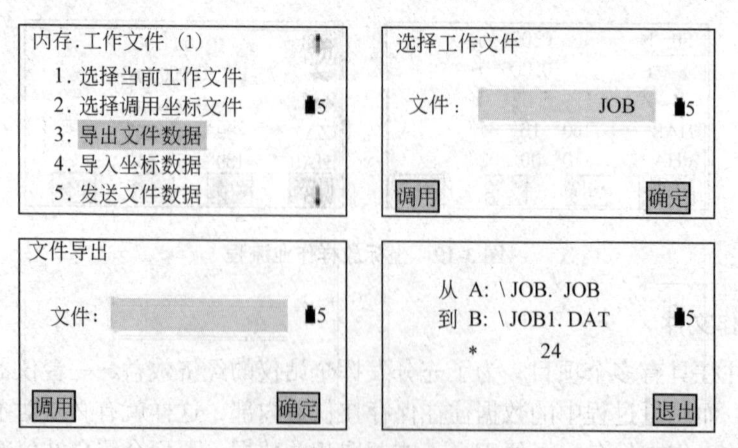

图 3-21　全站仪导出坐标数据流程

导入坐标数据流程与导出基本相同，导入坐标数据的格式必须是 TXT 格式，坐标格式必须为上面说明的格式。操作流程为：在测量模式下进入“内存管理（1）”界面，再进入“内

存 . 工作文件（1）” 界面，选择 “导入坐标数据”，直接输入需要导入的文件名并按 “确定” 键，如图 3-22 所示。

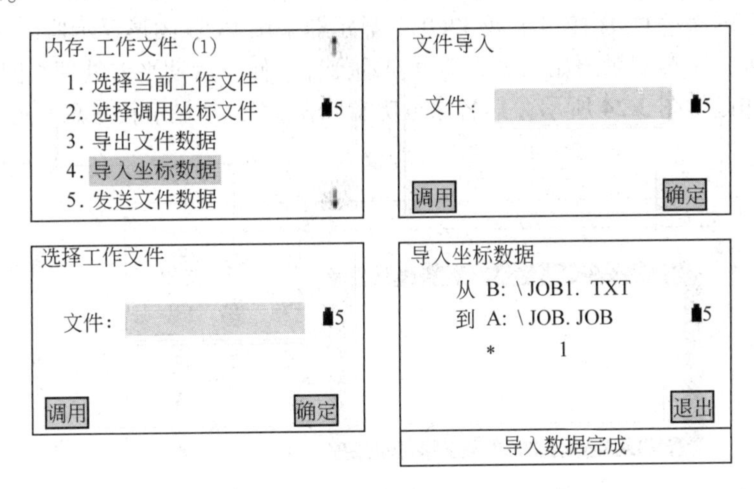

图 3-22　全站仪导入坐标数据流程

2）通过传输软件导入导出坐标数据

首先去科力达官网下载适合 KTS-440 全站仪的数据传输软件并在计算机上进行安装，将 USB 数据线一端连接全站仪一端连接计算机，导出坐标数据操作流程为：在测量模式下进入 “内存管理（1）” 界面，再进入 “内存 . 工作文件（1）” 界面，选择 “发送文件数据”，选择待输出的工作文件名后，计算机端传输软件先连接仪器，然后选择接收数据，仪器端再按 ENT 键开始数据输出，如图 3-23 所示。

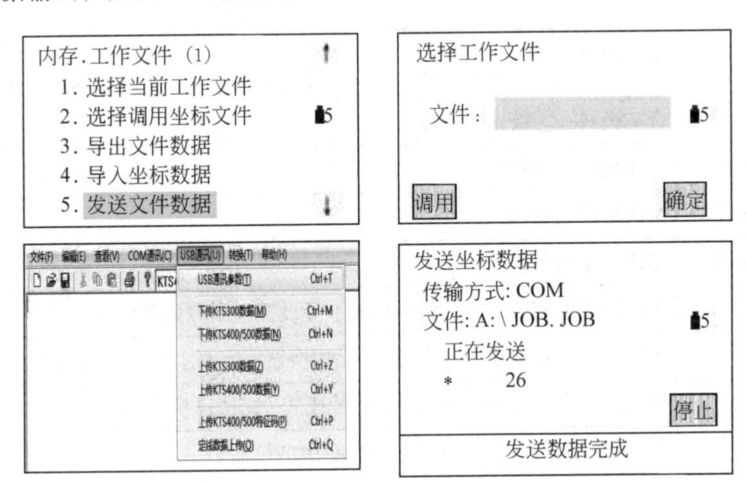

图 3-23　全站仪传输软件导出坐标数据流程

数据传输软件导入坐标数据文件操作流程与导出基本相同，在此不再赘述。

（二）拓普康 GM-101 全站仪

1. 拓普康 GM-101 全站仪简介

拓普康 GM-101 全站仪是拓普康公司推出的一款高精度、高性能的全站仪，能够自动进行水平和垂直倾斜改正，补偿范围为 $-5'\sim+5'$。测角精度为 1″，有棱镜模式，测距精度为 ±（$1.5+2\times D\times10^{-6}$）mm，单棱镜测距为 5km，无棱镜测距为 800m。内存容量大约保存 50 000 点，外存可通过 USB 接口扩展 32GB。显示器采用 LCD 图形显示器，192 点 ×80 点。由于其具有角度、距离测量原始数据且能够自动保存，便于后期平差处理，因此常用于高精度测量，其操作键如图 3-24 所示，其名称与功能见表 3-7，其显示符号意义见表 3-8。

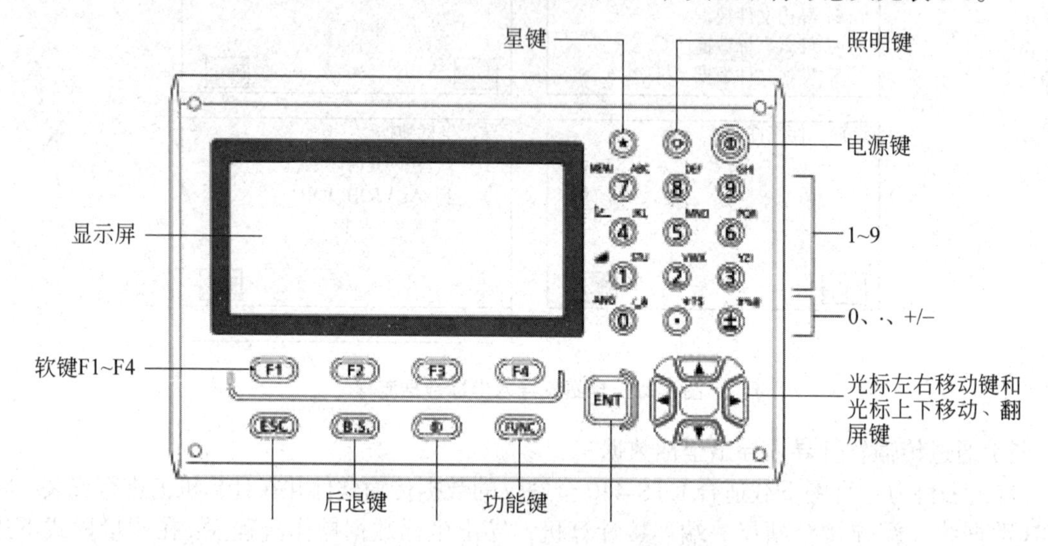

图 3-24　拓普康 GM-101 全站仪面板

表 3-7　拓普康 GM-101 全站仪按键名称及功能表

按键	名　称	功　能
★	星键	用于如下项目的设置或显示： ①显示屏对比度；②十字丝照明；③激光指向器；④倾斜改正；⑤导向光；⑥设置音响模式；⑦激光对中器
⟀	坐标测量键	切换坐标测量模式
◢	距离测量键	切换距离测量模式
ANG	角度测量键	切换角度测量模式
MENU	菜单键	①切换菜单模式；②在菜单模式下可设置应用测量和调整
☼	照明键	①打开显示屏和键盘的照明灯；②切换显示屏 / 键盘背光 / 十字丝照明的打开 / 关闭
⊗	目标类型键	切换目标类型（棱镜模式 / 反射片模式 / 无棱镜模式）
FUNC	功能键	切换星键模式页面（仅用于激光对中型仪器）
ESC	退出键	①从模式设置返回测量模式或上一层模式；②从正常测量模式直接进入数据采集模式或放样模式；③也可用作正常测量模式下的记录键
B.S.	后退键	删除左边一个字符
ENT	回车键	在输入值之后按此键确定输入值
⏀	电源键	电源开关（按住 1 秒左右关机）
F1~F4	软键（功能键）	执行显示屏上相应位置显示的功能

表 3-8　拓普康 GM-101 全站仪显示符号意义

显示	意　义	显示	意　义
V	垂直角	*	EMD 正在工作
HR	水平角（右角）	m	单位为米
HL	水平角（左角）	f	单位为英尺
HD	水平距离	N_P	无棱镜模式
VD	相对高程	⊞	反射片模式
SD	倾斜距离	✱	激光正在发送标志
N	*X* 坐标	↘	NP-TRK 模式
E	*Y* 坐标	ᛒ	蓝牙通信中
Z	*H* 坐标		

2. 测量准备

在测站上将拓普康 GM-101 全站仪粗平后，按下电源键开机，按对中开键打开仪器底部的对中激光束，使用脚螺旋调整三脚架上的仪器位置至对中激光点对准测点标志中心，精确对中整平后按对中关键或 ESC 键关闭对中激光。仪器精确整平对中后应确认棱镜常数值（PSM）、无棱镜常数值（NPM）、反射片常数值（SHT）和气象改正值（PPM）。并可调整显示屏对比度。气象改正值（PPM）可通过温度和气压输入求解。

1）棱镜常数设置

拓普康的棱镜常数为 0，设置棱镜改正为 0，如使用其他厂家生产的棱镜，则在使用之前应先设置一个相应的常数，即使电源关闭，所设置的值也仍被保存在仪器中。具体操作为：按 F4 键进入距离测量模式的第 2 页或进入坐标测量模式的第 3 页屏幕，按 S/A 键后，按“棱镜”键，输入棱镜常数改正值，按 ENT 键，如图 3-25 所示。

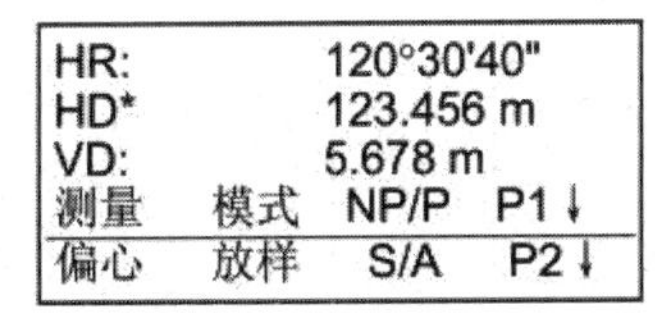

PSM:0.0 PPM 0.0
NPM:0.0 SHT: 0.0
信号: [IIIIII]
棱镜　PPM　T-P　--

棱镜　=　0.0 mm
无棱镜 :　0.0 mm
反射片 :　0.0 mm
---　---　[CLR]　[ENT]

棱镜　:　14.0 mm
无棱镜 =　0.0 mm
反射片 :　0.0 mm
---　---　[CLR]　[ENT]

图 3-25　棱镜常数设置步骤

2）气象改正值设置

仪器通过发射光束进行距离测量，光束在大气中的传播速度会因大气折射率不同而变化，而大气折射率与大气的温度和气压有密切的关系。观测时如果要考虑这种影响就要设置气象改正值。即使仪器关机，气象改正值仍被保存。具体操作为：按 F4 键进入距离测量模式的第 2 页或进入坐标测量模式的第 3 页屏幕，按 S/A 键后，按 T-P 键，输入气象改正值，输入温度值、气压值、湿度值后，按 ENT 键，如图 3-26 所示。

3. 角度测量

如图 3-27 所示，欲测 *OA*、*OB* 两个方向的水平夹角，在 *O* 点安置仪器后，照准目标

A 后，按 ANG 键和置零键，可设置目标 *A* 的水平度盘读数为 0° 0′ 0″。旋转全站仪照准目标 *B*，直接显示 *AOB* 的水平角 HR（顺时针角）和目标 *B* 的垂直角 *V*。

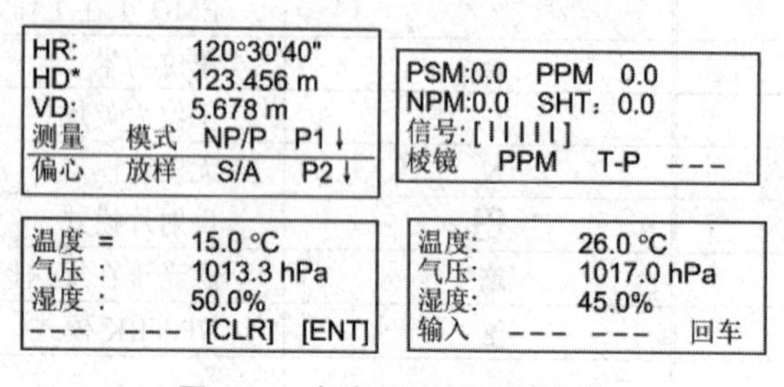

图 3-26　气象改正值设置步骤

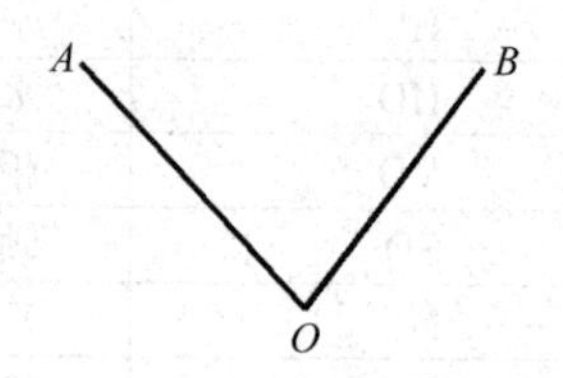

图 3-27　水平角测量示意图

当作业要求多测回观测某一角度，提高测角精度时，可以采用“置盘”功能进行设置。如图 3-28 所示，当观测 *AOB* 的水平角，并进行两个测回，则在第二测回时需进行设置 90° 0′0″，在输入度、分、秒之间按 . 键设定角度符号，具体操作如图 3-28 所示。

4. 距离测量

在进行距离测量之前必须对目标类型进行设置，目标类型可选择模式为：棱镜模式、无棱镜模式（除棱镜以外的目标）和反射片模式。按 NP/P 键可以在棱镜模式和无棱镜模式之间切换，如图 3-29 所示。在人群较多的地方应该关闭激光指示器，以免激光指示器的激光照射人群，对人眼造成灼伤，具体操作为：按★键后按 F3 键打开或关闭激光指示器，如图 3-30 所示。

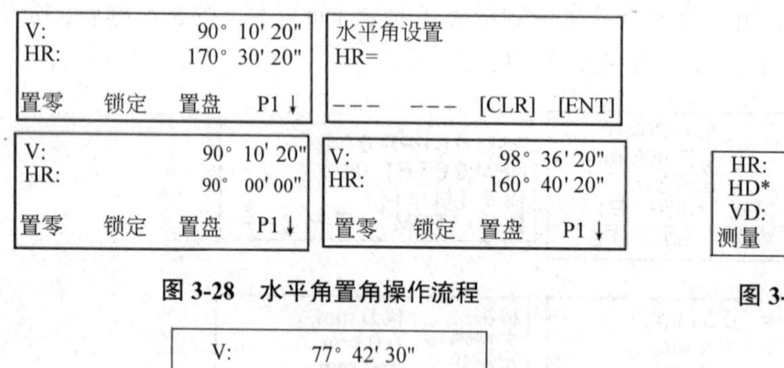

图 3-28　水平角置角操作流程

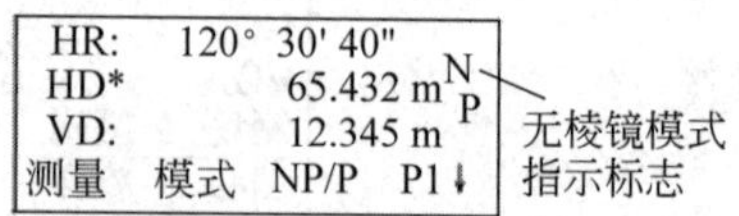

图 3-29　无棱镜模式指示表示

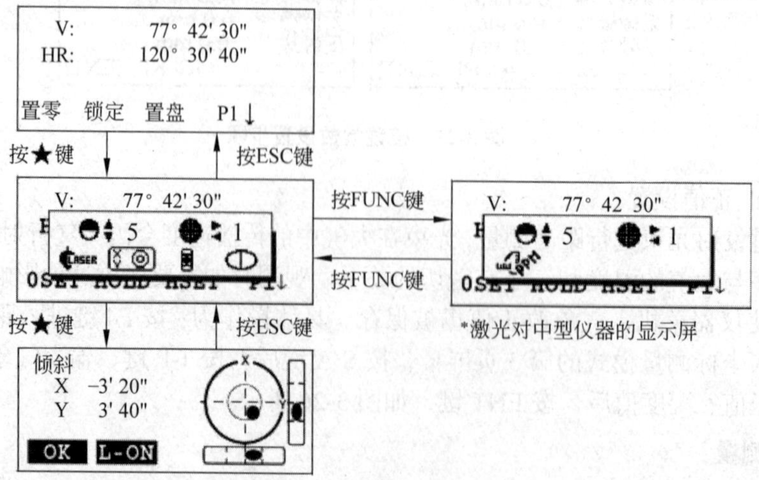

图 3-30　★键模式操作流程

距离测量分为连续距离测量和单次距离测量，仪器默认出场为单次距离测量，连续距离测量为：根据自己设置的距离测量次数，通过连续测量两点的距离，最后取平均值作为两点距离。绝大部分距离测量时，单次测量结果就可以作为两点的距离。

距离测量的具体操作为：在角度测量模式下照准棱镜中心，按◢键开始连续距离测量，当不需要连续距离测量时，按“测量”键，当需要显示水平角（*HR*）、垂直角（*V*）、斜距（*SD*）时，再次按◢键，就可以切换。如图 3-31 所示。

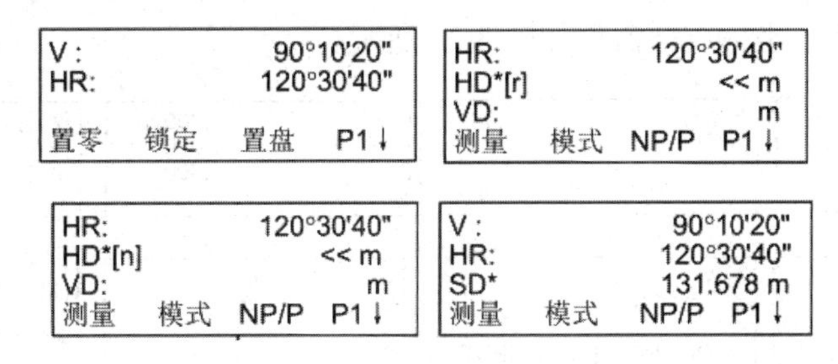

图 3-31　距离测量操作流程

5. 坐标测量

拓普康 GM-101 全站仪坐标测量采用的模式为“数据采集”，具体操作为：按 MENU 键进入“菜单”界面，按“数据采集”键，进入“选择文件”界面，第一次操作按“输入”键，新建作业文件，如果调用以前的作业文件则选择“调用”键，按“回车”键后进入“数据采集”界面，按“测站点输入”键进行测站点号、坐标、仪高输入，输入完成后按“记录”键并确定即可完成测站点数据输入；测站点数据输入完成后，按“后视”键，同样输入后视点点号、坐标、镜高等数据，照准目标棱镜后，按“观测”键；完成后视定向设置。按“前视 / 侧视”键进行坐标测量，将棱镜移至待测点，全站仪照准棱镜后，输入点号、编码、镜高后，按“测量”键即完成待测点坐标，后面随着棱镜移至下一待测点，全站仪照准棱镜后，可按“同前”键完成另一个待测点坐标，点号自动加 1，棱镜高度如果不变，会自动默认为上一个镜高，如图 3-32 所示。

菜单 1/3
F1: TOP FIELD
F2: 数据采集
F3: 放样 P↓

选择文件
FN:__________
输入 调用 --- 回车

数据采集 1/2
F1:测站点输入
F2:后视
F3:前视/侧视 P↓

测站号
点号:PT-01
输入 调用 坐标 回车

N: 0.000m
E: 0.000m
Z: 0.000m
>OK? [是] [否]

点号 :PT-11
标识符:
仪高→ 1.335 m
输入 查找 记录 测站
>记录 ? [是] [否]

后视点 →
编码 :
镜高 : 0.000 m
输入 置零 观测 后视

N: 0.000m
E: 0.000m
Z: 0.000m
>OK? [是] [否]

后视点 →PT-22
编码 :
镜高 : 0.000 m
输入 置零 观测 后视

数据采集 1/2
F1:测站点输入
F2:后视
F3:前视/侧视 P↓

点号 →PT-01
编码 : TOPCON
镜高 : 1.200 m
输入 查找 测量 同前
角度 *斜距 坐标 P1↓

点号 →PT-02
编码 : TOPCON
镜高 : 1.200 m
输入 查找 测量 同前

图 3-32　拓普康 GM-101 全站仪坐标采集流程

6. 放样

拓普康 GM-101 全站仪放样操作同坐标测量操作基本相同，按 MENU 键进入“菜单”界面，按“放样”键进入放样功能。放样的数据可以新建一个工作文件，放样数据存入该工作文件中，便于调用。当放样点数据较少时，可以直接输入待放样点的坐标。进入放样界面后，按照前述同样设置测站和后视坐标并完成定向后，就可输入或调用待放样点坐标，仪器就可以自动计算水平角和距离，当 dHR=0° 00′ 00″ 时，即照准了放样的方向，当 dHD 和 dZ 均为 0 时，即确定待放样点位置。坐标放样流程如图 3-33 所示。

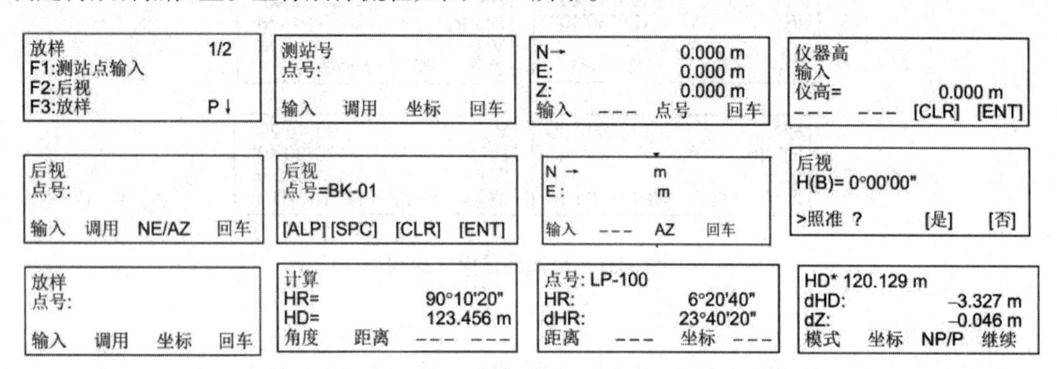

图 3-33 拓普康 GM-101 全站仪坐标放样流程

7. 数据传输

数据传输就是将全站仪内存中的数据文件直接传输到计算机，也可以从计算机将坐标数据文件和编码库数据直接装入全站仪内存中。拓普康 GM-101 全站仪具有 USB 接口，比较实用，故下面主要介绍通过 USB 接口传入传出数据文件。

数据传出即将全站仪内存中的数据文件通过 USB 接口传出到 U 盘中。传出的数据格式分为 GTS 和 SSS 格式，GTS 格式数据包括点号、测站高、水平角、垂直角、斜距等原始数据，常用于数据测量平差处理；SSS 格式数据包括点号、编码、*Y* 坐标、*X* 坐标、高程，适用于绝大部分测量项目使用。具体操作为：按 MENU 键进入“存储管理”界面，按 F4 键进入“数据通信”界面，插入 U 盘，按 USB 键，选择需要的数据格式，即可发送相应测量数据到 U 盘指定位置。数据传出流程如图 3-34 所示。

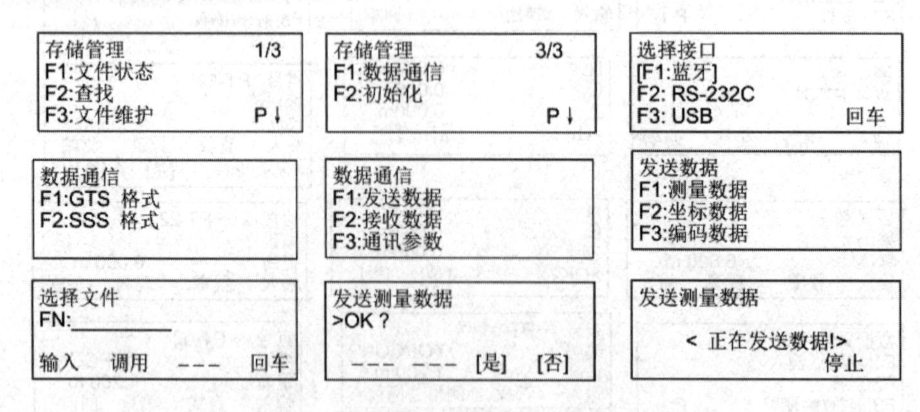

图 3-44 拓普康 GM-101 全站仪 U 盘数据传输流程

数据传入操作方式与数据传出基本相同，在此不再赘述。

微课：全站仪操作

微课：RTK 测量系统

三、全站仪检验

前面讲过，造成测量误差主要包括人的因素、设备因素、环境因素，全站仪是精密测量仪器，为保证仪器的性能和精度，测量作业实施前后的检验和校正十分必要，能够减少测量数据的误差。

（一）管水准器检验与校正

1. 检验方法

（1）先将仪器大致整平，转动照准部使水准管与任意两个脚螺旋连线平行，转动这两个脚螺旋使水准管气泡居中。

（2）将照准部旋转 180°，如气泡仍然居中，说明条件满足；如气泡不居中，则需进行校正。

2. 校正方法

（1）在检验时，若管水准器的气泡偏离了中心，先用与管水准器平行的脚螺旋进行调整，使气泡向中心移近一半的偏离量。剩余的一半用校正针转动水准器校正螺丝（在水准器右边）进行调整至气泡居中。

（2）将仪器旋转 180°，检查气泡是否居中。如果气泡仍不居中，重复以上步骤，直至气泡居中。

（3）将仪器旋转 90°，用第三个脚螺旋调整气泡居中。

（4）重复检验与校正步骤直至照准部转至任何方向气泡均居中为止。

（二）圆水准器检验与校正

1. 检验方法

管水准器检校正确后，若圆水准器气泡亦居中就不必校正，若圆水准器气泡不居中则需要进行校正。

2. 校正方法

（1）全站仪不动，旋转脚螺旋，使气泡向圆水准器中心返校移动偏移量的一半，然后先稍微松动圆水准器底部的固定螺丝，按整平圆水准器的方法，分别用校正针拨动圆水准器底部的三个校正螺丝，使圆气泡居中。

（2）重复上述步骤，直至仪器旋转至任何方向圆水准气泡居中。最后把底部固定螺丝拧紧。

（三）望远镜分划板

1. 检验方法

（1）整平仪器后在望远镜视线上选定一目标点 A，用分划板十字丝中心照准 A 并固定水平和垂直制动手轮。

（2）转动望远镜垂直微动手轮，使 A 点移动至视场的边沿（A' 点）。

（3）若 A 点是沿十字丝的竖丝移动，即 A' 点仍在竖丝之内的，则十字丝不倾斜不必校正。

（4）如图 3-35 所示，A' 点偏离竖丝中心，则十字丝倾斜，需对分划板进行校正。

2. 校正方法

（1）首先取下位于望远镜目镜与调焦手轮之间的分划板座护盖，便看见 4 个分划板座固定螺丝，如图 3-36 所示。

（2）用螺丝刀均匀地旋松该 4 个固定螺丝，绕视准轴旋转分划板座，使 A' 点落在竖丝的位置上。

（3）均匀地旋紧固定螺丝，再用上述方法检验校正结果。完成以上校正后将护盖安装回原位。

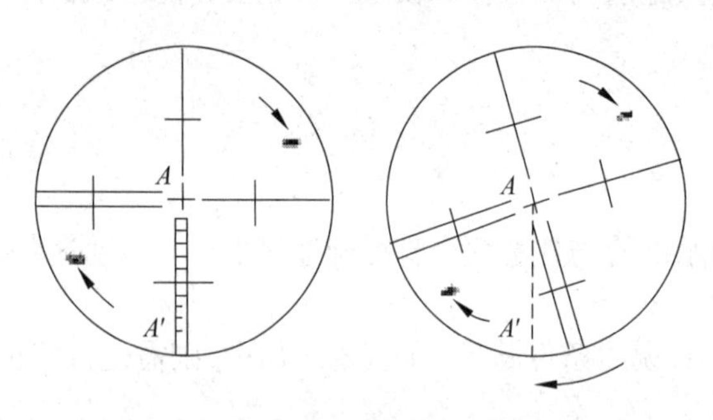

图 3-35　望远镜分划板偏离竖丝中心

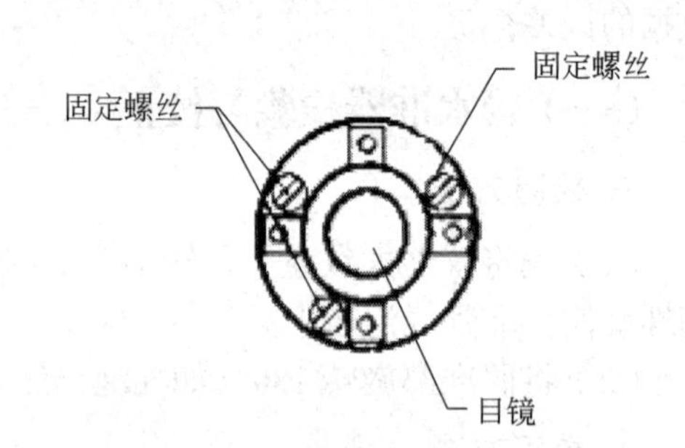

图 3-36　全站仪分划板座固定螺丝

（四）视准轴与横轴的垂直度（2C）

1. 检验方法

（1）距离仪器大约 100m 远处设置目标 A，并使目标垂直角在 ±3°以内。精确整平仪器并打开电源。

（2）在盘左位置将望远镜照准目标 A，读取水平角 L。

（3）松开垂直及水平制动手轮中转望远镜，旋转照准部盘右照准同一 A 点。照准前应旋紧水平及垂直制动手轮，并读取水平角 R。

（4）计算视准轴与横轴的垂直度。若 $2C=L-(R\pm180°)\geqslant20''$，则需校正。

例如：$L=10°\ 13'\ 10''$，$R=190°\ 13'\ 40''$，由 $2C=L-(R\pm180°)$ 知，$2C=-30''$，不满足要求，需校正。

2. 校正方法

具体校正方法可参见相关全站仪操作手册。

由于全站仪属于精密测量仪器，因此一般仪器的校正需由专业人员进行调试。同时，现在很多厂家生产的全站仪本身就带有仪器误差自动校正程序，只需检测人员按相应型号全站仪的规定操作仪器后即可完成仪器的校正，各院校、从业人员可根据实际配备的仪器型号通过检验和校正。总之，在领到一台全站仪开展工作前，检验是不能缺少的一个步骤。

任务二　RTK 测量系统

全球卫星导航系统也称为全球导航卫星系统，是能在地球表面或近地空间的任何地点为用户提供全天候的三维坐标和速度以及时间信息的空基无线电导航定位系统。它提供覆盖全球的地理空间定位，包括中国北斗卫星导航系统（BDS）、美国的全球定位系统（GPS）、俄罗斯的格洛纳斯卫星导航系统（GLONASS）、以及欧盟的伽利略卫星导航系统（GALILEO）。GNSS 定位分为单点定位和相对定位。

根据卫星星历给出的观测瞬间卫星在空间的位置和卫星钟差，以及一台 GNSS 接收机所测定的卫星至接收机间的距离，通过距离后方交会的方法来独立测定该接收机在地球坐标系中的三维坐标及接收机钟差的定位方法称为单点定位，也称为绝对定位，如图 3-37 所示。该方法的优点是只需要一台接收机就能确定自己在空间的位置，外业观测的组织和实施也更为方便，但目前该方法的定位精度较低，通常只能达到 1m 级至 10m 级的定位精度，主要用于飞机、船舶和地面车辆的导航。

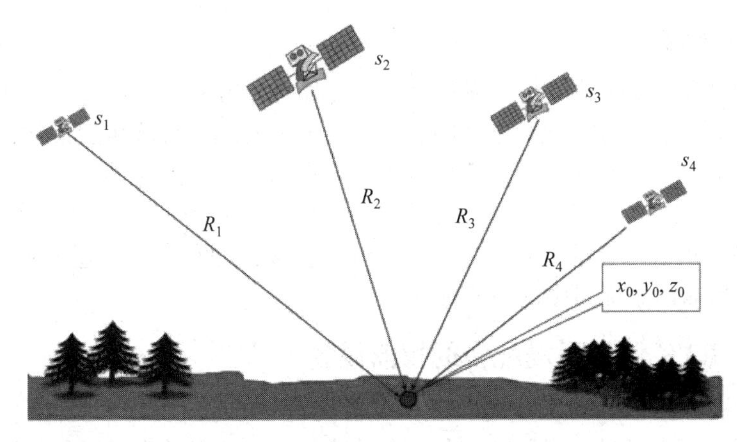

图 3-37 绝对定位（单点定位）原理示意图

确定同步跟踪相同的 GNSS 卫星信号的若干台接收机之间的相对位置（坐标差）的定位方法称为相对定位，如图 3-38 所示。两点间的相对位置可以用一条基线向量来表示，故相对定位有时也称为测定基线向量，简称基线测量。由于用同步观测资料进行相对定位时，两站（一台固定在已知点上的接收机为基准站，也称参考站，一台在基准站附近流动作业的接收机称为流动站）所收到的许多误差是相同的或大体相同的（如卫星钟差、卫星星历误差、电离层延迟、对流层延迟等），在相对定位的过程中，这些误差可得以消除或大幅度削弱，

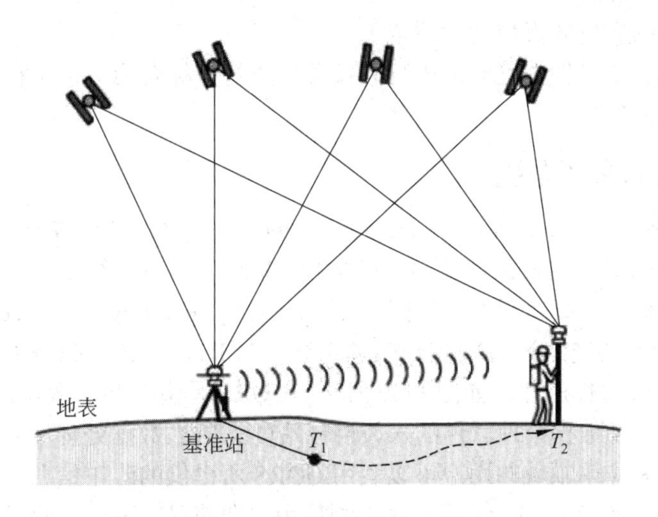

图 3-38 相对定位原理示意图

故可获得较高精度的相对位置，因此这种方法也成为精密定位中的主要作业方式，在测量中得到广泛的运用。但由于进行相对定位时，至少需要两台接收机进行同步观测，外业观测的组织实施及数据处理均较为麻烦，实时定位的用户还必须配备数据通信设备（如电台、网络）。

相对定位可以分为动态相对定位和静态相对定位，静态相对定位主要用于精密控制测量，动态相对定位主要用于数据采集、图根控制和施工放样等。动态相对定位可分为实时差分动态定位 RTK、后处理差分动态定位 PPK 和网络 RTK，其中实时差分动态定位 RTK 在野外数据采集中有广泛的运用。

一、RTK

（一）RTK 概念

RTK 是一种利用 GNSS 载波相位观测值进行实时动态相对定位的技术。进行 RTK 测量时，位于基准站（具有良好 GNSS 观测条件的已知站）上的 GNSS 接收机通过数据通信链实时地把载波相位观测值以及已知的站坐标等信息播发给在附近工作的流动用户。这些用户就能根据基准站及自己所采集的载波相位观测值利用 RTK 数据处理软件进行实时相对定位，进而根据基准站的坐标求得自己的三维坐标，并估计其精度，如有必要，还可将求得的 WGS-84 坐标转换为用户所需的坐标系中的站坐标。

（二）进行 RTK 测量时需配备的仪器设备

GNSS 接收机：进行 RTK 测量时，至少配备两台 GPS 接收机。一台接收机安装在基准站上，观测视场中所有可见卫星；另一台或多台接收机在基准站附近进行观测和定位。这些站常称为流动站。

数据通信链：数据通信链的作用是把基准站上采集的载波相位观测值及站坐标等信息实时地传递给流动用户。由调制解调器、无线电台等组成，通常可与接收机一起成套购买。

RTK 软件：RTK 测量成果的精度和可靠性在很大程度上取决于数据处理软件的质量和性能。RTK 软件一般应有下列功能。

（1）快速而准确地确定整周模糊度。

（2）基线向量解算。

（3）解算结果的质量分析与精度评定。

（4）坐标转换，既可根据已知的坐标转换参数进行坐标转换，也可根据公共点的两套坐标自行求解坐标转换参数。

（三）连续运行参考系统

连续运行参考系统（continuously operating reference system，CORS）是一种以提供卫星导航定位服务为主的多功能服务系统，是建立数字地球、实景三维中国、数字孪生时必不可少的基础设施。也称为连续运行参考站网（continuously operating reference stations，CORS），实际上是一种多功能的连续运行的综合服务系统，与 RTK 相比，CORS 更多地强调了服务的多样性，以及运行的长期性，如图 3-39 所示。CORS 是由一些用数据通信网络联结起来、配备了接收机等设备及数据处理软件的永久性台站（参考站、数据处理中心、数据播发中心等）组成的。不同部门和应用领域的用户可以利用 CORS 所提供的改正信息、站坐标及观测资料来满足不同的用途。连接上 CORS 后，大地测量用户即使只有一台接收机进行观测，也可通过参考站实时播发载波相位观测值和站坐标的方法进行测量。

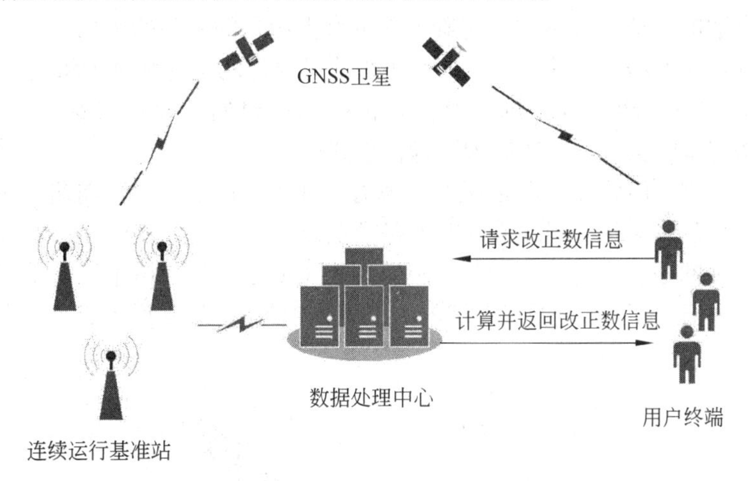

图 3-39　连续运行参考系统示意图

目前国内各地基本已建成 CORS，也有一些公司积极参与此项"新基建"的建设，比较有名的有华测导航、千寻位置、中海达、南方测绘、中国移动、腾讯等。随着未来无人驾驶、高精度位置服务的需求，CORS 越来越完善，大地测量用户将只需要携带一台接收机就可开展测绘工作。

二、GNSS 测量中的几个基本概念

（一）多路径效应

在 GNSS 测量中，被测站附近的放射物所反射的卫星信号（反射波）如果进入接收机天线，就将和直接来自卫星的信号（直射波）产生干涉，从而使观测值偏离真值，产生所谓的"多路径误差"。这种由于多个路径的信号传播所引起的干涉时延效应被称为多路径效应，如图 3-40 所示。

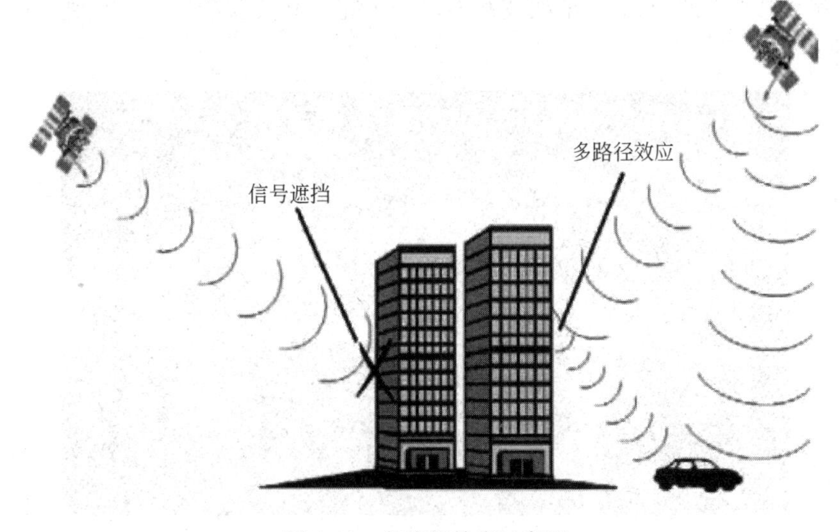

图 3-40　多路径效应示意图

消除或削弱多路径误差的方法通常有以下几种。

（1）选择合适的站址。选站时，应避免附近有大面积的平静的水面、山坡上、附近有高层建筑物，应选在灌木丛、草地、其他地面植被或翻耕后的土地和其他粗糙不平的地面。

（2）选择合适的 GNSS 接收机。为了防止地面反射的卫星信号进入天线产生多路径误差，进行精密定位的接收机天线应配置抑径板或抑径圈。

（3）适当延长观测时间。多路径误差可视为一种周期性误差，其周期一般为数分钟至数十分钟，适当延长观测时间可消除或削弱多路径误差。

（4）设置合理的截止高度角。为了屏蔽遮挡物（如建筑物、树木等）及多路径效应的影响所设定的角度阈值，低于此角度视野域内的卫星不予跟踪，通常设置成 10º，如图 3-41 所示。

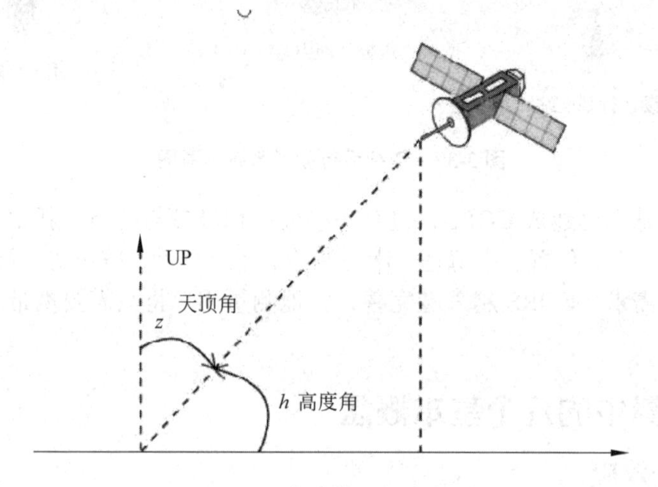

图 3-41 高度截止角示意图

（二）整周模糊度

由于载波相位测量的原理实际上是以载波的波长 λ 作为长度单位，以载波作为一把“尺子”来量测卫星至接收机间的距离，通过距离后方交会的原理确定接收机所在的三维坐标。因此能够确定卫星到接收机的 N 个完整载波和不足一个完整载波就能确定卫星到接收机的距离，如图 3-42 所示。

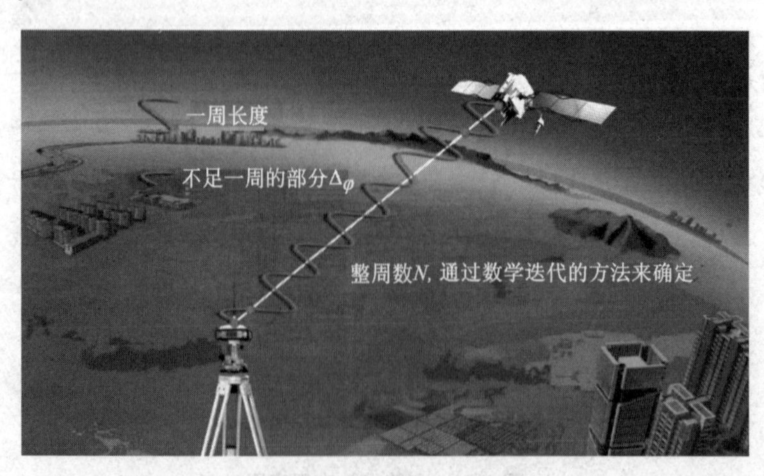

图 3-42 整周模糊度示意图

按照整周模糊度参数最终是否被固定成整数，GNSS 接收机界面常分为以下 3 种。

（1）固定解（整数解）。表明整周模糊度已被解出、测量已被初始化。它是最精确的解类型。

（2）浮动解。表明整周模糊度已被解出，测量还未被初始化。

（3）单点解。接收机未使用任何差分改正信息计算的 3D 坐标，它在 RTK 测量中精度最低。

因此，在 RTK 测量中必须让手簿保持固定解才能开始进行下一步操作。

（三）精度因子

精度因子（dilution of precision，DOP）是 GNSS 位置的质量标志。它考虑到每颗卫星相对于星群中其他卫星的位置以及它们相对于 GNSS 接收机的几何位置。DOP 值越小，表明精度可靠性越高，如图 3-43 所示，显然左边卫星的空间分布较右边卫星的空间分布好。GNSS 应用的标准 DOP 值为：PDOP 位置（三维坐标）、RDOP 相对（位置、平均时间之上）、HDOP 水平（二维水平坐标）、VDOP 垂直（只有高度）、TDOP 时间（只有时钟偏移）。因此在 GNSS 测量前通过查看卫星星历分布状况，可以很好地选择精度因子较低的时间段进行测量。

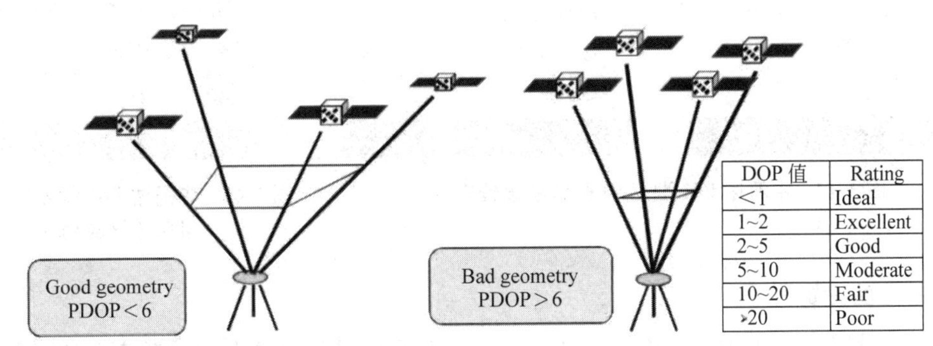

DOP 值	Rating
＜1	Ideal
1~2	Excellent
2~5	Good
5~10	Moderate
10~20	Fair
›20	Poor

图 3-43　精度因子示意图

三、RTK 的使用与操作

目前市面上的 RTK 设备繁多，国内比较有名的厂家有中海达、华测、南方测绘。不管何种 RTK，其基本操作都大体相同，主要步骤为设备连接、基准站设置、移动站设置、新建项目、参数计算、测量等。

下面分别以中海达 F61 型 GNSS RTK（国产）和华测 K50 型 GNSS RTK 为例，介绍 RTK 的使用方法。

（一）中海达 F61 型 GNSS RTK 的使用

中海达 F61 型 GNSS RTK 是中海达公司生产的一台多星多系统内核的 RTK 接收机，可以无缝兼容所有 CORS，内置 1+X 多模通信单元、收发一体电台，实现基准站与移动站完全互换，RTK 移动站作业时长 12h，静态作业时长 15h。接收机定位精度在静态、快速静态情况下平面精度为±（$2.5+1\times10^{-6}D$）mm，高程精度为±（$5+1\times10^{-6}D$）mm，RTK 情况下平面定位精度为±（$10+1\times10^{-6}D$）mm，高程精度为±（$20+1\times10^{-6}D$）mm。

1. 设备连接

设备连接是指手簿与 GNSS 接收机连接。设置待连接的设备连接方式、天线类型（可在连接后再进行修改）后，按右下角连接键，如图 3-44 所示。

手簿与 GNSS 接收机连接方式有多种，常用的方式为蓝牙连接，选择蓝牙连接时接收机和手簿的蓝牙功能都要开启。按“搜索设备”搜索需要连接的设备，在设备列表中选择（接收机的仪器号），若弹出蓝牙配对的对话框，输入配对密码，密码默认为 1234，第二次手簿与该接收机进行设备连接将不需要输入配对密码。

设备连接成功后将显示当前接收机的连接状态，包括仪器主机 SN 编号、固件版本检查更新、工作模式、固件版本、过期时间、连接方式选择、天线类型等信息，如图 3-45 所示。

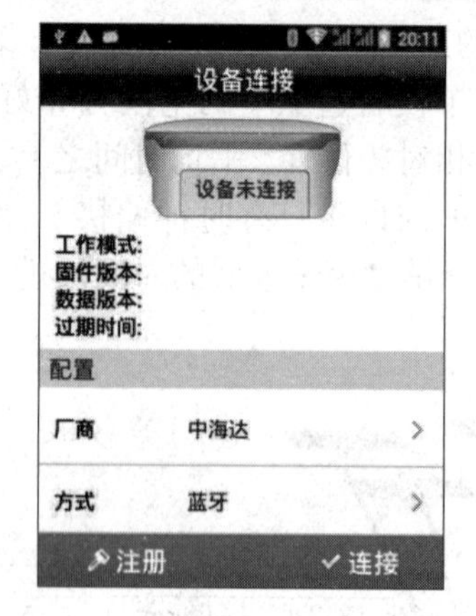

图 3-44　中海达 F61 型 GNSS RTK 设备连接

图 3-45　中海达 F61 型 GNSS RTK 设备连接成功

2. 基准站设置

基准站设置主要用于电台模式下作业，它包括基准站坐标和基准站数据链等参数设置。基准站坐标设置为 WGS-84 坐标下的经纬度坐标以及大地高（椭球高），由于测量常用的高程为正高或正常高，所以需要接收机在该位置处的高程异常值，高程异常值的设置项目二已介绍，此处不再赘述。

一般在架设基准站时，可以在架设的地面上进行平滑采集，获得一个相对准确的 WGS-84 坐标，从而进行设站，需要说明的是平滑采集次数越多单位精度越高。如在已知点上，可以通过输入已知点当地平面坐标，或按右端点库键，从点库中获取。如图 3-46 所示。

基准站数据链设置用于设置基准站和移动站之间的通信模式及参数，常用的方式为内置电台和外挂电台模式，内置电台模式主要用于 1+1 模式，外挂电台模式可用于 1+*N* 模式。下面主要介绍内置电台模式的操作。

基准站使用内置电台功能时，需设置数据链为内置电台、设置频道、电台协议与功率，如图 3-47 所示。

当所有基准站参数设置完成后按“设置”键，软件会弹出对话框提示设置成功或设置失败，如果设置成功，检查基准站主机是否正常发送差分信号，如果失败，检查参数是否设置错误，重复单击几次。

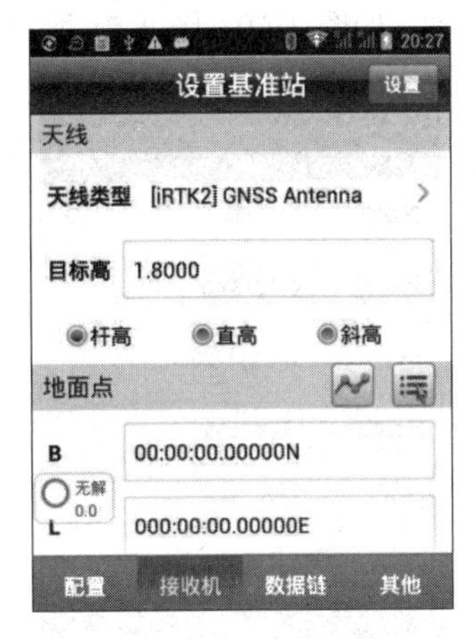

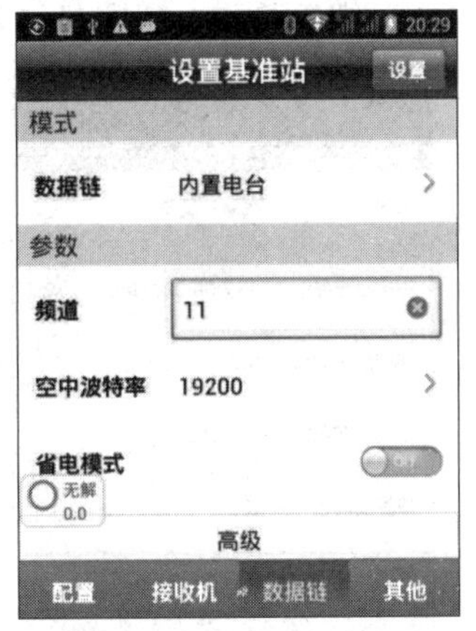

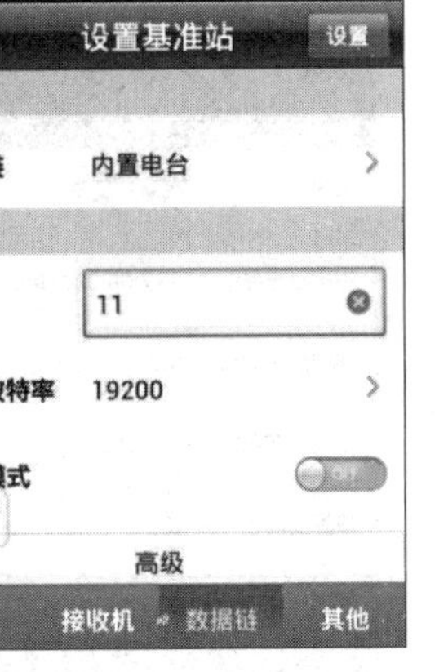

图 3-46　中海达 F61 型 GNSS RTK 基准站坐标设置

图 3-47　中海达 F61 型 GNSS RTK 基准站数据链设置

3. 移动站设置

设置移动站主要是设定移动站的工作参数，主要包括移动站数据链参数，移动站数据链用于设置移动站和基准站之间的通信模式及参数，包括内置电台、内置网络、外挂、手簿差分和星站差分、外置网络，比较常用的方式为内置电台、内置网络、手簿差分，内置电台模式主要用于设置数据链为内置电台，修改电台频道、电台协议、空中波特率。电台频道必须和基准站一致，这种模式下主要是基准站为电台模式。内置网络模式主要用于接收机配置了 SIM 卡。手簿差分模式主要是用于手簿配置了 SIM 卡或者接入了 Wi-Fi 热点模式。由于 CORS 系统及手机热点的普及，目前手簿差分模式是设置移动站数据链参数的主要方式，如图 3-48 所示。

完成以上设置后手簿主界面悬浮窗口会显示“固定”，表示仪器得到固定解，可以进行测量，如果仪器一直显示“单点”，“浮动”表示仪器还不能进行测量，如图 3-49 所示。

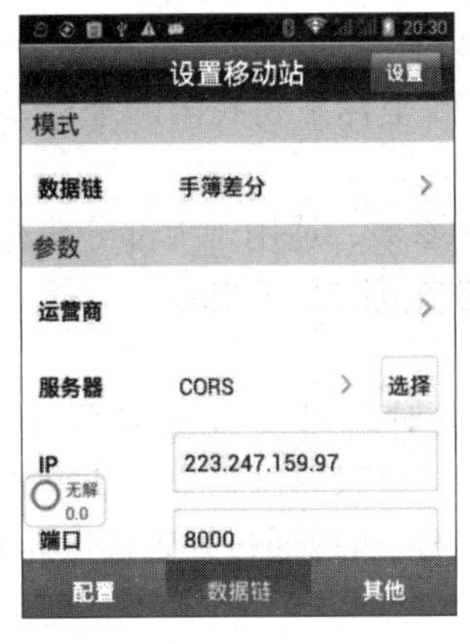

图 3-48　中海达 F61 型 GNSS RTK 移动站数据链设置

图 3-49　中海达 F61 型 GNSS RTK 仪器得到固定解

4. 新建项目

由于坐标转换参数的不同，每一个工程项目在开展工程测量之前都应该建立一个项目，主要用于设置该项目的坐标转换参数、坐标系统、椭球及投影参数，如图 3-50、图 3-51 所示。

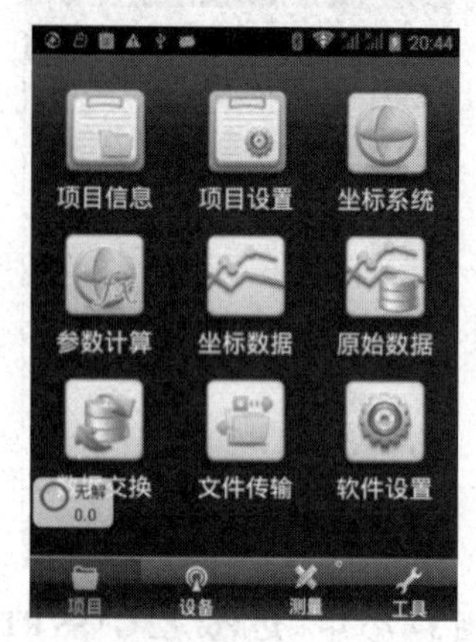

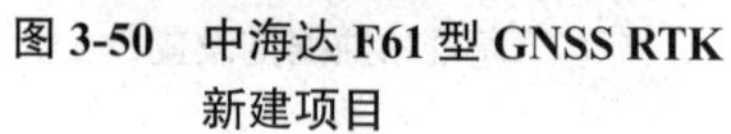
图 3-50　中海达 F61 型 GNSS RTK 新建项目

图 3-51　中海达 F61 型 GNSS RTK 项目参数设置

5. 参数计算

经过以上设置后移动站得到的坐标为基准站所在的坐标系统下的坐标，目前各项目往往都是采购 CORS 账号，而 CORS 的坐标系统往往不与项目坐标系统一致，为此就需要进行参数计算。参数计算指的是用于计算两个坐标系统之间的转换关系，参数计算类型包括七参数、三参数、四参数 + 高程拟合、四参数、高程拟合和一步法。平时用得比较多的坐标参数计算类型为七参数、三参数、四参数。

七参数主要用于两椭球之间在空间向量上的平移、旋转、尺度参数，且旋转角要很小，是一种比较严密的转换模型，至少需要三个点才能进行解算，适用于不同椭球坐标系之间的转换。控制范围在 10km 左右。此方法解算模型严谨，因此要求已知点的坐标精度高，一般在大范围作业时使用。当已知点精度不高时，不推荐使用七参数。

三参数主要用于两椭球之间的转换，它是七参数的简化，只有空间向量上的平移参数，是一种精度较低的转换，一个已知点即可求解，适用于 WGS-84 坐标系到我国的坐标系的转换。

四参数主要用于两平面坐标系之间的平移、旋转、缩放比例参数，适用于大部分普通工程用户，只需要两个任意坐标系已知坐标即可进行参数求解。控制范围在 5~7km。

下面介绍具体操作，如图 3-52 所示。

图 3-52（a）为计算类型选择四参数，只需要两个已知点对就可以进行参数计算，图 3-52（b）中的源点指的是基准站坐标系下移动站采集的坐标，可以通过采集键获得该坐标。目标点指的是该项目已知点坐标，也即为采集该点的已知点坐标，可以通过列表选点界面，选取该已知点，列表中不会显示已选择过的点对。

当输入两个以上点对坐标信息后，可以按计算键进行参数计算，解算从源坐标到目标坐标的转换参数，按计算键，软件会自动计算参数及各点的残差值 HRMS、VRMS（HRMS 为当前点的平面中误差；VRMS 为当前点的高程中误差），残差值越小，点的精度越好。尺度在 0.999~1.000 之间（一般来说，尺度越接近 1 越好），当尺度在 0.999~1.000 之间就可按运用键，完成参数计算，如图 3-53 所示。

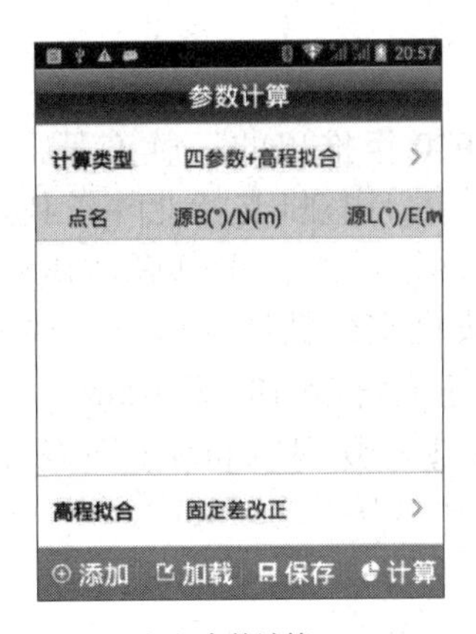

(a) 参数计算

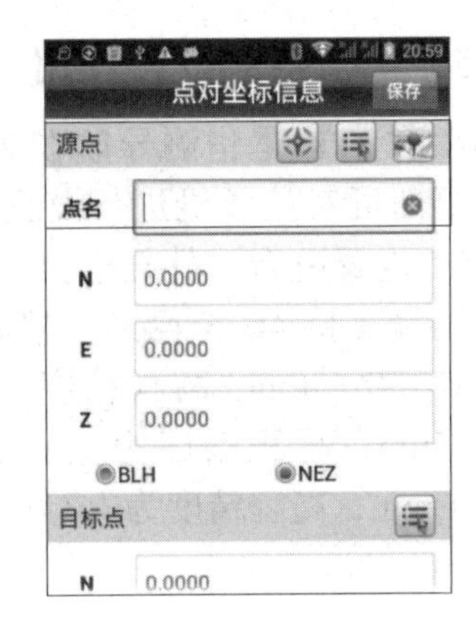

(b) 点对坐标信息

图 3-52　中海达 F61 型 GNSS RTK 参数计算

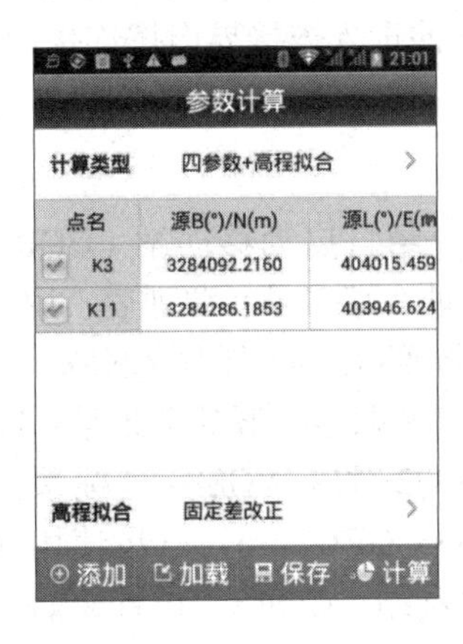

图 3-53　中海达 F61 型 GNSS RTK 四参数 + 高程拟合计算结果

6. 测量

开始测量之前必须对项目的测量精度进行设置以满足项目的精度要求，中海达 F61 型 GNSS RTK 的测量精度设置在“测量配置”→“数据”里进行设置，完成以上设置后，即可进行碎部测量，如图 3-54、图 3-55 所示。

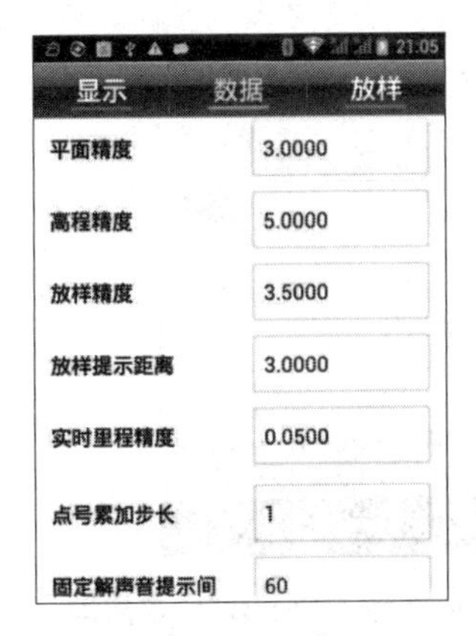

图 3-54　中海达 F61 型 GNSS RTK 测量精度参数配置

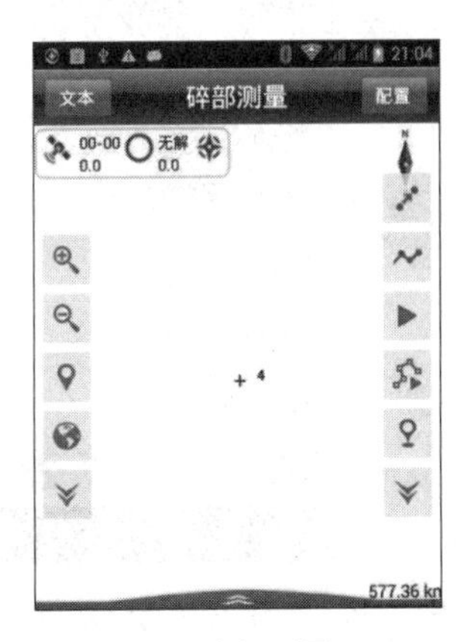

图 3-55　中海达 F61 型 GNSS RTK 碎部测量

（二）华测 K50 型 GNSS RTK 使用

华测 K50 型 GNSS RTK 是华测导航在 2020 年推出的一款产品，采用 Linux 智能化操作系统，无须手簿即可对接收机进行设置；并且整机支持北斗三代卫星，搜索 + 解算卫星 45 颗以上，支持内置电台、外挂电台、网络模式、移动站 CORS、网络中继多种作业模式，主机内置网络支持 4G 全网通。接收机定位精度在静态、快速静态情况下平面精度为±（$2.5+1\times10^{-6}D$）mm，高程精度为±（$5+1\times10^{-6}D$）mm，RTK 平面定位精度为±（$8+1\times10^{-6}D$）mm，高程精度为±（$15+1\times10^{-6}D$）mm，码差分平面定位精度为±（$0.25+1\times10^{-6}D$）mm，高程精度为±（$0.5+1\times10^{-6}D$）mm。

1. 设备连接

设备连接是指用手簿连接接收机和外设设备。一般采用蓝牙连接，使用蓝牙连接方式时，按目标蓝牙后面的列表，进入蓝牙设备界面，选择管理蓝牙，按搜索设备，找到当前所要连接的接收机 SN 号，选择配对，配对成功之后返回进入连接界面按连接键，连接成功或失败都有相关提示信息，如图 3-56 所示。

2. 工作模式设置

常用的工作模式为 CORS，因此下面主要介绍自启动移动站（CORS），选用 CORS 模式，需要从当地 CORS 系统管理部门获取 IP 地址、端口号、源列表、用户名和密码等信息。CORS 系统建设单位较多，我们以中国移动为例介绍 CORS 账号的购买。

微信关注 CORS 公众号，按照需求购买 CORS 账号。服务器地址：120.253.239.161。端口号 8001 对应为 CGCS2000 坐标系，端口号 8002 对应 WGS84 坐标系，端口号 8003 对应 ITRF2008 坐标框架。源列表：四星使用 RTCM33_GRCEpro，三星使用 RTCM33_GRC，双星使用 RTCM33_GR。输入账号密码即可完成移动站（CORS）设置，如图 3-57 所示。

图 3-56 华测 K50 型 GNSS RTK 设备连接

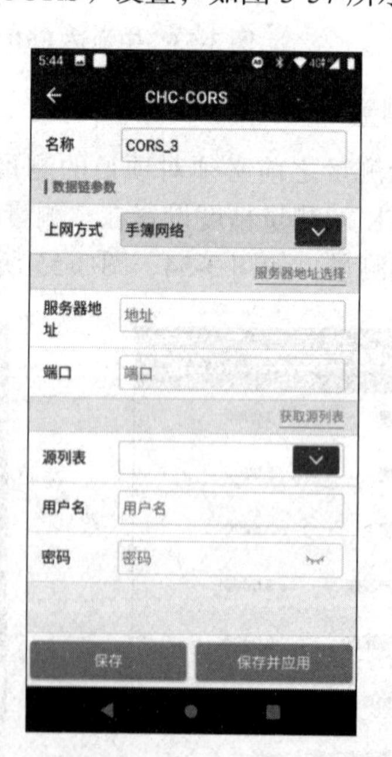

图 3-57 华测 K50 型 GNSS RTK 自启动移动站（CORS）

3. 新建工程

无论何种作业模式下工作，都必须首先新建一个工程对数据进行管理。进入项目→工程管理，按“新建”键。输入工程名称、套用工程或新建坐标系、新建代码集或选择默认代码。完成坐标系和代码集的选择或新建之后，按“确定”键，即完成了工程的新建。

1）套用工程

选中套用工程后，会弹出一个历史工程列表，可选中其中一个工程按“确定”键，即可完成套用工程，套用工程的目的是套用工程中的坐标系及转换参数，这样在多个工地来回作业时，参数选取变得更加简单直观。操作如下。

第一天有任务“七号”，做过点校正，第二天新建任务时想继续使用这个校正参数，在工程管理输入新建工程名称，选中“复制工程”选择“七号”即可完成新建任务并套用参数功能。如图 3-58 所示。

2）坐标系

选中坐标系后，会弹出“j- 坐标系管理”界面，选择工程所需的坐标系和对应的椭球、投影、基准转换、平面校正、高程拟合、校正参数，按“确定”键即可，如图 3-59 所示。

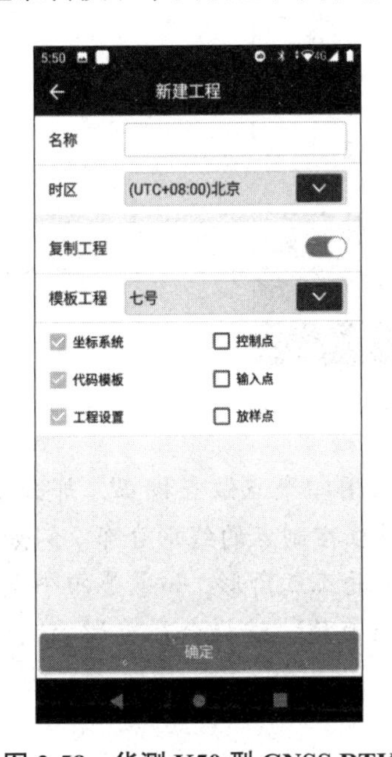

图 3-58　华测 K50 型 GNSS RTK 新建套用工程设置

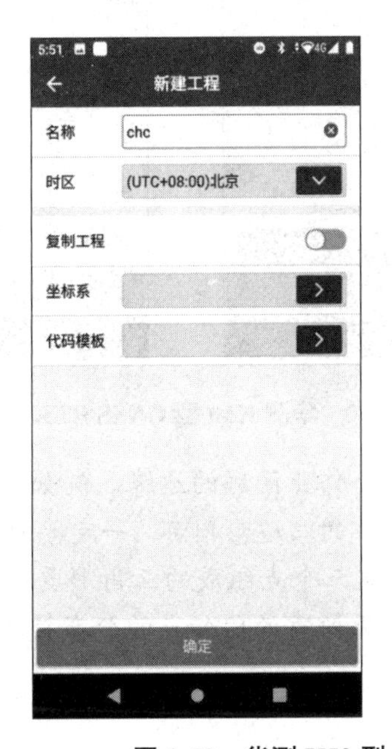

图 3-59　华测 K50 型 GNSS RTK 坐标系设置

需要说明的是，在设置坐标系和套用工程时，二者任选其一即可。

4. 点校正和基站平移

1）点校正

第一次到一个测区，想要测量的点与已知点坐标相匹配，需要做点校正。具体操作如下。

（1）输入已知点坐标：项目→点管理→添加。

（2）实地测量控制点（如果已知控制点经纬度坐标，项目→点管理→添加中输入经纬度坐标）。

（3）在项目→坐标系参数中选择好坐标系，输入正确的中央子午线（如果有投影高输入投影高）。

（4）进入“CHC- 点校正”界面，按“添加控制点对”键，在“CHC- 添加控制点对”界面中，GNSS 点选择测量的坐标（或输入的经纬度），已知点选择输入的平面坐标（NEH）。如果已知点平面和高程都用，在方法中选择“水平 + 垂直校正”，如果仅用平面坐标，选择“水平校正”，如果仅用高程坐标，选择“垂直校正”，以此选择完所有的控制点，如图 3-60 所示。

（5）在“CHC- 点校正”界面按“计算”键，如果残差较小，说明校正合格，按“应用”键，在弹出的提示中选择“是”。

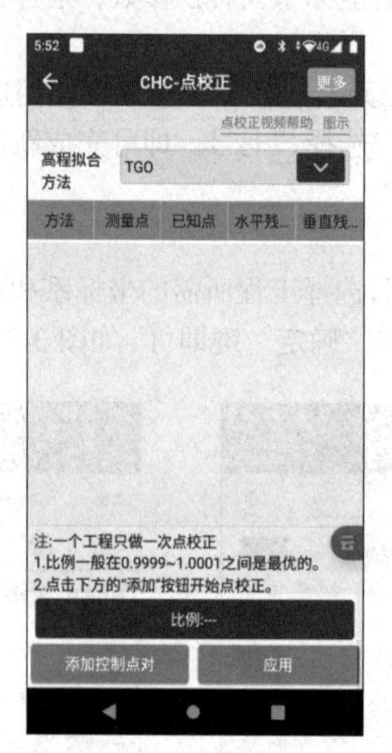

图 3-60　华测 K50 型 GNSS RTK 点校正

注：已知点最好要分布在整个作业区域的边缘。例如，如果用四个点做点校正，那么测量作业的区域最好在这四个点连成的四边形内部。一定要避免高程控制点的线形分布。例如，如果用三个高程点进行点校正，这三个点组成的三角形要尽量接近正三角形；如果是四个点，就要尽量接近正方形。一定要避免所有的已知点的分布接近一条直线，这样会严重影响测量的精度。

2）基站平移

基站平移是在同一个测区，基站重新开关机（使用自启动基准站，如果是已知点启用基站则不需要做重设当地坐标）后不用再次做点校正并且能使用之前点校正的参数。

方法：移动站固定后找一个已知点（可以是测量点）测量，测量完成后发现和已知坐标不一样，这时候进入“CHC- 基站平移”界面，GNSS 点选择刚测的点，已知点中选择这个点的已知坐标，然后按“确定”键，在弹出的提示中按“是”键，如图 3-61 所示。

在同一个工程中仅首次作业需要做点校正，后续作业只需做单个控制点的基站平移。

5. 测量

完成以上设置后，进入“点测量”界面即可进行未知点三维坐标测量。在进行未知点坐标测量时，当对中杆高发生变化时，要及时地设置杆高，如图 3-62 所示。

微课：RTK 操作

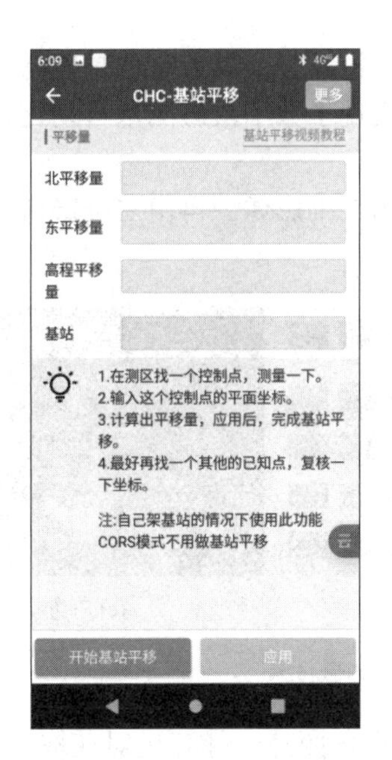

图 3-61　华测 K50 型 GNSS RTK 基站平移

图 3-62　华测 K50 型 GNSS RTK 点测量

任务三　无人机测量系统

无人机测量一般是指通过无人机搭载数码相机或激光雷达获取目标区域的影像数据，再经过重建软件对获取的数据全面处理，从而获得目标区域三维地理信息模型的一种技术。21 世纪以来，随着计算机视觉技术与无人驾驶技术的迅速发展，产生了全新的摄影测量工具——无人机航空摄影测量系统。相较于传统摄影测量工具，无人机航空摄影测量系统将航空器、卫星定位技术、遥感技术、计算机技术有机结合，具有定位精度高、拍摄精度高、作业效率高等优点，革新了数字摄影测量技术，实现了数字摄影测量自动化，推动了实时摄影测量的发展。

摄影测量是通过摄影将三维物理世界转变为二维影像，再由二维影像获取三维空间数据的技术，如图 3-63 所示。

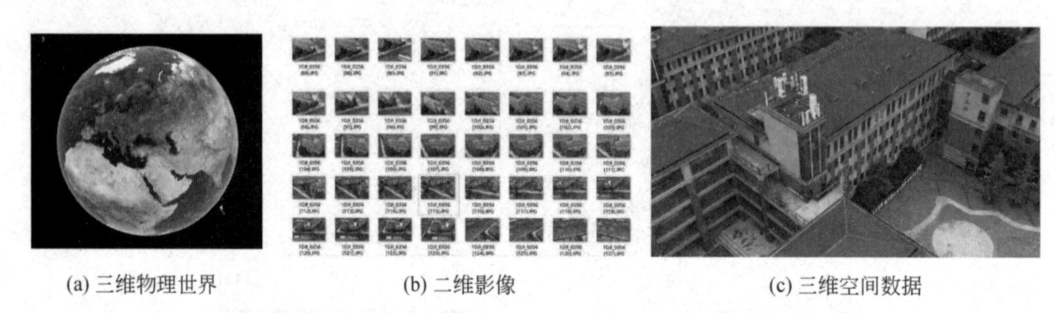

(a) 三维物理世界　(b) 二维影像　(c) 三维空间数据

图 3-63　摄影测量技术

首先通过无人机低空摄影，获取物体的多视角照片。计算机对获取的照片提取特征点，特征点一般为照片中的角点、边缘等灰度值差异较大的点。通过对拥有同一特征点的三张以上照片进行三角测量，获得特征点空间数据。对得到的多个数据进行误差的运算，矫正照片的位置和朝向信息。矫正完毕后对照片进行逐像素匹配运算，生成稠密点云。将点云中的三个点连接成三角网，形成初步的模型。然后对模型进行平滑处理得到最终模型。将模型对应的纹理信息映射到模型上，从而生成实景三维模型。摄影测量步骤如图 3-64 所示。

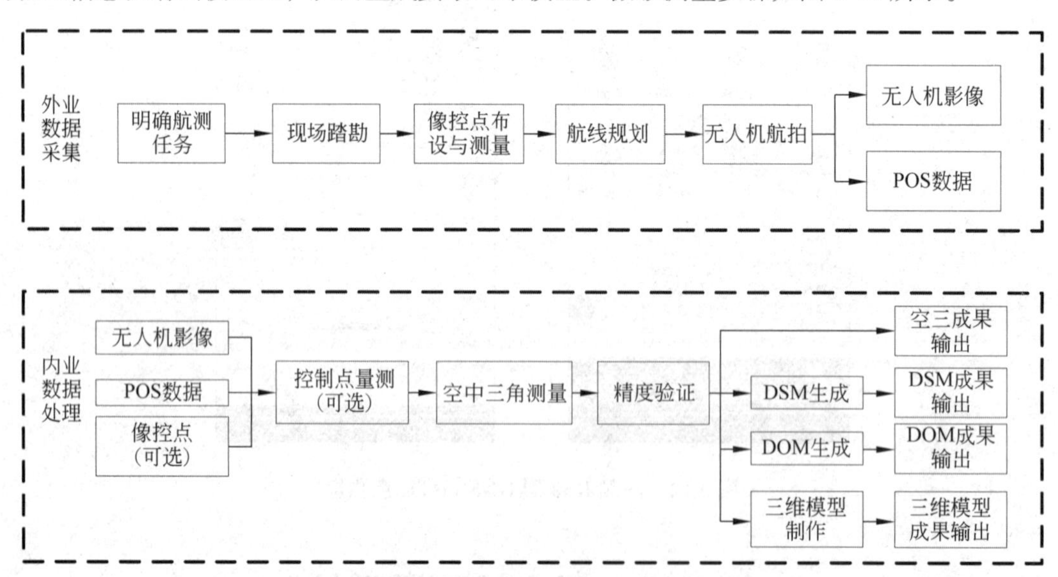

图 3-64　摄影测量步骤

一、无人机航空摄影测量系统

无人机航空摄影测量系统由飞行器、任务设备、建模软件三部分构成。目前广泛使用的飞行器为多旋翼无人机，其中以大疆无人机运用最广，下面主要介绍大疆多旋翼无人机。

（一）多旋翼无人机

多旋翼无人机系统由空中部分、地面部分及连接两者的链路系统组成，主要包括的硬件有地面端、飞行平台、任务设备，如图 3-65 所示。地面端负责信息输入输出，将飞行的操作指令传向空中并接受任务设备信息，操作飞行平台以及任务设备完成预定的动作要求；飞行平台，通过链路系统接收地面的指令，通过飞控系统和动力系统，实现稳定悬停、手动飞行、自主飞行等一系列飞行动作；任务设备，通过接收地面段的信号，完成预定的任务动作，如拍摄、喷洒、投掷等。

微课：无人机测量系统

微课：无人机飞行操作

（二）动力系统

动力系统是无人机能够飞行在天空中的保障，包含的部件有电子调速器、电机、螺旋桨等。电子调速器（electrical speed controller，ESC）简称电调，电调的作用包括向电机传送电能、调节电机转速。电机是能量转换的设备，将电能转换为电机旋转的机械能。多旋翼无人机所使用的电机为无刷电机。螺旋桨安装在电机上，通过电机旋转产生升力，是多旋翼无人机上最常见的动力部件，一般简称为桨叶，如图 3-66 所示。

图 3-65　大疆精灵 4RTK 多旋翼无人机

图 3-66　动力系统

（三）飞行原理

多旋翼无人机是通过调节螺旋桨的转速，产生不同的升力，从而控制无人机的上升下降、前飞后退等动作。例如，提高螺旋桨转速，让升力大于自身重力，多旋翼无人机就可实现上升的动作。

力的作用是相互的，螺旋桨旋转会产生反扭力，会让自身沿螺旋桨旋转方向反向旋转。相对抵消。而如果一根轴两端上存在两个转向相反、转速相同的螺旋桨，那么它们产生的反作用力就会相对抵消。多旋翼无人机正是采用这样的原理，相邻电机转向相反，互相抵消反扭力，从而实现了整体平衡，如图 3-67 所示。

图 3-67　四旋翼无人机飞行原理

（四）多旋翼无人机飞控系统

多旋翼无人机飞控系统像人体的大脑一样，负责控制飞行器各个部件。飞控通过分析各传感器反馈的数据，如飞行器的位置、高度、机头朝向等信息，通过控制动力系统保持飞行器自身稳定，以及将地面端的指令发送给动力系统，实现飞行器在空中的各项动作。

图 3-68　无人机飞控系统

飞控系统包括主控、磁罗盘、卫星定位、惯性管理单元（inertial measurement unit，IMU）等部件，飞控系统首先要通过“全球卫星定位系统”，获得经纬度位置信息，确定无人机自身位置。然后通过磁罗盘获得方向信息，确定机头朝向。最后利用惯性导航单元感知无人机飞行状况，确认飞行姿态，在通过以上部件获取各项飞行数据信息后，飞控系统会通过主控进行一系列计算和校正，输出控制指令给动力系统，实现无人机的自身平衡以及控制，如图 3-68 所示。

（五）感知系统

感知系统类似人的眼睛，通过视觉、超声波、红外或毫米波雷达等传感器接收环境信息。

双目视觉是通过一组摄像头来模拟人类视觉，是从两个点观察一个物体，以获取在不同视角下的图像，并通过三角测量计算出物体的三维信息。超声波、红外或毫米波雷达都是通过发射信号到接收信号的时间差，经过三角测量计算出与物体的距离。

感知系统与飞控系统结合，可以实时计算飞行器的速度、姿态及空间中的位置，构建飞行器周围的三维地图。这样飞行器在悬停、低速飞行时，可实现定位、避障、识别、跟踪等功能。

在使用时，视觉系统需要物体表面有丰富纹理且光照条件充足（室内日光灯正常照射环境），水面、玻璃等纹理单一的环境都会影响视觉系统工作。红外感知系统需要物体表面的反射材质（反射率 >8%），如墙面、树木、人等。

（六）遥控模式

遥控器有两个摇杆，而每个摇杆又存在上下与左右两种方式操作，从而可以产生 4 个动作，就这 4 个动作就能够实现无人机上升下降、顺时针旋转、逆时针旋转、前进、后退、左偏移、右偏移等各种动作。

无人机遥控器有多种摇杆模式，美式手摇杆模式是市面主流的操作方式，左摇杆上下控制无人机的上升下降，左右使无人机产生自旋。右摇杆控制无人机前进后退与左右横移；向上就前进，向下则后退，向左则左平移，向右则右平移，如图 3-69 所示。

日式手摇杆模式右边上下是无人机的升降，能够实现无人机的起降；而左右则是横移，使无人机产生左右横移。左边的摇杆控制无人机前进后退与自旋，向上就前进，向下则后退；向左则逆时针自旋，向右则顺时针自旋，如图 3-70 所示。需要注意的是，不同的摇杆模式操作方式完全不同，所以在操作陌生的无人机时一定要提前查看遥控模式。大疆创新无人机在出厂时，默认为美式手摇杆模式。

（七）飞行模式

就像汽车有舒适、运动、自动等不同的驾驶模式一样，多旋翼无人机也存在不同的飞行模式。常见的飞行模式有定位模式（P 模式）、运动模式（S 模式）、三脚架模式（T 模式）、姿态模式（A

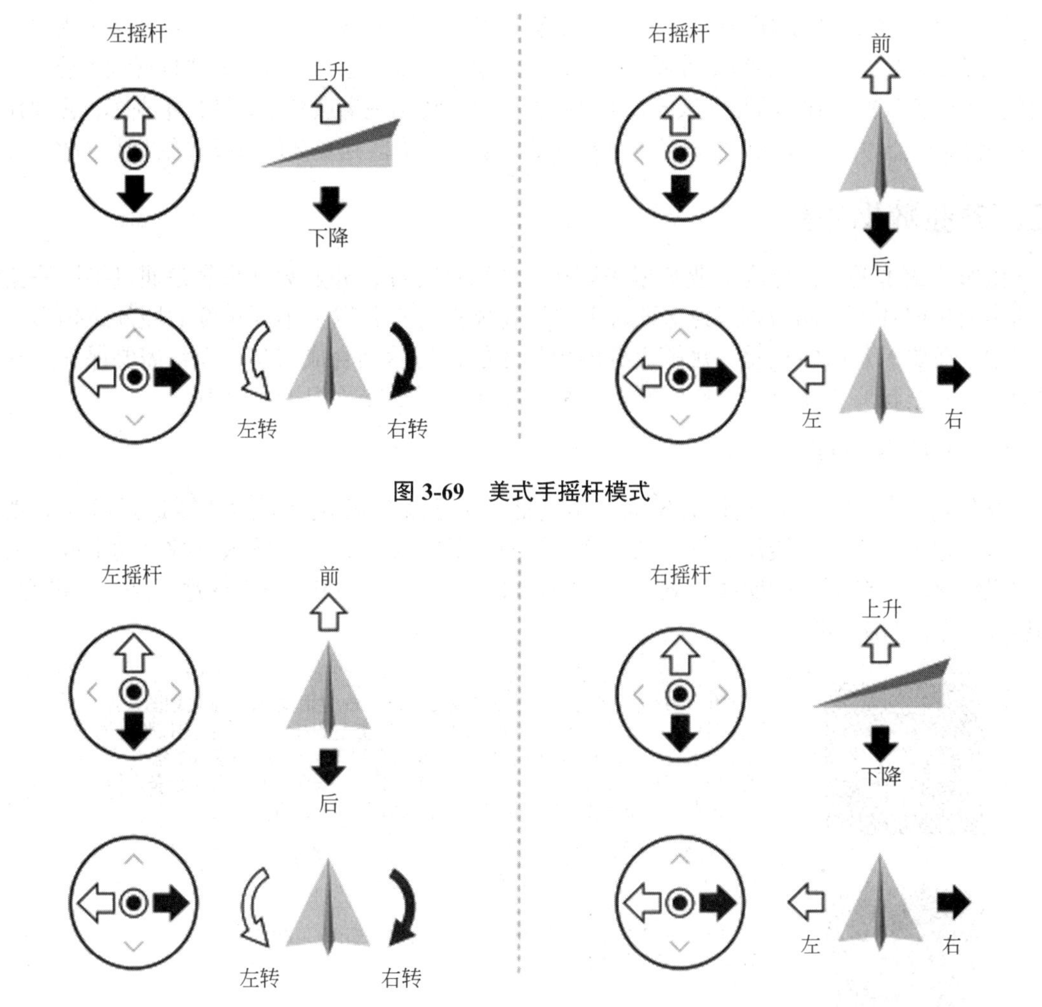

图 3-69　美式手摇杆模式

图 3-70　日式手摇杆模式

模式）等，如图 3-71 示。

（1）定位模式（P 模式）是最常用的模式，飞行器通过卫星定位系统或感知系统，能实现飞行器精确悬停、稳定飞行、智能飞行等功能。在飞行时可做到摇杆动飞机动，摇杆停飞机停。

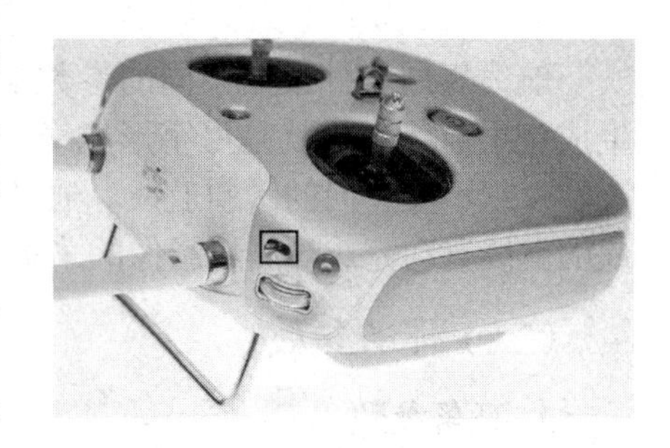

图 3-71　飞行模式切换拨键

（2）运动模式（S 模式）可带来更多的飞行乐趣，它保留了定位模式的大部分功能，提高了控制灵敏度，提升了最大飞行速度。需要注意的是，视觉速障功能将会自动关闭，飞行无法自行避障。还增加了刹车距离，飞行时要预留足够的飞行空间以保障飞行安全。

（3）三脚架模式（T 模式）可使拍摄过程更加稳定，它在定位模式的基础上限制了飞行速度，它最大的飞行速度、上升下降速度均为 1m/s，在此模式下不支持智能飞行功能。

（4）姿态模式（A 模式）不使用 GNSS 模块与视觉系统进行定位，仅提供姿态增稳。只有在

GNSS 卫星信号差或者指南针受干扰，并且不满足视觉定位工作条件时，飞行器才会进入姿态模式。姿态模式下，飞行器容易受外界干扰，从而在水平方向将会产生漂移；并且视觉系统以及部分智能功能将无法使用。因此，该模式下飞行器自身无法实现定点悬停以及自主刹车，需要用户手动操控遥控器才能实现飞行器悬停，此种模式下要尽快降落到安全位置以避免发生事故。

二、外业数据采集

摄影测量主要工作分为外业数据采集和内业数据处理，外业数据采集是通过摄影采集测区的多视角照片及空间数据：为保证每个拍摄物体都有三张以上不同角度的照片，拍摄中不能漏拍，还要有足够的重叠。足够重叠的照片才能保证后期合成成功，而且需要保证照片的拍摄质量，这就要求在外业工作中要熟练掌握航线规划软件及相机的使用。

（一）任务规划

在外业工作中，手动飞行难度大、精度低、无法保证拍摄的重叠，需通过航线规划软件来完成这项工作。航线规划软件与生活中的打车软件类似，通过输入参数自动生成无人机的拍摄线路。大疆创新的航线规划软件有 DJI GS RTK App、DJI GS Pro 地面站、大疆智图、DJI Pilot 等，如图 3-72 所示。

DJI GS Pro 是专为行业应用领域设计的 iPad 应用程序，可通过地图选点、飞行器定点、文件导入等多种方式创建不同类型的任务，使飞行器按照规划航行自主飞行。DJI GS Pro 适用于 iPad 全系列产品及 DJI 多款飞行器、飞控系统及相机等设备。可广泛应用于航拍摄影、安防巡检、线路设备巡检、农业植保、气象探测、灾害监测、地图测绘、地质勘探等方面。

DJI Pilot 支持最新的 DJI 行业应用机型，如御2、精灵4RTK、经纬M200、经纬M600等。

图 3-72　航线规划软件

航线规划软件根据不同的参数生成不同类型的航线。以 DJI GS 为例，在二维重建中会生成正射航线，也就是弓字形航线。在三维重建中会生成 56 组航线，其中包括 1 组正射航线和 4 组不同朝向的倾斜航线。通过遥控器将生成的航线上传至无人机中，无人机会根据生成的航线自动完成对测绘影像的采集，保证拍摄效果。

（二）任务参数

1. 任务参数

任务参数包含作业区域、作业类型。其中，作业区域是指需要拍摄的区域，作业类型是指重建的类型，如二维重建和三维重建，如图 3-73 所示。

2. 飞行参数

飞行参数包含飞行高度、重叠率、飞行速度、航线角度等，如图 3-74 所示。

图 3-73　左为二维重建，右为三维重建

1）地面影像分辨率

飞行高度决定了拍摄影像的地面分辨率，飞得越高，地面分辨率越小；飞得越低，地面分辨率越大。地面分辨率是图像中像素所代表的地面范围大小，也可用地面采样距离（ground sample distance，GSD）表示，如图 3-75 所示。例如，GSD 为 5cm，表示图像中相邻像素中心的距离对应实地地面距离为 5cm，如果一个物体在图像中占了 10 像素，那么它的实际尺寸为 50cm。需要注意的是，目前倾斜影像的地面分辨率是按照垂直航空摄影计算得出的，不是倾斜影像的实际分辨率。飞行高度为

$$H = \frac{f \times \mathrm{GSD}}{a}$$

式中：H 为飞行高度；f 为镜头焦距；a 为像元大小。

以大疆精灵 4RTK 为例，像元大小为 2.41μm，相机焦距 8.8mm，代入上式 H=36.5×GSD，如 GSD 为 2.74cm，对应的飞行高度约为 100cm。

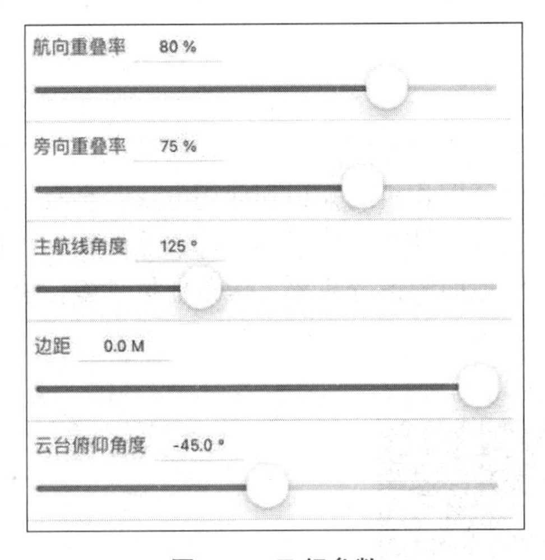

图 3-74　飞行参数

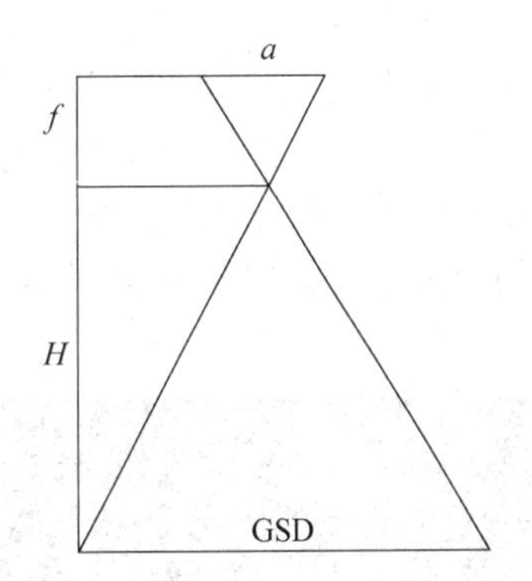

图 3-75　GSD 与飞行高度的关系

GSD 反映了像素与实际距离的关系，而在生活中我们常用比例尺表示图上距离与实际距离的关系。这里要引入 dpi 概念，dpi 可理解为每英寸的像素数。例如，打印地图时，打印机的分辨率为 300dpi，那么打印的地图中 1in=300 像素，又知 1in 为 2.54cm，则有 1 像素 =2.54/300≈0.008 467（cm），如果打印的地图比例尺为 1∶500，则有地图上 1 像素代表 0.008 467×500=4.23（cm）。以此类推，可以得到不同比例尺地面影像 GSD，见表 3-9。

表 3-9 地面影像分辨率

成图比例尺	地面影像分辨率 GSD/（cm/ 像素）
1∶500	4.23
1∶1 000	8.47
1∶2 000	16.93

在实际作业中往往存在误差，我们选取理论值两倍保障作业精度。例如在 1∶500 地形图作业中，选取 GSD 为 2.12cm 进行作业。

2）重叠率

合成模型需要获取拍摄物体的多视角照片，并且要保证每个点覆盖三张以上。由于单张照片覆盖范围有限，一般通过设置弓形航线保证照片的覆盖，如图 3-76 所示。

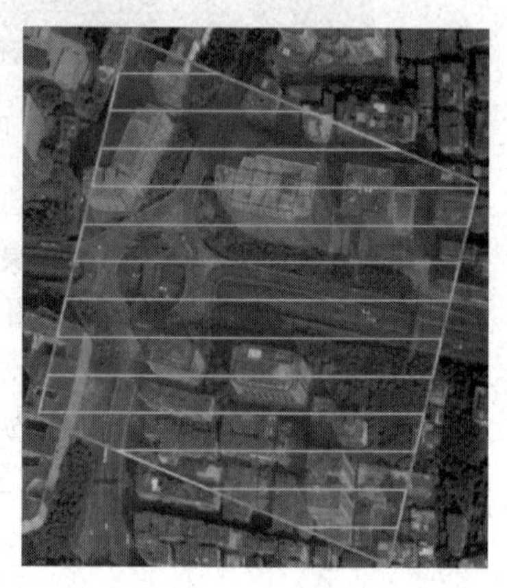

图 3-76 弓形航线

同一条航线内相邻两张相片之间的影像重叠称为航向重叠，相邻两条航线上相片之间的影像重叠称为旁向重叠。重叠部分与整个像幅长度的百分比称为重叠率，作业时一般要求重叠率在 60% 以上。

3）飞行速度

飞行速度决定采集的效率。但是飞行速度受相机成像时间间隔限制，例如，P4R 相机成像间隔为 2.5s，在飞行高度为 100m，重叠率为 90% 的情况下，经过软件计算，飞行最大速度为 3m/s 才能完成 90% 的重叠率。除了相机成像时间间隔，最大飞行速度还受高度影响，高度越高，最大飞行速度越大，如图 3-77 所示。

（三）相机设置

云台相机由三轴稳定云台及相机组成，主要作用是能完成照片及视频的拍摄。在航测中相机对数据采集至关重要，作为外业人员一定要掌握相机的知识和使用方法，会有效地提高外业质量和效率。在相机中对数据采集影响最大的部件就是传感器，传感器像素的数量及大小直接影响外业数据采集的效率及效果。在相同地面影像分辨率下像素数量越多，单张拍摄覆盖的面积越大，如图 3-78 所示。

图 3-77 飞行高度与速度关系

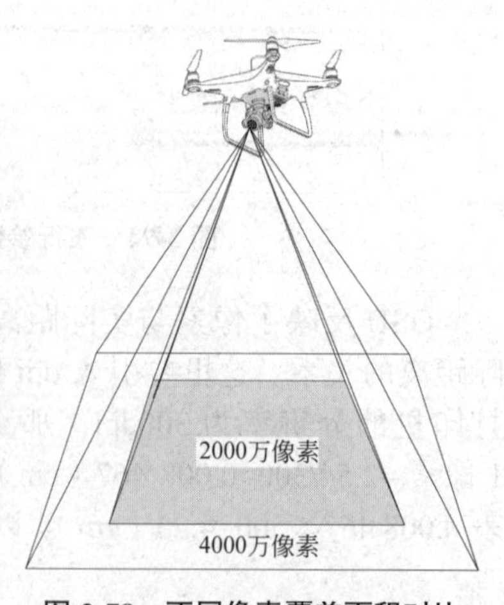

图 3-78 不同像素覆盖面积对比

1. 曝光

在外业数据采集中要采集正常曝光的相片，相片的欠曝或过曝都会影响内业数据合成。曝光由光圈、快门、感光度共同决定，如图 3-79 所示。

(a) 欠曝　　(b) 正常　　(c) 过曝

图 3-79　曝光

光圈控制光线投射到感光元件的通光量，用 F+ 数字表示，如 F4、F8 的数字越小，光圈越大，通光量越多，画面越亮。快门控制光线投射到感光元件的时间，用数字表示，单位是秒，如 1s、1/10s、1/50s 等，快门时间越长，通光量越多，画面越亮。感光度指相机感光元件对光线的敏感程度，用 ISO+ 数字表示，如 ISO 100、ISO 800，数字越大，相机对光线越敏感，画面越亮。

航测相机曝光参数设置原则，ISO 数值设置越低越好，光圈数值设置尽可能小（较大的光圈），快门数值尽可能大，如设置为 1000（速度快）。根据上述原则及当地的光线条件进行设置，最近的设置 EV 值在 －1.0~0.0 之间。

2. 安全快门时间

外业拍摄过程中飞机在快速移动，会让拍摄的物体产生变形，由快门时间的影响产生运动模糊，使拍摄物体模糊变形。运动模糊的数值等于快门时间乘以飞行速度。要保证较好的精度，一般情况下运动模糊要小于 1/2GSD。以大疆精灵 4 RTK 为例，在飞行高度为 100m 时，GSD 为 2.74cm，若飞行速度为 7m/s，安全快门时间应小于 1/510s，此时选择快门优先模式，保证较好的拍摄精度，如图 3-80 所示。

(a) 快门500

(b) 快门100

图 3-80　快门安全时间影响精度

（四）影像数据

在外业工作中，衡量工作的唯一标准就是采集到合格的影像。合格的影像应满足以下要求：照片有足够的重叠，每张照片要精确曝光、准确对焦，成像清晰并且有精确的机载定位定向（position and orientation system，POS）数据，如图 3-81 所示。

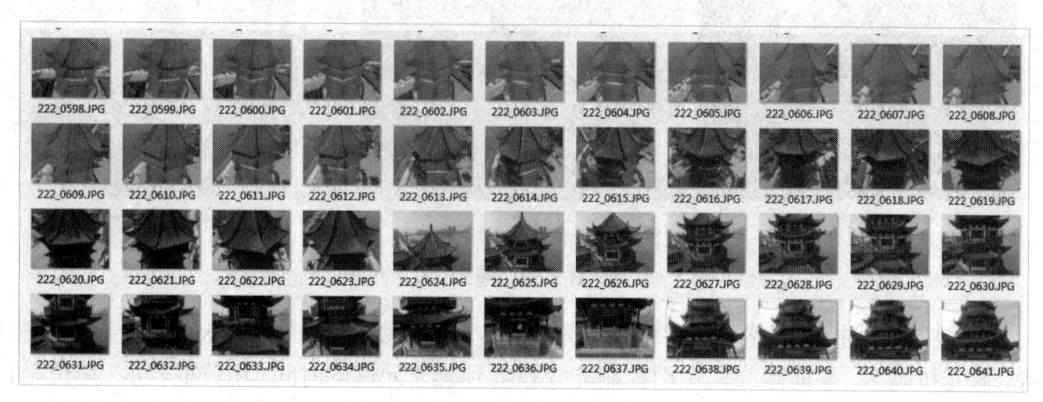

图 3-81　影像数据

POS 是基于 GNSS 和惯性测量装置，可直接测定影像外方位元素（GNSS 测量得到位置参数，惯性导航系统得到姿态参数）的系统。可以理解成相片的位置及姿态数据，是通过飞机的定位系统、飞控系统及云台得到的数据。

精确的 POS 数据是提高模型精度的重要条件，也是免像控作业的核心因素，还是衡量作业飞机的重要指标，大疆精灵 4RTK 相机照片的 GNSS 信息，如图 3-82 所示。

GPS

纬度	27; 49; 42.863299999997366
经度	113; 8; 45.735700000019328
高度	19.919

图 3-82　GNSS 数据

微课：无人机外业设置

三、建模软件

建模软件是负责将采集的照片数据重建为自己所需要的二维或三维模型。常见的建模软件有 Context Capture、Photo Scan/Metashape、Pix 4D Mapper、Altizure、virtuoso 3D、DJI Terra（大疆智图）等。下面主要介绍市面上运用最广的 Context Capture 实景三维建模软件。

Context Capture 实景建模软件是美国奔特力系统公司（Bentley Systems，Incorporated）在 2015 年 2 月收购了法国 Acute 3D 公司后，于 2015 年 10 月在 Smart 3D Capture 3.2 基础上推出的升级版产品，软件名称由 Smart 3D Capture 改为 Context Capture（4.0 版），该软件基于图形运算单元 GPU 的快速三维场景运算软件，可运行生产基于真实影像的超高密度点云，它能无须人工干预地从简单连续影像中生成逼真的三维场景模型。根据场景不同，运用领域不同，如在近至中距离景物建模中广泛运用于建筑设计、工程与施工、制造业、娱乐及传媒、电商、科学分析、文物保护、文化遗产等领域，在大场景及自然景观建模中广泛运用于数字城市、城市规划、交通管理、数字公安、消防救护、应急安防、防震减灾、国土资源、地质勘探、矿产冶金等。

Context Capture 软件对计算机硬件要求较高，建议配置：Windows 7 64 位专业版，并带有至少 12GB 的内存，至少 8 线程的 CPU 与 NVIDIA GeForce GTX 680 及以上的显卡（不支持 ATI 显卡）。输入数据、处理数据与输出数据最好被存储在快速存储装置上（如高速 HDD、SSD、SAN 等），而对于基于文件共享的集群运行环境，建议使用千兆或以上的以太网。

（一）添加影像

在完成 Context Capture 软件安装后就可以双击桌面图标 Context Capture Center Master，新建工程项目添加影像，为获得最佳性能和效果，导入的影像必须被分入一个或多个影像组。同一相机拍摄的，且具有完全一样的内部定向（影像尺寸、传感器大小、焦距等）的影像分为一个影像组。如果影像按照拍摄的相机来存放在不同子目录下，Smart 3D 实景建模大师可以自动确定相关的影像组，如图 3-83 所示。

图 3-83　添加影像

添加完影像后，需要对影像组的属性进行设置，一般情况下软件会根据空中三角测量数据自动运算、基于影像的 EXIF 元数据或使用 Smart 3D 实景建模大师相机数据库等获取初值。

（二）添加控制点

为了获得精度较高的实景模型，添加必要的控制点是非常有必要的。在进行外业测量前应在实地均匀布设一些地面控制点（GCP），GCP 指的是把空中照片与地面上某一地点相对应点。GCP 的布设形式常有 X 形、十字形、L 形，如图 3-84 所示。

(a) X形

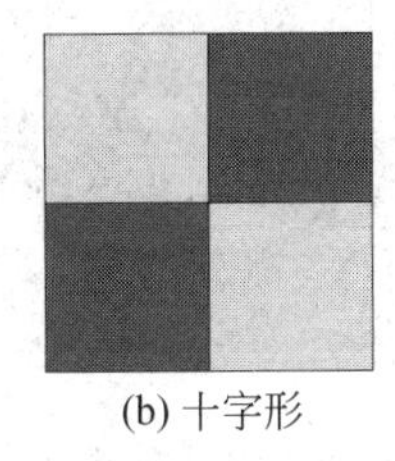

(b) 十字形

(c) L形

图 3-84　控制点

单击 Surveys 项编辑控制点，选择空间坐标系，软件中自带常用坐标系，目前我国广泛使用的坐标系为 CGCS2000/3-degree Gauss-Kruger CM x（EPSG 代号），x 为中央子午线经度，如九江使用的坐标系为 CGCS2000/3-degree Gauss-Kruger CM 117E（EPSG4548）。选择完成坐标系后即可进行控制点的添加，控制点添加中要注意外业采集的 x，y 坐标需进行位置互换，如图 3-85 所示。

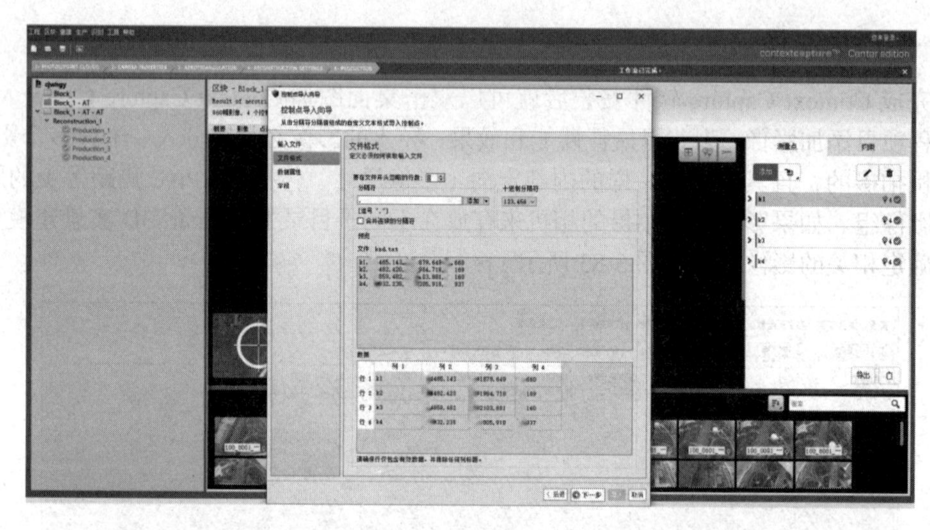

图 3-85　添加控制点

（三）对控制点进行刺点

对控制点进行刺点的目的就是将照片中的控制点与实际地面该点所在位置形成点对关系，单击上一步完成的控制点后软件会自动提示哪些影像有控制点，同时在 3D 视图中也可找到控制点的图像。

根据外业给出的控制点照片，按住 Shift 键同时鼠标单击控制点的位置添加控制点，注意采用相同的操作单击连续三张图片的控制点。按照以上步骤连续刺点 3 个以上控制点即可完成控制点的刺点，如图 3-86 所示。

图 3-86　控制点刺点

（四）提交空中三角测量

空中三角测量是用摄影测量解析法确定区域内所有影像的外方位元素及待定点的地面坐标。它利用少量控制点的像方和物方坐标，解求出未知点的坐标，使得区域网中每个模型的已知点都增加到 4 个以上，然后利用这些已知点解求所有影像的外方位元素。这个过程包含已知点由少到多的过程，所以空中三角测量又称为空三加密。

根据平差中采用的数学模型，空中三角测量可以分为航带法、独立模型法和光束法。目前运用最广的是光束法区域网平差，光束法区域网平差是以影像为单位，利用每个影像与所有相邻影像重叠区内（航向、旁向）的公共点、外业控制点，进行整体求解每张影像的 6 个外方位元素。每个摄影中心与影像上观测的像点的连线就像一束光线，光束法区域网平差由此而得名，如图 3-87 所示。

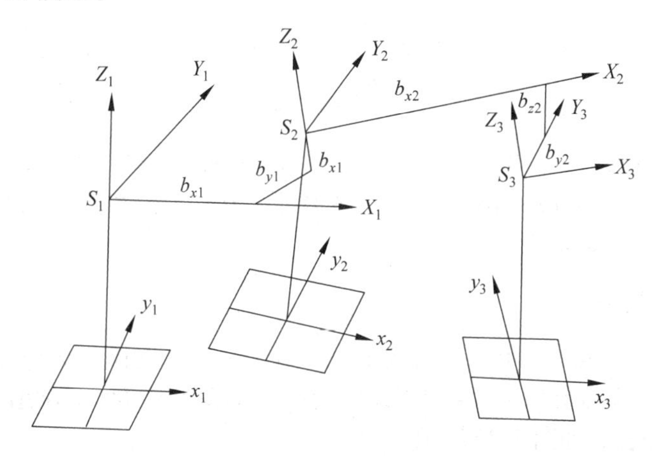

图 3-87　空中三角测量原理

使用 Context Capture 软件进行空中三角测量，进入概要，先单击“提交空中三角测量”按钮，再单击“使用控制点平差”按钮，其他不变，最后单击“提交”按钮，打开 Context Capture Center Engine 引擎，Context Capture 软件就在进行空中三角测量，如图 3-88 所示。

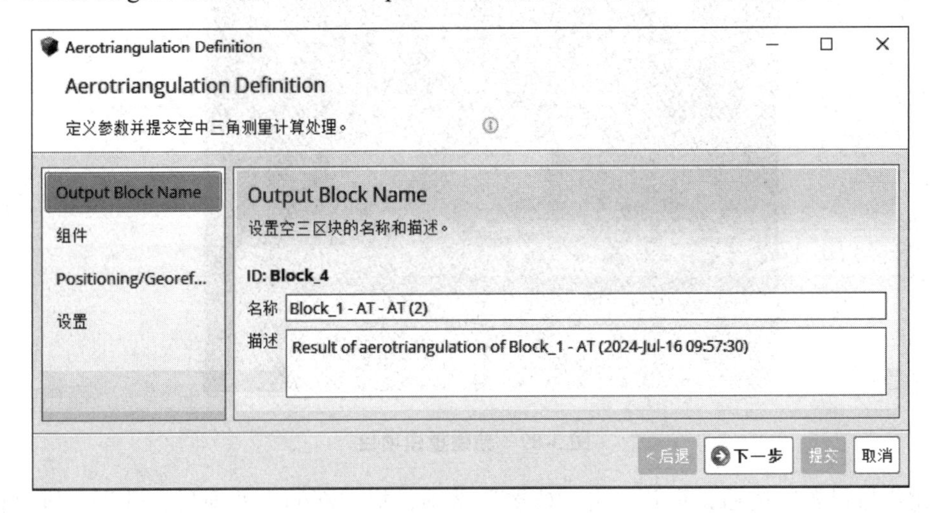

图 3-88　空中三角测量

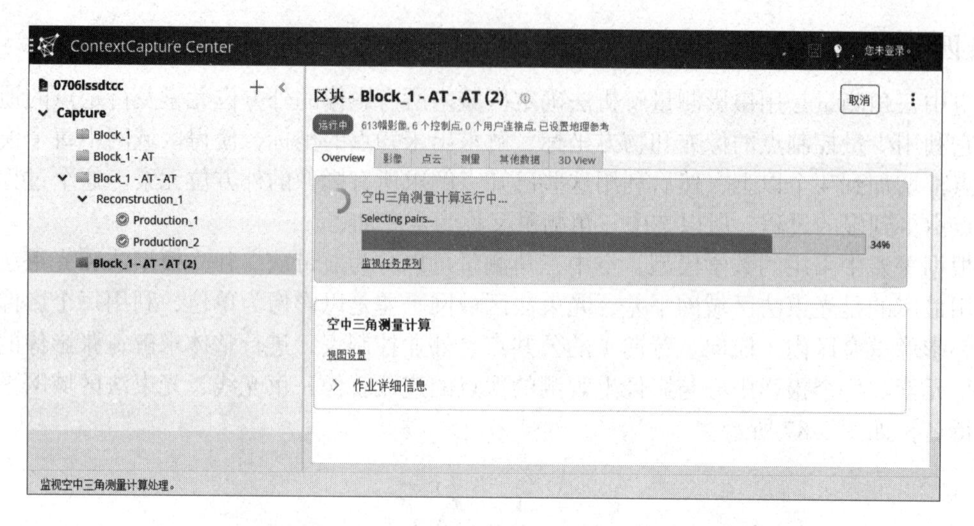

图 3-88（续）

当完成空中三角测量后，单击“查看空三报告”按钮，查看 After aerotriangulation 格子中的 RMS of reprojection errors [px]，当所有数值都在 0.5 以下时精度达到要求，否则重新进行测点和提交空中三角测量。

（五）实景模型生产

当完成空中三角测量后，单击“新建重建项目”选项，选择“空间参考系统”，改变瓦片大小数值，瓦片大小需要小于计算机内存大小，如计算机内存为 16GB，瓦片大小的数值可以控制在 13GB 左右，如图 3-89 所示。

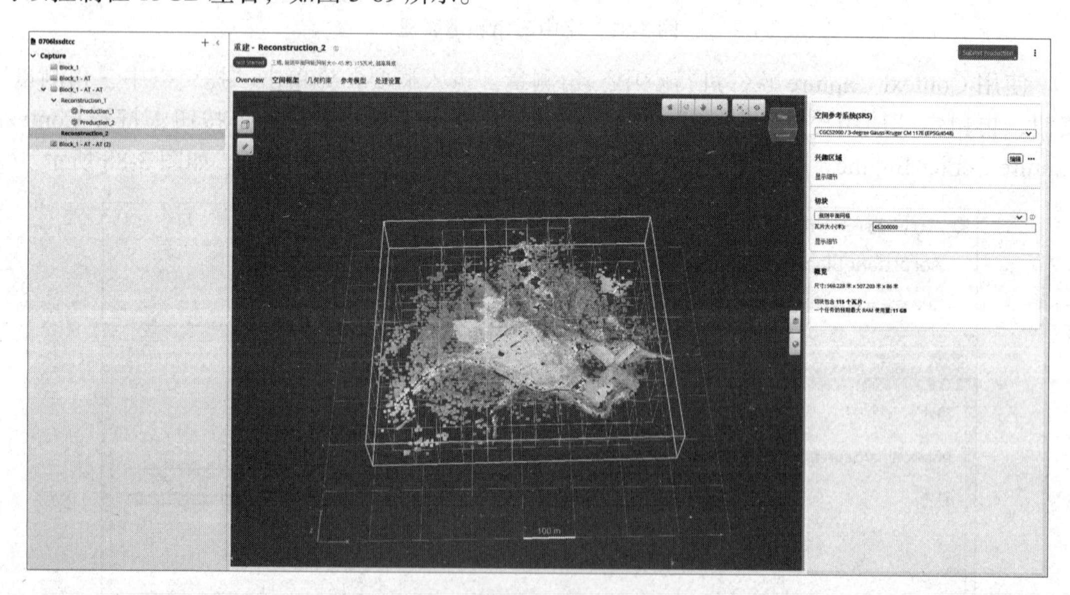

图 3-89　新建重建项目

新建项目设置完成后，重新单击“概要”选项，提交新的生产项目，选择三维网格，格式选择 open scene graph binary（OSGB），再次选择“空间参考系统”，随后提交生产，打开 Context Capture Center Engine 引擎，待模型生产完后，实景模型就生产出来，如图 3-90 所示。

微课：实景三维模型生产

图 3-90　实景三维模型

课后习题

一、单项选择题

1. 全站仪测角精度指标 MD=±（$A+B\times D\times 10^{-6}$）mm 中 A 代表（　　）。
   A. 固定误差　B. 比例误差　C. 距离　D. 中误差
2. 科力达 KTS-440 全站仪显示窗内符号“PC”代表（　　）。
   A. 气象改正数　B. 棱镜常数　C. 垂直角　D. 平距
3. 科力达 KTS-440 全站仪显示窗内符号“PPM”代表（　　）。
   A. 气象改正数　B. 棱镜常数　C. 垂直角　D. 平距
4. 科力达 KTS-440 全站仪显示窗内符号“H”代表（　　）。
   A. 气象改正数　B. 棱镜常数　C. 垂直角　D. 平距
5. 我国所用的棱镜常数是（　　）mm。
   A. －30　B. +30　C. 0　D. ±30
6. RTK 数据采集后应导出（　　）格式文件。
   A. CSV　B. DAT　C. TXT　D. XLS
7. RTK 相对定位需要（　　）台接收机同步观测。
   A. 1　B. 2　C. 3　D. 4
8. 适用于大部分普通工程用户的参数计算为（　　）。
   A. 七参数　B. 三参数　C. 四参数　D. 五参数
9. 无人机摄影测量重叠度设置不得低于（　　）。
   A. 50%　B. 60%　C. 70%　D. 80%
10. 1∶500 比例尺地面影像分辨率为（　　）。
   A. 2.12　B. 4.23　C. 8.47　D. 16.93

二、多项选择题

1. 全站仪主要由（　　）部件组成。
   A. 照准部　　B. 基座　　C. 望远镜　　D. 度盘
2. 衡量全站仪优劣的三大技术参数为（　　）。
   A. 测程　　B. 测距精度　　C. 测角精度　　D. 相对精度
3. 目前具有全球卫星导航系统包括（　　）。
   A. GPS　　B. GLONASS　　C. BDS　　D. GSNS
4. 七参数主要用于两椭球之间的空间向量上的（　　）参数。
   A. 平移　　B. 旋转　　C. 缩放　　D. 尺度
5. 下列为大疆无人机飞行模式的有（　　）
   A. 定位模式　　B. 运动模式　　C. 舒适模式　　D. 姿态模式

三、填空题

1. 某全站仪测距精度标称为（$2.0+3\times D\times10^{-6}$）mm，则该全站仪的固定误差为__________ mm，比例误差为__________ mm。
2. 光在大气中的传播速度随__________和__________改变。
3. 某 DAT 格式文件第一行数据为：1,,3283665.123,413298.053,41.123，则该点的 X 坐标为__________ m，Y 坐标为__________ m，高程为__________ m。
4. RTK 是一种利用__________相位观测值进行__________的技术。
5. GCP 的布设形式常有__________、__________、__________。

四、简答题

1. 简述我国北斗卫星导航系统及特有技术。
2. 全站仪的运用范围有哪些？
3. 简述消除或削弱多路径误差的方法。
4. 简述地面影像分辨率。

项目四

数字测图外业

项目概述

本项目主要讲解数字测图外业工作，包括草图法外业采集数据和编码法外业采集数据。外业数据采集是数字测图的基础和依据，也是数字测图的重要环节，直接决定成图的质量与效率。数据采集就是利用数据采集设备在野外直接测定地形特征点的位置，并记录地物的连接关系及其属性，为内业成图提供必要的信息。

学习目标

（1）通过本项目的学习，了解数字测图外业数据采集碎部点测量的综合取舍原则，掌握野外采集的原理和方法。

（2）会根据全站仪、RTK 等设备精选野外数据采集。

（3）通过介绍老一辈测绘人员在数字测图外业中的各类事迹，激发学生热爱祖国和勇于奉献的精神。

教学内容

项　目	重 难 点	任　　务	主 要 内 容
数字测图外业	重点：草图法外业采集	任务一　草图法外业采集	绘制工作草图；草图法作业步骤
	难点：编码法外业采集	任务二　编码法外业采集	数据编码简介；编码数据采集和成图

引导案例

湖南省博物馆珍藏着 1973 年从西汉马王堆三号墓中出土的三幅地图——《驻军图》《长沙国南部地形图》《城邑图》。该三幅地图绘在丝帛之上，十分精美，其制作年代距今已有两千多年。《长沙国南部地形图》虽未标明比例尺，但经测算，其主区比例尺约为 1∶180 000，相当于汉代的一寸折十里；图上所绘河流骨架、流向及主要弯曲等，均和现在地图大体相似，所绘山脉和山体轮廓、范围及走向也大体正确；这幅地图东半部分的方位角误差仅为 3% 左右。那么怎样来绘制一幅地图呢？通过本项目的学习，我们将知道绘制地图前需要的外业采集工作，理解先辈们在仪器落后的情况下绘制地图的艰辛。

任务一　草图法外业采集

野外数字测图作业通常分为野外数据采集和内业数据处理编辑两大部分，其中野外数据采集极其重要，它直接决定成图质量与效率。野外数据采集就是在野外直接测定地形特征点的位置，并记录地物的连接关系及其属性，为内业数据处理提供必要的绘图信息，便于数字地图深加工利用。

目前数字测图系统在野外进行数据采集时，为便于多个作业组作业，在野外采集数据之前，通常要对测区进行“作业区”划分。数字测图不需按图幅测绘，而是以道路、河流、沟渠、山脊线等明显线状地物为界，以自然地块将测区划分为若干个作业区分块测绘的。分区的原则是各区之间的数据（地物）尽可能地独立（不相关），并各自测绘各区边界的路边线或河边线。例如：有甲、乙两个作业小队，甲队负责路南区域，乙队负责路北区域（包括公路）。甲队再以山谷和河为界，乙队再以公路和河为界，分块分期测绘，如图 4-1 所示。

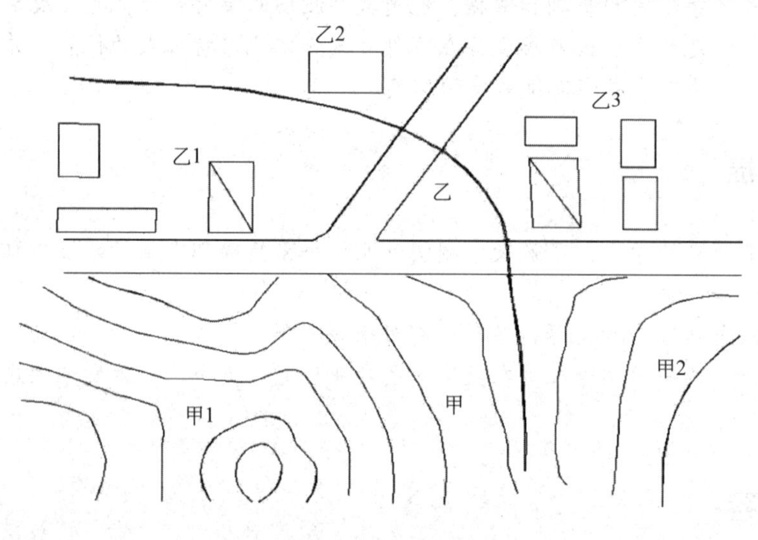

图 4-1　作业区划分

草图法外业采集大致分为绘制工作草图、数据采集两个步骤。

一、绘制工作草图

目前在大多数数字测图系统的野外进行数据采集时，都要求绘制较详细的草图。如果测区有相近比例尺的地图，则可利用旧图或影像图并适当放大复制，裁成合适的大小（如 A4 幅面）作为工作草图。

在这种情况下，作业员可先进行测区调查，对照实地将变化的地物反映在草图上，同时标出控制点的位置，这种工作草图也起到工作计划图的作用。在没有合适的地图可作为工作草图的情况下，应在数据采集时绘制工作草图。工作草图应绘制地物相关位置地貌的地性线、点号、丈量距离记录、地理名称和说明注记等。草图可按地物的相互关系分块绘制，也可按测站绘制，地物密集处可绘制局部放大图。草图上点号标注应清楚正确，并与全站仪内存中记录的点号建立一一对应的关系，如图 4-2 所示。

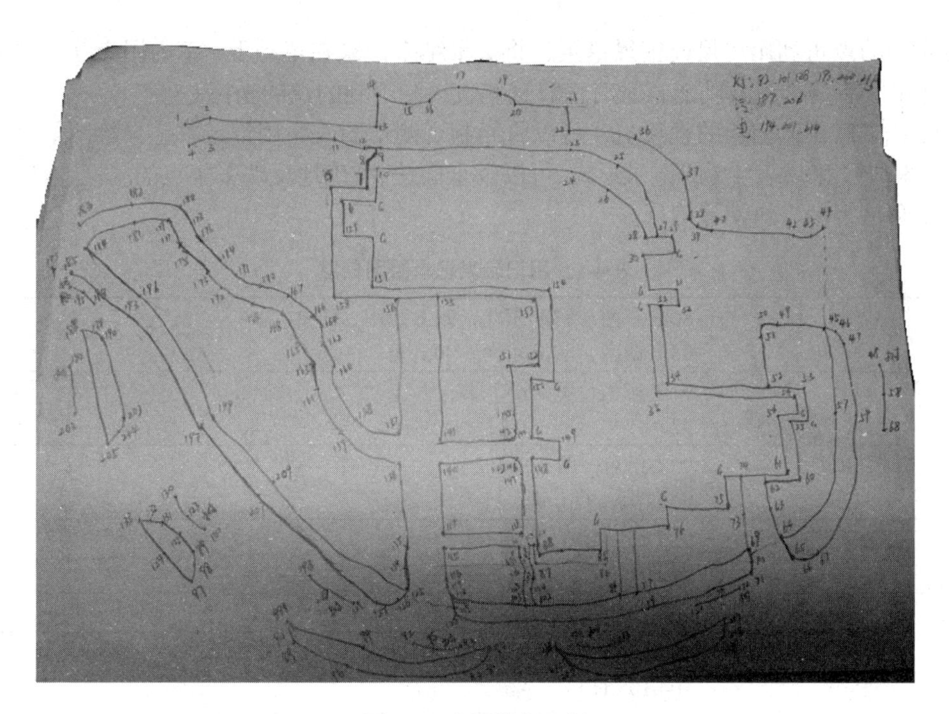

图 4-2　草图绘制示例

（一）绘图前的准备

在草图法大比例尺数字测图过程中，草图绘制也是一项相当重要的工作。在外业每天测量的碎部点很多，凭测量人员的记忆是不能够完成内业成图的，所以必须在测绘过程中正确地绘制草图。

绘制草图时的准备工作主要有两个方面。一是绘图工具的准备，如铅笔、橡皮、记录板、直尺等。二是纸张的准备，如果测区内有旧地形图的蓝晒图或复印图或者有航片放大的影像图，就可将它们作为工作底图。

（二）绘图方法

进入测区后，领尺（镜）员首先对测站周围的地形、地物分布情况大概看一遍；认清方向，绘制含有主要地物、地貌的工作草图（若在原有的旧图上标明会更准确），便于观测时在草图上标明所测碎部点的位置及点号。

草图法是一种“无码作业”的方式，在测量一个碎部点时，不用在电子手簿或全站仪里输入地物编码，其属性信息和位置信息主要是在草图上用直观的方式表示出来。所以在跑尺员跑尺时，绘制草图的人员要标注出所测的是什么地物（属性信息）及记下所测的点号（位置信）。在测量过程中，绘制草图的人员要和全站仪、RTK 操作人员随时联系，使草图上标注的点号和全站仪、RTK 里记录的点号一致。草图的绘制要遵循清晰、易读、相对位置准确、比例一致的原则。草图示例如图 4-2 所示。

绘制草图的人员要对各种地物地貌有一个总体概念，知道什么地物由几个点构成，如一般点状物一个点，线状物两个点，圆形建筑物三个点，矩形建筑物四个点……这要求我们熟悉测图所用的软件和地形图图式。另外，需要提醒一下，在野外采集时，能测到的点要尽量测，实在测不到的点可利用皮尺或钢尺量距，将丈量结果记录在草图上；室内用交互编辑方法成图或利用电子手簿的量算功能，及时计算这些直接测不到的点的坐标。

对于有丰富作业经验的领尺员，可以将绘制观测草图改为用记录本记录绘图信息，这将大大方便外业。采用表 4-1 的记录形式，可以较全面地、准确地反映采集点的属性、方向、方位、连接关系和是否参与建模等信息。

表 4-1　用记录表记录绘图信息

	86,F 东南，87,F 东北，98,F 西南，H=0 88,F 西南，89,F 东南，90,F 角
	91,F 东南，宽 8m 92,#
	93,GD 东—西，R=0.2m 94,L 南，95,L 南，H=0
	96,L 北，97,L 北，H=0 99,DD 南—北，R=0.12m
	100,L 南西，101,L 南东
	100,L 西，103,L 东 104,105,113 106,P 顶，西南—东北，107,P 顶，108,P 顶
	109,P 底，西南—东北，110,P 底 111,F 简西北，112,F 简西南，宽 7.8m

值得注意的是，进行野外数据采集时，由于测站离碎部点较远，观测员与立镜员之间的联系离不开对讲机。仪器观测员要及时将测点点号告知领尺员或记录员，使草图标注的点号和记录手簿上的点号与仪器观测点号一致。若两者不一致，应在实地及时查找原因，并及时改正。

当然，数字测图过程的草图绘制也不是一成不变的，可以根据个人的习惯和理解绘图。不必拘泥于某种形式，只要能够保证正确地完成内业成图即可。

二、草图法作业步骤

草图法作业是外业用全站仪、RTK 记录测点数据，并现场绘制测点草图，然后用软件的定位方式根据手绘草图交互编辑成图，是一种实用、快速的测图方法。其显著优点是野外作业时间短，大大降低了外业劳动强度，提高了作业效率。由于免去了外业人员记忆图形编码的麻烦，因而这种作业方法更容易让一般的用户接受。

（一）作业人员安排

在数字测图作业过程中，应重视外业人员的组织与管理。绘制观测草图作业模式的要点，就是在全站仪采集数据的同时，绘制观测草图，记录所测地物的形状并注记测点顺序号；内业将观测数据传输至计算机，在测图软件的支持下，对照观测草图进行测点连线及图形编辑。

草图法测图时的人员组织，各作业单位的方法也不尽相同，有的单位的人员配置为：观测员 1 名，领尺员 1 名，跑尺员 1~3 名，如图 4-3 所示。便于作业人员技术全面发展，一般外业 1 天，内业 1 天，2 人轮换。

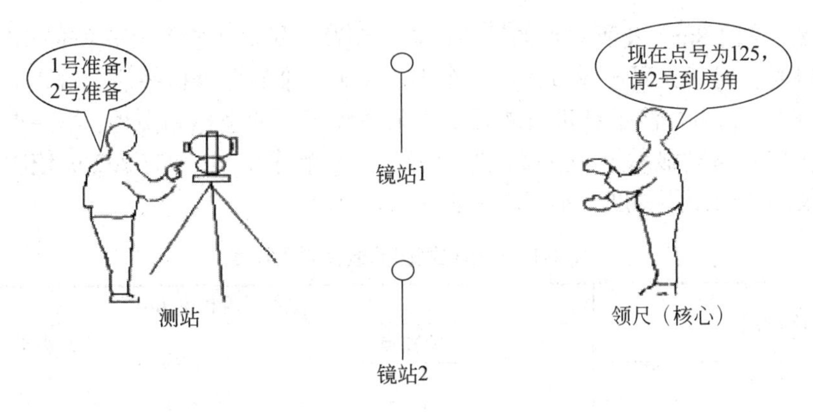

图 4-3　一小组作业人员配备情况示意图

有些测绘单位在任务较紧时，常常白天进行外业观测，晚上进行内业成图，领尺员负责画草图或记录碎部点属性，业内绘图一般由领尺员承担，故领尺员是作业组的核心成员，需技术全面的人承担。所以在进行人员安排时，可以安排数字测图软件和计算机操作熟练、有耐心、有一定指挥能力的人员作为领尺员，安排操作全站仪、RTK 比较熟练的人员为观测员，对地形图的地形表达和综合取舍理解较好的人员作为跑尺员，这样的作业人员组合才能实现数字测图的高效率。

（二）草图法野外数据采集的准备工作

草图法野外数据采集之前，应做好充分的准备工作。主要包括两个方面：一是仪器工具的准备；二是图根点控制成果和技术资料的准备。

1. 仪器工具的准备

仪器工具方面的准备主要包括全站仪、对讲机、充电器、RTK、备用电池通信电缆、对重杆、反光棱镜、皮尺或钢尺（丈量地物长度用）、小钢卷尺（量仪器高用）、记录本、工作底图等。全站仪、RTK、对讲机应提前充电。在数字测图中，由于测站到镜站距离比较远，配备对讲机是必要的。同时对全站仪和 RTK 的内存进行检查，确认有足够的内存空间，如果内存不够则需要删除一些无用的文件。如全部文件无用，可将内存初始化。

2. 图根点成果资料的准备

图根点成果资料的准备主要是备齐所要测绘范围内图根点的坐标和高程成果表，在数据采集之前，最好提前将测区的全部已知成果输入电子手簿或便携机，以方便调用。目前多数数字测图系统在野外进行数据采集时，要求绘制较详细的草图。绘制草图一般在专门准备的工作底图上进行。这一工作底图最好用旧地形图、平面图的晒蓝图或复印件制作，也可用航片放大影像图制作。

3. 全站仪草图法测图时野外数据采集的步骤

（1）仪器观测员指挥跑尺人员到事先选好的某已知点上准备立镜定向，观测员快速安置仪器，量取仪器高；然后启动操作全站仪，选择测量状态，输入测站点号和定向点号、定向点起始方向值（一般把起始方向值置零）和仪器高；瞄准定向棱镜，定好方向后，锁定全站仪度盘，通知跑尺员开始跑点。

（2）跑尺员在碎部点立棱镜后，观测员及时瞄准棱镜，用对讲机联系确定镜高（一般设一个固定高度，如 1.8m）及所立点的性质，输入镜高（镜高不变时直接按回车键），在要求输入地物代码时，对于无码作业直接按回车键。在确认准确照准棱镜后，输入第一个立镜点的点号（如 0001），再按测量键进行测量，以采集碎部点的坐标和高程；第一点数据测量保存后，全站仪屏幕自动显示下一立镜点的点号（点号顺序增加，如 0002）；依次测量其他碎部点。全站仪测图的测距长度，不应超过表 4-2 的规定。

表 4-2　全站仪测图的最大测距长度

比例尺	最大测距长度 /m	
	地物点	地貌点
1∶500	160	300
1∶1 000	300	500
1∶2 000	450	700
1∶5 000	700	1 000

由于地物有明显的外部轮廓线或中心位置，故在测绘时较简单。在进行地貌采点时，可以用一站多镜的方法进行。一般在地性线上要有足够密度的点，特征点也要尽量测到。例如，在山沟底测一排点，也应该在山坡边再测一排点，这样生成的等高线才真实。测量陡坎时，最好坎上坎下同时测点或准确记录坎高，这样生成的等高线才没有问题。在其他地形变化不大的地方，可以适当放宽采点密度。

（3）领尺员绘制草图，直到本测站全部碎部点测量完毕。

（4）全站仪搬到下一站，再重复上述过程。

（5）在一个测站上所有的碎部点测完后，要找一个已知点重测以进行检核，以检查施测过程中是否存在因误操作、仪器碰动或出故障等原因造成的错误。检查完，确定无误后，关掉仪器电源，中断电子手簿，关机，搬站。到下一测站，重新按上述采集方法、步骤进行施测。

4. 测量碎部点时跑棱镜的方法

1）跑棱镜的一般原则

在地形测量中，地形点就是立尺点，因此跑尺是一项重要的工作。立尺点和跑尺线路的选择对地形图的质量和测图效率都有直接的影响。测图开始前，绘图员和跑尺员应先在测站上研究需要立尺的位置和跑尺的方案。在地性线明显的地区，可沿地性线在坡度变换点上依次立尺，也可沿等高线跑尺，一般常采用“环行线路法”和“迂回线路法”。

在进行外业测绘工作时，碎部点测量应首先测定地物和地貌的特征点，还可以选一些“地物和地貌”的共同点进行立尺并观测，这样可以提高测图工作的效率。

2）地物点的测绘

（1）地物点应选在地物轮廓线的方向变化处。如果地物形状不规则，一般地物凹凸长度在图上大于 0.4mm 的均应表示出来。如 1∶500 地形图测绘时，在实地地物凹凸长度大于 0.2m 的要进行实测。

（2）测量房屋时，应选房角为地形点；测量房屋时应用房屋的长边控制房屋，不可以用短边两点和长边距离测绘房屋，否则误差太大；有些成片的房屋的内部无法直接测量，可用全站仪把周围测量出来，内部用钢尺丈量。

（3）在测量水塘时，选有棱角或弯曲的地点为地形点。

（4）测量电杆时一定要注意电杆的类别和走向。有的电杆根上边是输电线，下边是配电线或通信线，应表示主要的，成排的电杆不必每一个都测，可以隔一根测一根或隔几根测一根，因为这些电杆是等间距的，在内业绘图时可用等分插点画出，但有转向的电杆一定要实测。

（5）测量道路可测路的一边，量出路宽，内业绘图时即可绘制道路。

（6）主要沟坎必须标示，画上沟坎后，等高线才不会相交。

（7）地下光缆也应实测，但有些光缆，例如国防光缆须经相关部门批准方可在图上标出。

3）地貌测绘

（1）地面上的山脊线、山谷线、坡度变化线和山脚线都称为地性线，在地性线有坡度变换点，它们是表示地貌的主要特征点，如果测出这些点，再测出更多的地形点，便能正确而详细地表示实地情况，一般地形点间最大距离不应超过图上 3cm，如 1∶500 比例尺地形图为 15m。

（2）地形点的最大间距不应大于表 4-3 的规定。

表 4-3 地形点的最大间距

比例尺		1∶500	1∶1 000	1∶2 000	1∶5 000
一般地区地形点的最大间距 /m		15	30	50	100
水域	断面间距 /m	10	20	40	100
	断面上测点间距 /m	5	10	20	90

注：水域测图的断面间距和断面的测点间距，根据地形变化和用图要求，可适当加密或放宽。

（3）在平原地区测绘大比例尺地形图，地形较为简单，因地势平坦，高程点可以稀些，但有明显起伏的地方，高处应沿坡走向有一排点，坡下有一排点，这样画出的等高线才不会变形。

（4）在测山区时，主要是地形，但并不是点越多越好，做到山上有点、山下有点，确保山脊线、山谷线等地性线上有足够的点，这样画出的等高线才准确。

4）城镇建筑区地形图的测绘

（1）在房屋和街巷的测量时，对于 1∶500 和 1∶1 000 比例尺地形图，应分别实测；对于 1∶2 000 比例尺地形图，宽度小于 1mm 的小巷，可适当合并；对于 1∶5 000 比例尺地形图，小巷和院落连片的，可合并测绘。

（2）街区凸凹部分的取舍，可根据用图的需要和实际情况确定。各街区单元的出入口及建筑物的重点部位，应测注高程点；主要道路中心在图上每隔 5cm 处和交叉、转折起伏变换处，应测注高程点；各种管线的检修井，电力线路通信线路的杆（塔），架空管线的固定支架，应测出位置并适当测注高程点。

（3）对于地下建（构）筑物，可只测量其出入口和地面通风口的位置和高程。

5. 综合取舍的一般原则

地物、地貌的各项要素的表示方法和取舍原则，除应按现行国家标准地形图图式执行外还应符合如下有关规定（非强制规定，供参考）。

1）测量控制点测绘

测量控制点是测绘地形图和工程测量施工放样的主要依据，在图上应精确表示。各等级平面控制点、导线点、图根点、水准点，应以展点或测点位置为符号的几何中心位置，用图式规定符号表示。

2）居民地和垣栅的测绘

（1）居民地的各类建筑物、构筑物及主要附属设施应准确测绘实地外围轮廓和如实反映建筑结构特征。

（2）房屋的轮廓应以墙基外角为准，并按建筑材料和性质分类，注记层数，1∶500 临时性房屋可舍去。

（3）建筑物和围墙轮廓凸凹在图上小于 0.4mm，简单房屋小于 0.6mm 时可用直线连接。

（4）1∶500 比例尺测图，房屋内部天井宜区分表示。

（5）测绘垣栅应类别清楚，取舍得当。城墙按城基轮廓依比例尺表示；围墙、栅栏、栏杆等可根据其永久性、规整性、重要性等综合考虑取舍。

（6）台阶和室外楼梯长度大于图上 3mm，宽度大于图上 1mm 的应在图中表示。

（7）永久性门墩、支柱大于图上 1mm 的依比例实测，小于图上 1mm 的测量其中心位置，用符号表示。重要的墩柱无法测量中心位置时，要量取并记录偏心距和偏高方向。

（8）建筑物上凸出的悬空部分应测量最外范围的投影位置，主要的支柱也要实测。

3）交通及附属设施测绘

（1）交通及附属设施的测绘，图上应准确反映陆地道路的类别和等级、附属设施的结构和关系；正确处理道路的相交关系及与其他要素的关系；正确表示水运和海运的航行标志、河流和通航情况及各级道路的通过关系。

（2）公路与其他双线道路在图上均应按实宽依比例尺表示。公路应在图上每隔 15~20mm 注出公路技术等级代码，国道应注出国道路线编号。公路、街道按其铺面材料分为水泥、沥青、砾石、条石或石板、硬砖、碎石和土路等，应分别以砼、沥青、砾石、砖、土等注记于图中路面上，铺面材料改变处应用点线分开。

（3）路堤、路堑应按实地宽度绘出边界，并应在其坡顶、坡脚适当测注高程。

（4）道路通过居民地不宜中断，应按真实位置绘出。高速公路应绘出两侧围建的栅栏（或墙）和出入口，注明公路名称。中央分隔带视用图需要表示，市区街道应将车行道、过街天桥、过街地道的出入口分隔带、环岛、街心花园人行道与绿化带绘出。

（5）桥梁应实测桥头、桥身和桥墩位置，加注建筑结构。

（6）大车路、乡村路、内部道路按比例实测，宽度小于图上 1mm 时只测路中线，以小路符号表示。

4）管线测绘

（1）永久性的电力线、电信线均应准确表示，电杆、铁塔位置应实测。当多种线路在同一杆架上时，只表示主要的。城市建筑区内电力线、电信线可不连线，但应在杆架处绘出线路方向。各种线路应做到线类分明，走向连贯。

（2）架空的、地面上的、有管堤的管道均应实测，分别用相应符号表示，并注明传输物质的名称。当架空管道直线部分的支架密集时，可适当取舍。地下管线检修井宜测绘表示。

（3）污水篦子、消防栓、阀门、水龙头、电线箱、电话亭、路灯、检修井均应实测中心位置，以符号表示，必要时标注用途。

5）水系测绘

（1）江、河、湖、水库、池塘、泉、井及其他水利设施等，均应准确测绘表示，有名称的加注名称。根据需要可测注水深，也可用等深线或水下等高线表示。

（2）河流、溪流、湖泊、水库等水涯线，按测图时的水位测定，当水涯线与陡坎线在图上投影距离小于 1mm 时，以陡坎线符号表示。河流在图上宽度小于 0.5mm、沟渠在图上宽度小于 1mm（在比例尺为 1：2 000 的地形图上小于 0.5mm）的用单线表示。

（3）水位高及施测日期视需要测注。水渠应测注渠顶边和渠底高程；时令河应测注河床高程；堤、坝应测注顶部及坡脚高程；池塘应测注塘顶边及塘底高程；泉、井应测注泉的出水口与井台高程，并根据需要注记井台至水面的深度。

6）地貌测绘

（1）应正确表示地貌的形态、类别和分布特征。

（2）自然形态的地貌宜用等高线表示，崩塌残蚀地貌、坡、坎和其他特殊地貌应用相应符号或用等高线配合符号表示。

（3）各种天然形成和人工修筑的坡、坎，其坡度在 70° 以上时表示为陡坎，70° 以下时表示为斜坡，斜坡在图上投影宽度小于 2mm，以陡坎符号表示；当坡、坎比高小于 1/2 基本等高距或在图上长度小于 5mm 时，可不表示；坡、坎密集时，可适当取舍。

（4）梯田坎坡顶及坡脚宽度在图上大于 2mm 时，应实测坡脚。

（5）坡度在 70° 以下的石山和天然斜坡，可用等高线或用等高线配合符号表示。独立石、土堆、坑穴、陡坎、斜坡、梯田坎、露岩地等应在上下方分别测注高程或测注上（或下）方高程及量注比高。

（6）各种土质按图式规定的相应符号表示，大面积沙地应用等高线加注记表示。

（7）计曲线上的高程注记字头应朝向高处，且不应在图内倒置；山顶、鞍部、凹地等不明显处等应加绘示坡线。

（8）高程点一般选择明显地物点或地形特征点，山顶、鞍部、凹地、山脊、谷底及倾斜变换处，应测记高程点。

（9）图上高程注记应均匀分布，地形图实地 30m 应测注高程，地貌变化较大处应适当加密。

7）植被与土质要素测绘

（1）地形图上应正确反映出植被的类别特征和范围分布。对耕地、园地应实测范围，并配置相应的符号表示。大面积分布的植被在能表达清楚的情况下，可用注记说明。同一地段生长有多种植物时，可按经济价值和数量适当取舍，符号配置连同土质符号不得超过三种。

（2）旱地包括种植小麦、杂粮、棉花、烟草、大豆、花生和油菜等的土地。有节水灌溉设备的旱地应加注“喷灌”“滴灌”等。一年分几季种植不同作物的耕地，以夏季主要作物为准配置符号表示。

（3）田埂宽度在图上大于 1mm 的应用双线表示，小于 1mm 的用单线表示；田块内应测注高程。

8）注记

（1）要求对各种名称、说明注记和数字注记准确注出。图上所有居民地、道路、街巷、山岭、沟谷、河流等自然地理名称，以及主要单位等名称，均应调查核实，有法定名称的应以法定名称为准，并应正确注记。

（2）地形图上高程注记点应分布均匀，丘陵地区高程注记点间距为图上 2~3cm。

（3）山顶、鞍部、山脊、山脚、谷底、谷口、沟底、沟口、凹地、台地、河川湖池岸旁、水涯线上以及其他地面倾斜变换处，均应测高程注记点。

（4）基本等高距为 0.5m 时，高程注记点应注至厘米；基本等高距大于 0.5m 时可注至分米。

9）各种要素综合表示及取舍

各类地物、地貌要素内容的表示和取舍原则除符合有关规定外，还应遵守下列规定。

（1）当两个地物中心重合或接近，难以同时准确表示时，可将较重要的地物准确表示，次要地物移位 0.3mm。

（2）独立性地物与房屋、道路、水系等其他地物重合时，可中断其他地物符号，间隔 0.3mm，将独立性地物完整绘出。

（3）建筑物、构筑物轮廓凸凹在图上小于 0.5mm 时，应予以综合，可不表示。

（4）房屋或围墙等高出地面的建筑物，直接建筑在陡坎或斜坡上且建筑物边线与坎坡上沿线重合的，可用建筑物边线代替坎坡上沿线；当坎坡上沿线距建筑物边线很近时，可移位间隔 0.3mm 表示。

（5）悬空建筑在水上的房屋与水涯线重合，可间断水涯线，房屋照常绘出。

（6）水涯线与陡坎重合，可用陡坎边线代替水涯线；水涯线与斜坡脚重合，仍应在坡脚将水涯线绘出。

（7）双线道路与房屋、围墙等高出地面的建筑物边线重合时，可以建筑物边线代替道路边线。道路边线与建筑物的接头处应间隔 0.3mm。

（8）地类界与地面上有实物的线状符号重合，按线状地物采集；与其他线状符号（如架空管线、等高线等）重合时，可将地类界移位 0.3mm 绘出。

（9）等高线遇到房屋及其他建筑物、双线道路、路堤、路堑、坑穴、陡坎、斜坡、双线河以及注记等均应中断。

微课：草图法外业采集

任务二　编码法外业采集

编码法作业与无码作业的测量步骤基本相同，所不同的是外业数据采集时现场输入编码（地物特征码），这样可以不绘草图或仅绘简单的草图。带编码的数据经内业识别自动转换为绘图程序内部码，以实现自动绘图。目前有较多的测绘单位在使用这种方法，下面以南方 CASS 10.1 为例来说明编码测图的流程。

一、数据编码简介

CASS 系统的简码可分为野外操作码、线面状地物代码、点状地物代码和关系码 4 种。每种只由 1~3 位字符组成。其形式简单、规律性强，无须特别记忆，并能同时采集测点的地物要素和连接关系。

（一）野外操作码

CASS 10.1 的野外操作码由描述实体属性的野外地物码和一些描述连接关系的野外连接码组成。CASS 10.1 专门有一个野外操作码定义文件 JCODE.DEE，该文件是用来描述野外操作码与 CASS 10.1 系统内部绘图编码的对应关系的，用户可编辑此文件使之符合自己的要求。野外操作码定义文件 JCODE.DEF 用于定制有码作业时的野外操作码，文件每行定义一个野外操作码，最后一行用 END 结束。文件格式如下：

```
野外操作码,CASS 10.0 编码
...
END
```

野外操作码的定义有以下规则。

（1）野外操作码有 1~3 位，第一位必须是英文字母，大小写意义相同，后面是范围为 0~99 的数字，无意义的 0 可以省略，例如，A 和 A00 意义相同、F1 和 F01 意义相同。

（2）野外操作码后面可跟参数，如野外操作码不到 3 位，与参数间应有连接符“-”，如有 3 位，后面可紧跟参数。参数有控制点的点名、房屋的层数、陡坎的坎高等。

（3）野外操作码第一个字母不能是“P”，该字母只代表平行信息。

（4）Y0、Y1、Y2 三个野外操作码固定表示圆，以便和老版本兼容。

（5）可旋转独立地物要测两个点以便确定旋转角。

（6）野外操作码如以 U、Q、B 开头，将被认为是拟合的，所以如果某地物有的拟合，有的不拟合，就需要两个野外操作码。

（7）房屋类和填充类地物将自动被认为是闭合的。

（8）房屋类和符号定义文件第 14 类别地物如只测 3 个点，系统会自动计算出第 4 个点。

（9）对于查不到 CASS 编码的地物以及没有测够点数的地物，如只测一个点，自动绘图时不做处理，如测两点以上按线性地物处理。

对于系统默认野外操作码，用户可以编辑 JCODE.DEF 文件以满足自己的需要。

（二）线面状地物代码

各种不同的地物、地貌都有唯一的编码，表 4-4 为线面状地物符号代码。

例如，K0 ——直折线形的陡坎，U0 ——曲线形的陡坎，W1 ——土围墙，T0 ——标准铁路（大比例尺），Y012.5 ——以该点为圆心半径为 12.5m 的圆。

表 4-4　线面状地物符号代码

类　别		符号代码及含义
坎类（曲）		K（U）+ 数（0 —陡坎，1—加固陡坎，2—斜坡，3—加固斜坡，4—垄，5—陡崖，6—干沟）
线类（曲）		X（Q）+ 数（0 —实线，1—内部道路，2—小路，3—大车路，4—建筑公路，5—地类界，6—乡、镇界，7—县、县级市界，8—地区、地级市界，9 —省界线）
垣栅类		W + 数（0，1—宽为 0.5m 的围墙，2—栅栏，3—铁丝网，4—篱笆，5—活树篱笆，6—不依比例围墙，不拟合，7—不依比例围墙、拟合）
铁路类		T + 数 [0 —标准铁路（大比例尺），1—标（小），2—窄轨铁路（大），3—窄（小），4—轻轨铁路（大），5—轻（小），6—缆车道（大），7—缆车道（小），8—架空索道，9 —过河电缆]
电力线类		D + 数（0 —电线塔，1—高压线，2—低压线，3—通信线）
房屋类		F + 数（0 —坚固房，1—普通房，2——般房屋，3—建筑中房，4—破坏房，5—棚房，6—简单房）
管线类		G + 数 [0 —架空（大），1—架空（小），2—地面上的，3—地下的，4—有管堤的]
植被土质	拟合边界	B + 数（0 —旱地，1—水稻，2—菜地，3—天然草地，4—有林地，5—行树，6—狭长灌木林，7—盐碱地，8—沙地，9 —花圃）
	不拟合边界	H + 数（0 —旱地，1—水稻，2—菜地，3—天然草地，4—有林地，5—行树，6—狭长灌木林，7—盐碱地，8—沙地，9 —花圃）

续表

类　别	符号代码及含义
圆形物	Y + 数（0 —半径，1—直径两端点，2—圆周三点）
平行体	P +[X（0~9），Q（0~9），K（0~6），U（0~6）……]
控制点	C + 数（0 —图根点，1—埋石图根点，2—导线点，3—小三角点，4—三角点，5—土堆上的三角点，6—土堆上的小三角点，7—天文点，8—水准点，9 —界址点）

（三）点状地物代码

点状地物代码常用于一个点代表不同的地物，如编码 A00 代表水文站，A15 代表石堆，表 4-5 为点状地物符号代码。

表 4-5　点状地物符号代码表

符号类别	编码及符号名称				
水系设施	A00 水文站	A01 停泊场	A02 航行灯塔	A03 航行灯桩	A04 航行灯船
	A05 左航行浮标	A06 右航行浮标	A07 系船浮筒	A08 急流	A09 过江管线标
	A10 信号标	A11 露出的沉船	A12 淹没的沉船	A13 泉	A14 水井
土质	A15 石堆				
居民地	A16 学校	A17 肥气池	A18 卫生所	A19 地上窑洞	A20 电视发射塔
	A21 地下窑洞	A22 窑	A23 蒙古包		
管线设施	A24 上水检修井	A25 下水雨水检修井	A26 圆形污水篦子	A27 下水暗井	A28 煤气天然气检修井
	A29 热力检修井	A30 电信入孔	A31 电信手孔	A32 电力检修井	A33 工业、石油检修井
	A34 液体气体储存设备	A35 不明用途检修井	A36 消火栓	A37 阀门	A38 水龙头
	A39 长形污水篦子				
电力设施	A40 变电室电杆塔	A41 无线电杆、塔	A42 电杆		
军事设施	A43 旧碉堡	A44 雷达站			
道路设施	A45 里程碑	A46 坡度表	A47 路标	A48 汽车站	A49 臂板信号机
独立树	A50 阔叶独立树	A51 针叶独立树	A52 果树独立树	A53 椰子独立树	

续表

符号类别	编码及符号名称				
工矿设施	A54 烟囱	A55 露天设备	A56 地磅	A57 起重机	A58 探井
	A59 钻孔	A60 石油天然气井	A61 盐井	A62 废弃的小矿井	A63 废弃的平峒洞口
	A64 废弃的竖井井口	A65 开采的小矿井	A66 开采的平峒洞口	A67 开采的竖井井口	
公共设施	A68 加油站	A69 气象站	A70 路灯	A71 照射灯	A72 喷水池
	A73 垃圾台	A74 旗杆	A75 亭	A76 岗亭、岗楼	A77 钟楼、鼓楼、城楼
	A78 水塔	A79 水塔烟囱	A80 环保监测点	A81 粮仓	A82 风车
	A83 水磨房、水车	A84 避雷针	A85 抽水机站	A86 地下建筑物 天窗	
宗教设施	A87 纪念像碑	A88 碑、柱、墩	A89 塑像	A90 庙宇	A91 土地庙
	A92 教堂	A93 清真寺	A94 敖包、经堆	A95 宝塔、经塔	A96 假石山
	A97 塔形建筑物	A98 独立坟	A99 坟地		

（四）连接关系符号

野外采集的数据有编码是基础，有编码的数据需要连接起来才能成图。草图法是人工连接，编码法成图中各个点之间是用连接符号连接，表 4-6 为连接关系符号的具体含义。

表 4-6　连接关系符号的含义

符号	含　义
+	本点与上一点相连，连线依测点顺序进行
–	本点与下一点相连，连线依测点顺序相反方向进行
n+	本点与上 *n* 点相连，连线依测点顺序进行
n–	本点与下 *n* 点相连，连线依测点顺序相反方向进行
p	本点与上一点所在地物平行
np	本点与上 *n* 点所在地物平行
+A$	断点标识符，本点与上点连
–A$	断点标识符，本点与下点连

说明："+" 表示顺点号方向连线，"–" 表示逆点号方向连线。

（五）内部编码

CASS 10.0 图部分是绕着符号文件 WORK.DEF 进行的，文件格式如下：

```
CASS 10.0编码，符号所在图层，符号类别，第一参数，第二参数，符号说明
...
END
```

所有符号分为0~20类，各类别定义如下。

1：不旋转的点状地物，如路灯，第一参数是图块名，第二参数不用。

2：旋转的点状地物，如依比例门墩，第一参数是图块名，第二参数不用。

3：线段（LINE），如围墙门，第一参数是线名，第二参数不用。

4：圆（CIRCLE），如转车盘，第一参数是线名，第二参数不用。

5：不拟合复合线，如栅栏，第一参数是线型名，第二参数是线宽。

6：拟合复合线，如公路，第一参数是线型名，第二参数是线宽，画完复合线后系统提示是否拟合。

7：中间有文字或符号的圆，如蒙古包范围，第一参数是线名，第二参数是文字或代表符号的图块名，其中图块名需要以“gc”开头。

8：中间有文字或符号的不拟合复合线，如建筑房屋，第一参数是线型名，第二参数是文字或代表符号的图块名。

9：中间有文字或符号的拟合复合线，如假石山范围，第一参数是线型名，第二参数是文字或代表符号的图块名。

10：三点或四点定位的复杂地物，如桥梁，用三点定位时，输入一边的两端点和另一边的任一点，两边将被认为是平行的；用四点定位时，应按顺时针或逆时针序依次输入一边的两端点和另一边的两端点；绘制完成会自动在ASSIST层生成一个连接四点的封闭复合线作为骨架线；第一参数是绘制附属符号的函数名，第二参数若为0，定三点后系统会提示输入第四个点，若为1，则只能用三点定位。

11：两边平行的复杂地物，如依比例围墙，线的一边是白色以便区分，第一参数是绘制附属符号的函数名，第二参数是缺省的两平行线间宽度，该值若为负数，运行时将不再提示用户确认默认宽度或输入新宽度。

12：以圆为骨架线的复杂地物，如堆式窑，第一参数是绘制附属符号的函数名，第二参数不用。

13：两点定位的复杂地物，如宣传橱窗，第一参数是绘制附属符号的函数名，第二参数如为0，会在ASSIST层上生成一个连接两点的骨架线。

14：四点连成的地物，如依比例电线塔，第一参数是绘制附属符号的函数名，如不用绘制附属符号则为“0”，第二参数不用。

15：两边平行无附属符号的地物，如双线干沟，第一参数是右边线的线型名，第二参数是左边线的线型名。

16：向两边平行的地物，如有管堤的管线，第一参数是中间线的线型名，第二参数是两边线的距离。

17：填充类地物，如各种植被土质填充，第一参数是填充边界的线型，第二参数若以“gc”开头，则是填充的图块名，否则是按阴影方式填充的阴影名，如果同时填充两种图块，如改良草地，则第二参数有两种图块的名字，中间以“-”隔开。

18：每个顶点有附属符号的复合线，如电力线，第一参数是绘制附属符号的函数名，第二参数若为1，复合线将放在ASSIST层上作为骨架线。

19：等高线及等深线，画前提示输入高程，输入完立即拟合，第一参数是线型名，第二参数是线宽。

20：控制点，如三角点，第一参数为图块名，第二参数为小数点的位数。

0：不属于上述类别，由程序控制生成的特殊地物，包括高程点、水深点、自然斜坡、不规则楼梯、阳台，第一参数是调用的函数名，第二参数依第一参数的不同而不同。

表 4-7 列出所有的 CASS 10.1 的部分内部编码，几点说明如下。

（1）表中包括主符号和附属符号，附属符号的一般编码规则是“所属主符号编码 - 数字”，不包含在 WORK.DEF 中，在不标类别栏表示为“附”。

（2）表中图层是系统默认的，未考虑用户定制图层的情况。

（3）表中的“实体类型”栏代表的是符号在交换文件中所属的实体类型，如果实体类型是 SPECIAL，则写法是“SPECIAL, 种类”。

表 4-7 CASS 10.1 部分内部编码示例

地物名称	编 码	图 层	类 别	第一参数	第二参数	实体类型
埋石图根点	131700	KZD	20	gc116	2	SPECIAL，1
不埋石图根点	131800	KZD	20	gc117	2	SPECIAL，1
砼房屋	141111	JMD	8	continuous	砼	PLINE
廊房	141700	JMD	5	x5	0	PLINE
无墙壁柱廊	143111	JMD	5	x5	0	PLINE
柱廊有墙壁边	143112	JMD	5	continuous	0	PLINE
檐廊	143130	JMD	5	x5	0	PLINE
阳台	140001	JMD	0	yangtai	0	PLINE
依比例围墙	144301	JMD	11	wall	0.5	PLINE
塔式照射灯	155224	DLDW	1	gc179	0	POINT
路标	165603	DLSS	1	gc052	0	POINT
消火栓	175200	GXYZ	1	gc133	0	POINT
依比例水井	185101	SXSS	7	continuous	gc146	CIRCLE
界址点圆圈	301000	JZD	附			CIRCLE

二、编码数据采集和成图

编码法测图数据采集有两种模式：一种是在采集数据的同时输入简编码，用“简码识别”成图；另外一种是在采集数据时未输入简编码，编辑引导文件（*. yd），用“编码引导”成图。编码引导的作用是将“引导文件”与“无码的坐标数据文件”合并成一个新的带简编码格式的坐标数据文件。现在全站仪、RTK 都带有内存，一般采用第一种模式。

（一）野外操作码编写

对于地物的第一点，操作码为地物代码。如图 4-4 中的 1 和 5 两点，点号表示测点顺序，括号中为该测点的编码，下同。

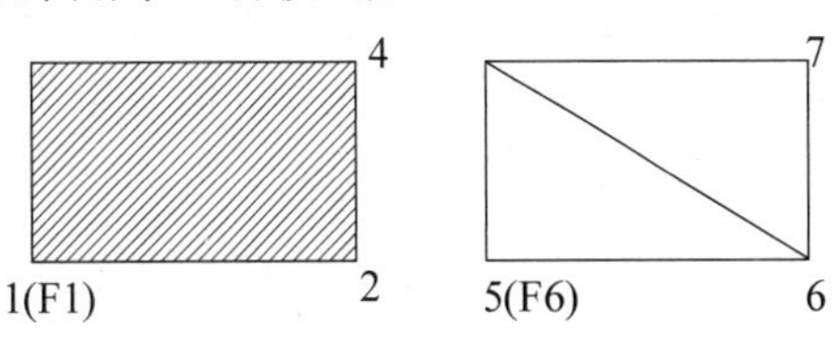

图 4-4 地物起点的操作码

（二）测点顺序观测

连续观测某一地物时，操作码为“+”或“–”。其中，“+”号表示连线依测点顺序进行；“–”号表示连线依测点顺序相反的方向进行，如图 4-5 所示。在 CASS 中，连线顺序将决定类似于坎类的齿牙线的画向，齿牙线及其他类似标记总是画向连线方向的左边，因而改变连线方向就可改变其画向。

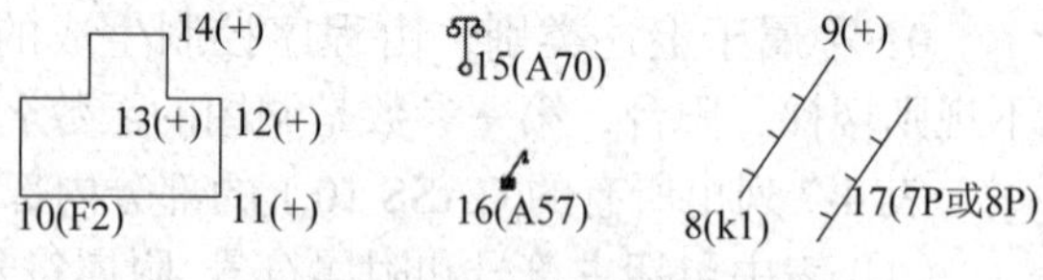

图 4-5　连续观测点的操作码

（三）测点交叉观测

交叉观测不同地物时，操作码为“n+”或“n–”。其中，“+”“–”号的意义同测点顺序观测，*n* 表示该点应与以上 *n* 个点前面的点相连（*n*= 当前点号 – 连接点号 –1, 即跳点数），还可用“+A$”或“–A$”标识断点，A$ 是任意助记字符，当一对 A$ 断点出现后，可重复使用 A$ 字符，如图 4-6 所示。

（四）平行体观测

观测平行体时，操作码为“p”或“np”。其中，“p”的含义为通过该点所画的符号应与上点所在地物的符号平行且同类，“np”的含义为通过该点所画的符号应与以上跳过 *n* 个点后的点所在的符号画平行体，对于带齿牙线的坎类符号，将会自动识别是堤还是沟。若上点或跳过 *n* 个点后的点所在的符号不为坎类或线类，系统将会自动搜索已测过的坎类或线类符号的点。因而，用于绘平行体的点，可在平行体的一边未测完时测对面点，也可在测完后接着测对面的点，还可在加测其他地物点之后，测平行体的对面点，如图 4-7 所示。

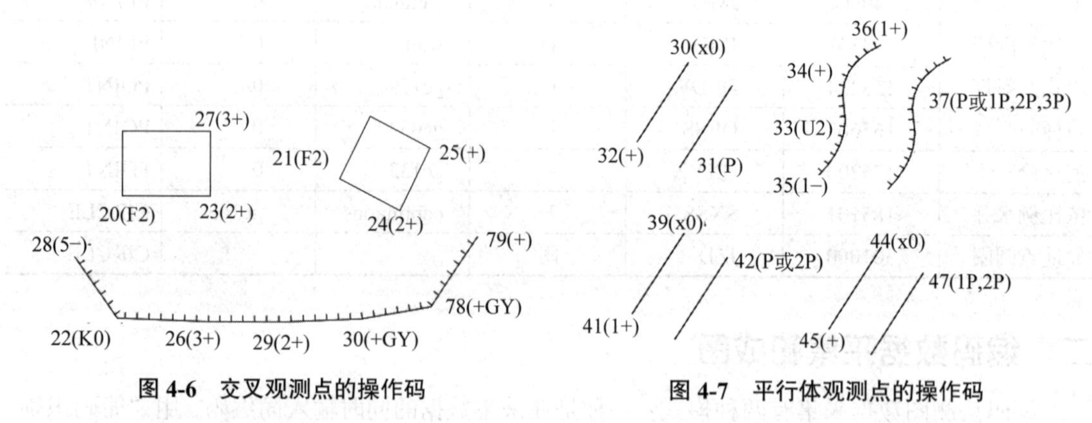

图 4-6　交叉观测点的操作码　　图 4-7　平行体观测点的操作码

（五）简码数据绘图

1. 编码数据格式

按照上达的方式给每个地物点编码后，所采集的数据既有坐标又有编码，如果要对所采集的数据进行修改，先要弄清楚采集完数据后传输到计算机中的格式，图 4-8 所示为编码数据格式。格式如下：

1 点点名，1 点编码，1 点 Y（东）坐标，1 点 X（北）坐标，1 点高程
...
N 点点名，N 点编码，N 点 Y（东）坐标，N 点 X（北）坐标，N 点高程

```
YMSJ.DAT - 记事本
文件(F)  编辑(E)  格式(O)  查看(V)  帮助(H)
1,C0-XINAN,54100,31100,500
2,C0-XIBEI,54095.4711,31212.7799,494.63
3,C1-DONGNAN,54200,31100,500.24
4,X2,54116.1011,31129.0789,491.766
5,+,54128.0312,31140.1548,492.2249
6,+,54136.8167,31153.4271,493.7976
7,+,54143.5281,31175.002,492.5533
8,+,54151.9036,31195.396,494.247
9,W0,54161.3149,31214.692,494.8973
10,+,54176.6853,31209.0784,497.0004
11,+,54187.7468,31196.0763,498.5987
12,F3,54188.8932,31187.9544,498.9723
13,,54185.6279,31179.702,498.535
14,+,54184.8115,31176.4987,0
15,+,54190.3678,31174.8769,498.9803
16,A44,54180.2781,31168.2884,498.2959
17,D2,54165.505,31145.9926,497.8591
```

图 4-8　编码数据格式

2. 编码成图

野外采集的数据传输到计算机中以后，需要对一些观测过程有错误的数据进行修改、编辑，数据的保存格式为 *.dat。

（1）定显示区，此操作步骤与草图法中“测点点号”定位绘图方式作业流程的“定显示区”操作相同。

（2）简码识别，简码识别的作用是将带简编码格式的坐标数据文件转换成计算机能识别的程序内部码（又称绘图码）。移动鼠标至“绘图处理”项，单击即可出现下拉菜单。移动鼠标至“简码识别”项，该处以高亮度（深蓝）显示，单击即可出现如图 4-9 所示对话框。输入带简编码格式的坐标数据文件名（此处以 D:\Program Files\Cass10.1 For AutoCAD2016\demo\YMSJ.DAT 为例）。当提示区显示“简码识别完毕 !”即在屏幕绘出平面图形，如图 4-10 所示。

微课：编码法外业采集

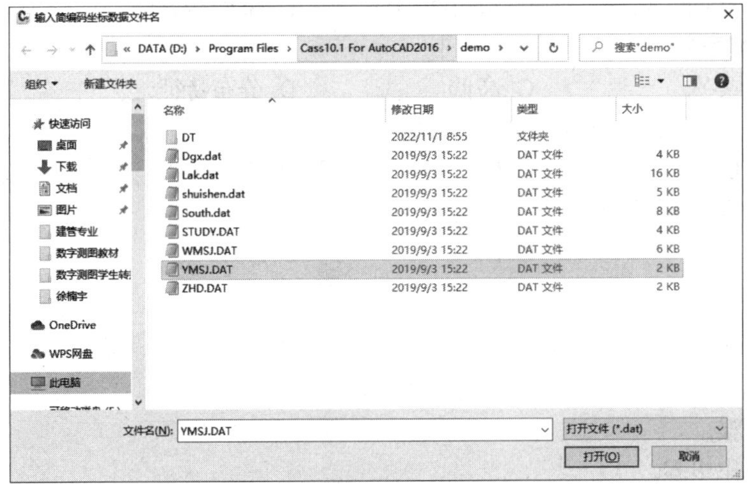

图 4-9　选择简编码文件

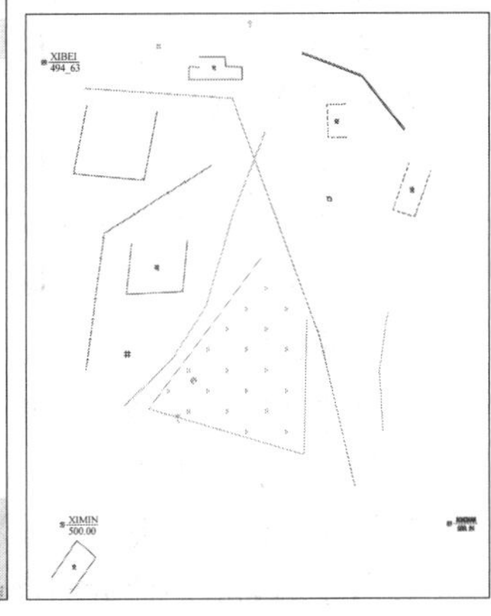

图 4-10　简码自动绘制图形

课后习题

一、单项选择题

1. 草图法外业采集是一种（　　）方式。

A. 有码作业　　B. 无码作业　　C. 自动作业　　D. 非自动作业

2. 1∶500 比例尺地形图作业中，全站仪测量地物点的最大测距长度为（　　）m。

A. 150　　B. 160　　C. 170　　D. 180

3. 1∶500 比例尺地形图作业中，全站仪测量地貌点的最大测距长度为（　　）m。

A. 100　　B. 200　　C. 300　　D. 400

4. 地物点应选在地物轮廓线的方向变化处。如果地物形状不规则，一般地物凹凸长度在图上大于（　　）mm 的均应表示出来。

A. 0.2　　B. 0.3　　C. 0.4　　D. 0.5

5. 沟渠在图上宽度小于（　　）mm 用单线表示。

A. 1　　B. 2　　C. 3　　D. 4

6. CASS 10.1 软件中的 K0 地物符号代码代表（　　）。

A. 直折线形的陡坎　　B. 曲线形的陡坎

C. 直折线形的斜坡　　D. 曲线形的斜坡

7. CASS 10.1 软件中的 A70 地物符号代码代表（　　）。

A. 加油站　　B. 气象站　　C. 路灯　　D. 旗杆

8. 编码法外业采集是一种（　　）方式。

A. 有码作业　　B. 无码作业　　C. 自动作业　　D. 非自动作业

二、多项选择题

1. 草图法外业采集绘制草图人员要标注出所测的（　　）。

A. 属性信息　　B. 点号　　C. 编码　　D. 操作码

2. 草图法碎部点时跑棱镜的方法有（　　）。

A. 环形线路法　　B. 迂回线路法　　C. 自由线路法　　D. 来回线路法

3. 地貌测绘应正确表示地貌的（　　）。

A. 形态　　B. 类别　　C. 高低　　D. 分布特征

4. 野外操作码如以（　　）开头，将被认为是拟合的。

A. U　　B. Q　　C. B　　D. C

5. 下列输入线面状地物符号代码的为（　　）。

A. U1　　B. Q1　　C. B1　　D. A01

三、简答题

1. 简述草图法外业采集步骤。
2. 简述地物点的测绘。
3. 简述编码法外业采集步骤。
4. 简述编码法内业成图操作步骤。

项目五

大比例尺数字地形图绘制

项目概述

本项目主要讲解大比例尺数字地形图绘制，即测图内业，包括CASS 10.1 内业成图软件介绍、地形图地物绘制、地形图地貌绘制、地形图注记及整饰、CASS 3D 三维测图。通过本项目的学习，学生掌握平面图的绘制、等高线自动生成、图形分幅与整饰等内业成图的方法和操作技巧，同时了解实景三维模型在地形图中的运用。

学习目标

（1）通过本项目的学习，应掌握利用 CASS 10.1 内业成图软件生产地形图、分幅与整饰；

（2）掌握实景三维模型生产地形图，同时实景三维模型给数字测图带来革命性的变化，培养创新意识；

（3）要求学生在数字测图内业成图时，做到耐心细致、实事求是，铸就工匠精神。

教学内容

项目	重 难 点	任　　务	主 要 内 容
大比例尺数字地形图绘制	重点：CASS 10.1 内业成图软件、地形图地物绘制、地形图地貌绘制、难点：地形图地貌绘制、地形图注记及整饰、CASS 3D 三维测图	任务一　CASS 10.1 内业成图软件	CASS 10.1 软件主界面；绘图参数设置；快捷命令设置；AutoCAD 系统配置
		任务二　地形图地物绘制	屏幕菜单绘制地物；CASS 实用工具栏绘制地物；命令行绘制地物
		任务三　地形图地貌绘制	建立三角网；绘制等高线；等高线注记与修饰
		任务四　地形图编辑及整饰	地物编辑；地貌编辑；地形图整饰
		任务五　CASS 3D 三维测图	CASS 3D 软件安装、数据准备及操作；实景地物绘制；等高线生成

引导案例

魏晋时期地理学家裴秀作《禹贡地域图》，开创了中国古代地图绘制学，他在前人的基础上提出了名为“制图六体”的地图测量要素，分率（比例尺）、准望（方位）、道里（距离）、高下（地势起伏）、方斜（倾斜角度）以及迂直（河流道路的曲折）。由于他的贡献突出，联合国天文组织将月球正面的一个环形山命名为“裴秀环形山”。

任务一 CASS 10.1 内业成图软件

目前，测绘行业使用的数字测图软件较多，比较集中的数字测图系统由广东南方数码科技股份有限公司（简称“南方数码”）的 CASS 系统、北京清华山维 EPSW 系统、武汉瑞德信息工程有限公司开发的 RDMS 系统、美国环境系统研究所公司的 ARCGIS 系统等。本书主要介绍 CASS 系统成图方法。

南方数码成立于 2003 年，是一家集数据、软件、服务于一体的中国领先的地理信息开发与服务商、中国地理信息产业“百强企业”，业务覆盖地理信息全产业链，提供一站式的就近服务。

CASS 地形地籍成图软件是由南方数码基于 AutoCAD 平台技术研发。该软件广泛应用于地形成图、地籍成图、工程测量应用、空间数据建库和更新等领域。CASS 10.1 软件是南方数码 CASS 软件当前的最新版本，由软件光盘和一个“加密狗”组成，CASS 10.1 以 AutoCAD 2014 为技术支撑平台，同时适用于 AutoCAD 2014 及以上版本。

一、软件主界面

运行 CASS 10.1 之前必须先将“加密狗”插入 USB 接口，启动 CASS 10.1 后弹出如图 5-1 所示的 CASS 10.1 操作主界面。南方数码 CASS 10. 1 软件的绘图界面主要由菜单面板、属性面板、工具栏、屏幕菜单栏、命令栏和绘图区等部分组成。

绘图窗口是图形编辑和图形显示的窗口，用户在该区域内进行图形编辑操作。界面中最下面一行是键入命令行，操作时要随时注意命令行的提示。有些命令有多种执行途径，用户可根据自己喜好灵活选用快捷工具按钮、下拉菜单或在命令行输入命令。

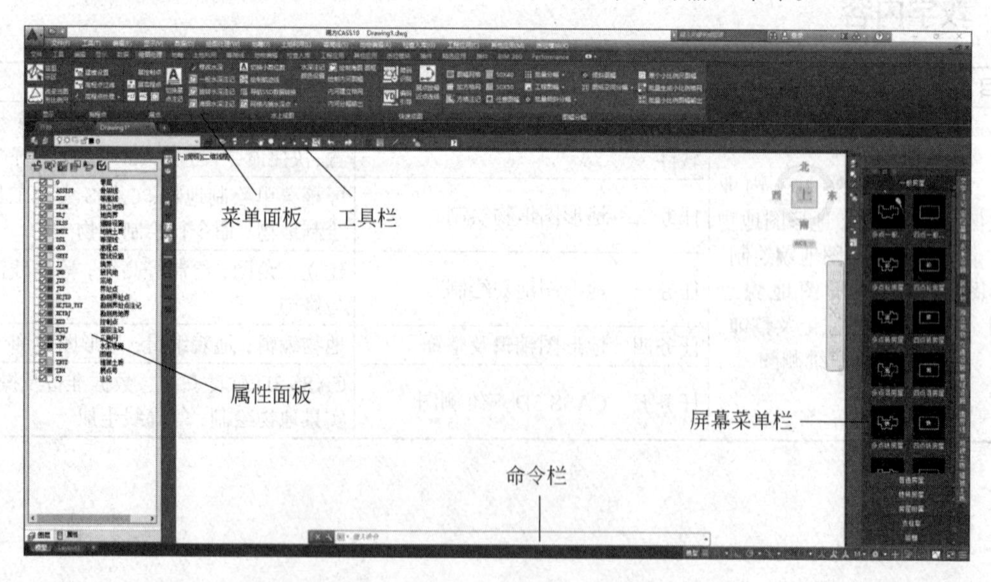

图 5-1 南方数码 CASS 10.1 操作主界面

二、CASS 10.1 绘图参数设置

在内业绘图前，一般应根据要求对 CASS 10.1 的有关参数进行设置。

操作：单击“文件”菜单中的“CASS 参数配置”项或在命令栏输入 casssetup，系统会弹出一个对话框，如图 5-2 所示。该对话框内可进行绘图参数、地籍参数、图廓属性等设置。以下对大比例尺测图常用的参数进行设置。

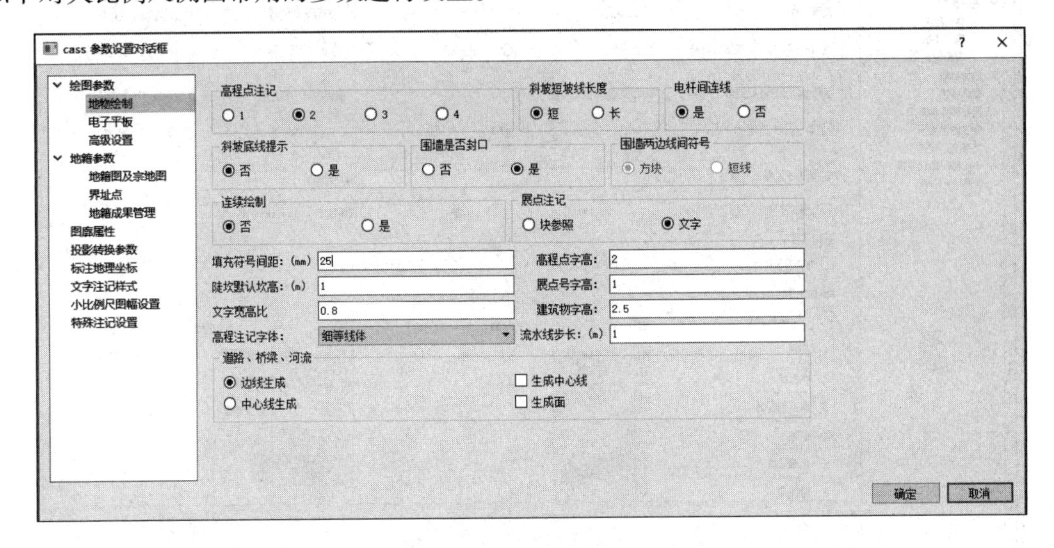

图 5-2　cass 参数设置对话框

（一）地物绘制参数

根据大比例尺数字测图图面美观及常规要求进行如下设置。

（1）高程点注记：根据项目要求，基本等高距大于 1m 的，设置为 1，基本等高距小于 1m 设置为 2。

（2）斜坡短坡线长度：短。

（3）电杆间连线：城镇区域内设置为“否”，城镇区域外设置为“是”。

（4）斜坡底线提示：否。

（5）围墙是否封口：是。

（6）围墙两边线间符号：短线。

（7）连续绘制：否。

（8）展点注记：文字。

（9）填充符号间距：≥25mm(如果测区范围内地形不是太破碎，建议 30mm)。

（10）高程点字高：2。

（11）陡坎默认坎高：1。

（12）展点号字高：1。

（13）文字宽高比：0.8。

（14）建筑物字高：2.5。

（15）高程注记字体：细等线体。

（16）流水线步长：1m。

（17）道路、桥梁、河流：边线生成。

（二）高级设置

高级设置选项包括生成交换文件、读入交换文件等项目，各参数设置如图 5-3 所示。

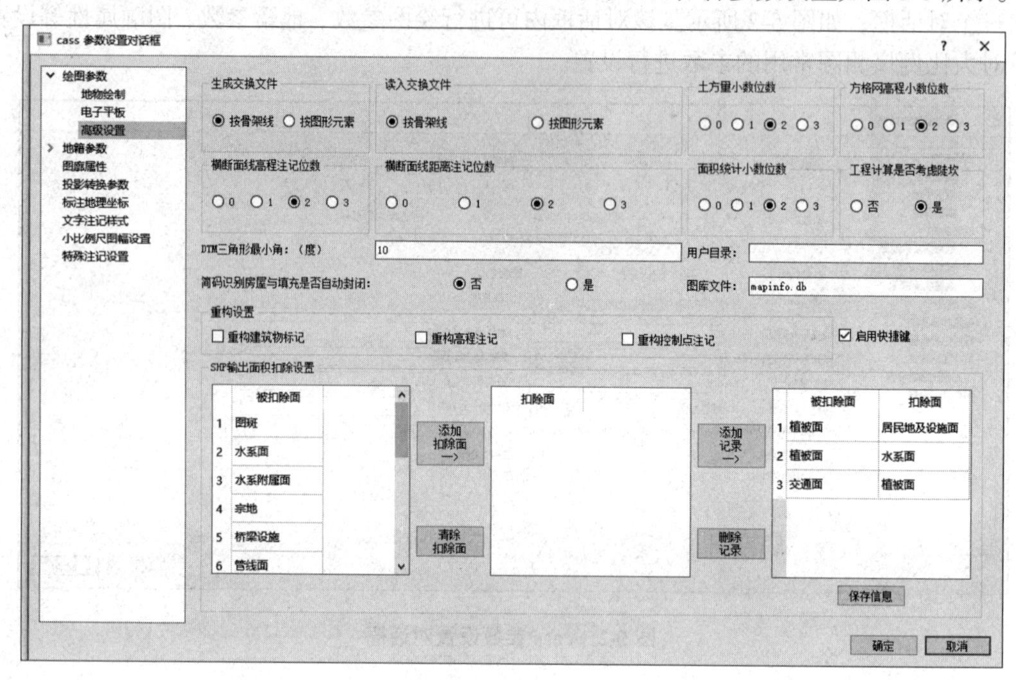

图 5-3　CASS“高级设置”对话框

（1）生成交换文件：按骨架线。
（2）读入交换文件：按骨架线。
（3）土方量小数位数：2。
（4）方格网高程小数位数：2。
（5）横断面线高程注记位数：2。
（6）横断面线距离注记位数：2。
（7）工程计算是否考虑陡坎：是。
（8）DTM 三角形最小角：10°，若有较远的点无法连上时，可将此角度改小至 5°。
（9）简码识别房屋与填充是否自动封闭：否。
（10）用户目录：自定义。
（11）图库文件：默认，注意库名不能改变。
（12）重构设置：根据需要定义重构设置选项。
（13）启用快捷键：启用。
（14）SHP 输出面积扣除设置：根据项目要求定义。

（三）图廓属性设置

设置地形图框的图廓要素。常规测绘项目批量分幅图廓按照图 5-4 进行设置。需说明的是：左上角、右下角图名图号和坡度尺一般不选择；1∶2 000 比例尺坐标标注和图幅号小数位数设置为 1；附注根据项目特点注记，如测量员、绘图员、检查员等信息。

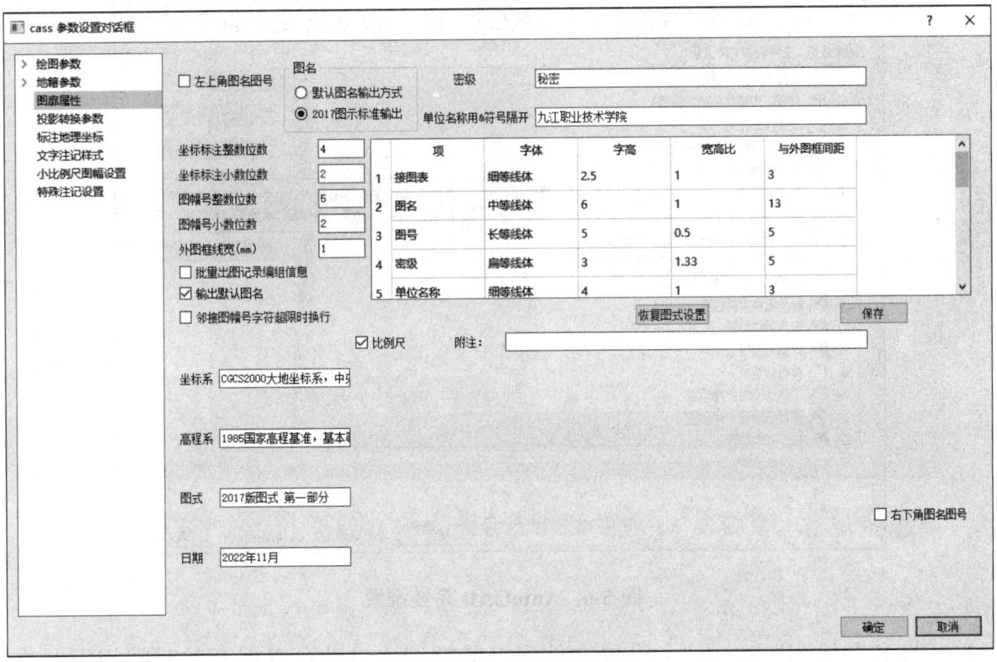

图 5-4　图廓属性设置

三、CASS 快捷命令设置

设置 CASS 快捷命令，配置常用功能的快捷命令，单击“文件”菜单中的“CASS 快捷键配置”项或在命令栏输入 shortcutset，系统会弹出一个对话框，如图 5-5 所示。“快捷命令”一栏为个人习惯的字母、数字，“全名命令”一栏为该命令的全称。当然用户也可编辑 CASS/SYSTEM/ACAD.PGP 文件，效果相同。

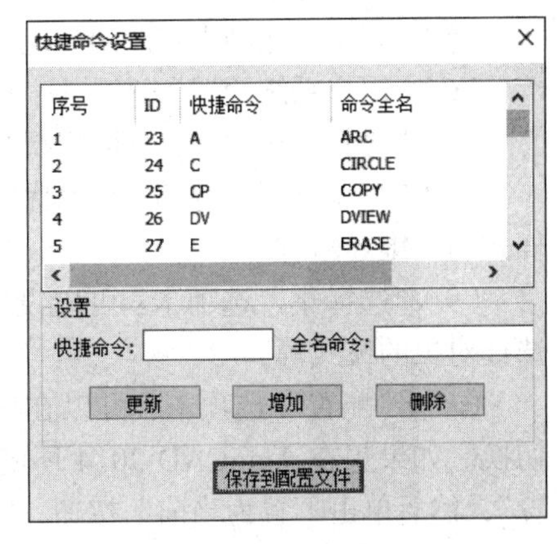

图 5-5　CASS 快捷命令设置

四、AutoCAD 系统配置

AutoCAD 2014 系统配置是设置 CASS 10.1 的平台。AutoCAD 2014 的各项参数，可通过菜单选项、自定义设置常用参数。

操作：单击“文件”菜单中的“AutoCAD 系统配置”选项或在命令栏输入 preferences，系统会弹出如图 5-6 所示的对话框。

在“AutoCAD 系统配置”选项中，可以做如下操作。

（1）“文件”选项卡：可以指定文件搜索路径、设备驱动程序文件搜索路径、文件自动保存路径等。

（2）“显示”选项卡：可以确定是否显示屏幕菜单、滚动条、命令行的行数、字体，可以改变屏幕的颜色、十字光标的大小和图形显示精度。

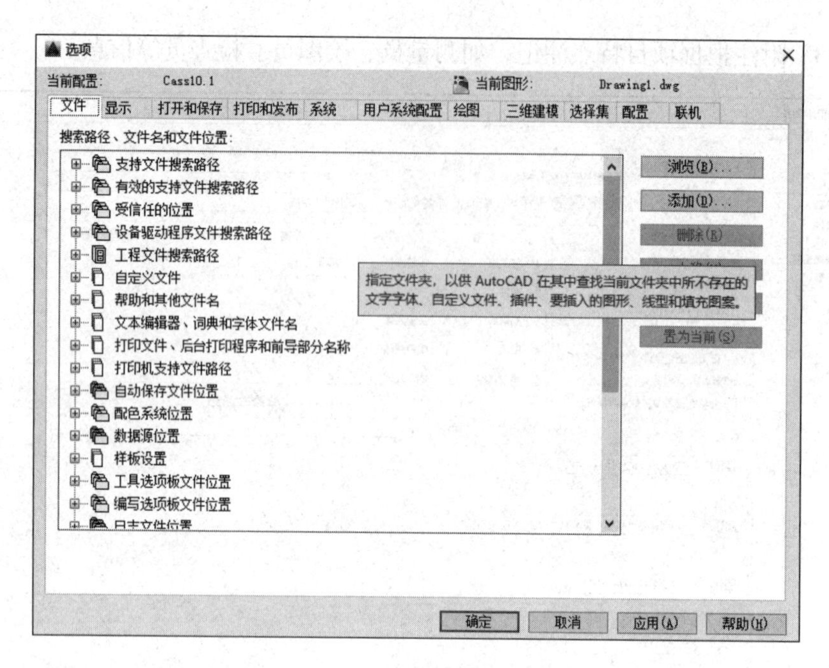

图 5-6　AutoCAD 系统配置

（3）“打开和保存”选项卡：设置文件保存的类型、自动存盘保存的时间间隔及临时文件的扩展名等。

（4）“打印和发布”选项卡：设置默认的打印输出设备、默认的打印样式表等。

（5）“系统”选项卡：控制与定点设备的相关选项和控制与系统配置相关的基本选项。

（6）“用户系统配置”选项卡：可以设置右击的自定义功能、拖放比例、线宽等。

（7）“绘图”选项卡：可以进行自动捕捉设置、自动追踪设置等。

（8）“三维建模”选项卡：设置三维十字光标的大小和三维对象的视觉样式与三维导航等。

微课：CASS 10.1 成图软件

（9）“选择集”选项卡：可以设置拾取框的大小、夹点大小、夹点颜色、选择对象的模式等。

（10）“配置”选项卡：可以在这里控制 CASS 10.1 和 AutoCAD 之间的切换。如果想在 AutoCAD 2014 环境下工作，可在此界面下选择“未命名配置”，然后单击“置为当前”按钮；如果想在 CASS 10.1 环境下工作，可选择 CASS 10.1，然后单击“置为当前”按钮。

任务二　地形图地物绘制

地物绘制是绘制地形图重点之一，绘制地物的符号通常分为三类：独立点状符号、普通线型符号和复杂线型符号。要将这些地物符号绘制在图上，CASS 10.1 提供了三种绘制方法：屏幕菜单绘制、CASS 实用工具栏绘制和命令行绘制。

一、屏幕菜单绘制地物

屏幕菜单绘制地物之前，必须展绘碎部点，它为地形图绘制提供基础的源数据，CASS 10.1

提供了三种主要展绘方法：点号定位、坐标定位和编码引导。其中点号定位在草图法中广泛运用。

（一）点号定位

点号定位就是将坐标文件中碎部点点号展在屏幕上，利用屏幕菜单“测点点号”中各图示符号，按照草图上标示的各点点号、地物属性和连接关系，将地物绘出。

1. 定显示区

定显示区的作用是根据输入坐标数据文件的坐标数据大小定义屏幕显示区域的大小，以保证所有点可见，同时也起到检查坐标数据文件中出现错误数据的作用，所以，建议每个新的绘图项目在展绘碎部点之前都操作这一步 。

单击“绘图处理”项，即出现如图 5-7 所示下拉菜单，选中“定显示区”按钮并单击，系统提示输入数据坐标文件名，把数据输入时所存放的坐标数据文件名及其相应途径输入文件名对话框，如图 5-8 所示。单击“打开”按钮后，系统将自动检索响应的文件中所有点的坐标，找到最大和最小 X，Y 值，并在屏幕命令区显示坐标范围，如图 5-9 所示。

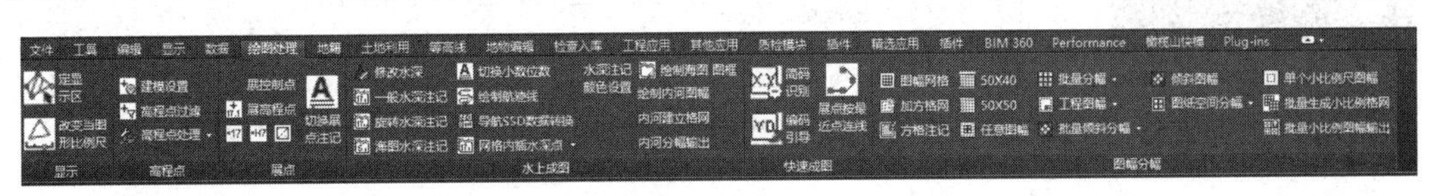

图 5-7　定显示区

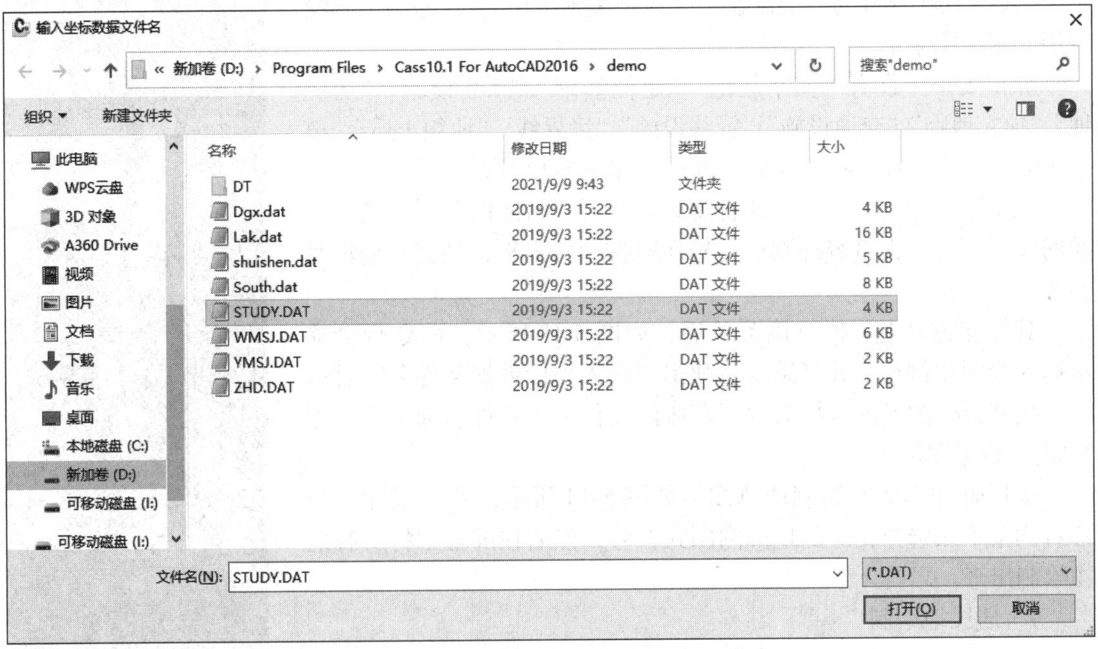

输入坐标数据文件名

« 新加卷 (D:) › Program Files › Cass10.1 For AutoCAD2016 › demo　　搜索"demo"

组织 ▾　新建文件夹

此电脑 / WPS云盘 / 3D 对象 / A360 Drive / 视频 / 图片 / 文档 / 下载 / 音乐 / 桌面 / 本地磁盘 (C:) / 新加卷 (D:) / 可移动磁盘 (I:) / 可移动磁盘 (I:)

名称	修改日期	类型	大小
DT	2021/9/9 9:43	文件夹	
Dgx.dat	2019/9/3 15:22	DAT 文件	4 KB
Lak.dat	2019/9/3 15:22	DAT 文件	16 KB
shuishen.dat	2019/9/3 15:22	DAT 文件	5 KB
South.dat	2019/9/3 15:22	DAT 文件	8 KB
STUDY.DAT	2019/9/3 15:22	DAT 文件	4 KB
WMSJ.DAT	2019/9/3 15:22	DAT 文件	6 KB
YMSJ.DAT	2019/9/3 15:22	DAT 文件	2 KB
ZHD.DAT	2019/9/3 15:22	DAT 文件	2 KB

文件名(N): STUDY.DAT　　(*.DAT)

打开(O)　　取消

图 5-8　定显示区时输入数据文件

最小坐标(米):X=31067.315,Y=54075.471
最大坐标(米):X=31241.270,Y=54220.000

图 5-9　定显示区时的命令行显示

2. 测点点号定位

移动鼠标至屏幕右侧菜单区的“点号定位”项，如图 5-10 所示，单击即出现如图 5-11 所示的对话框。

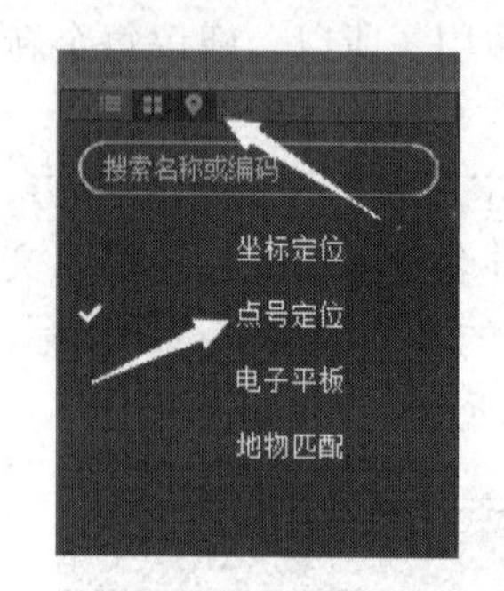

图 5-10　点号定位

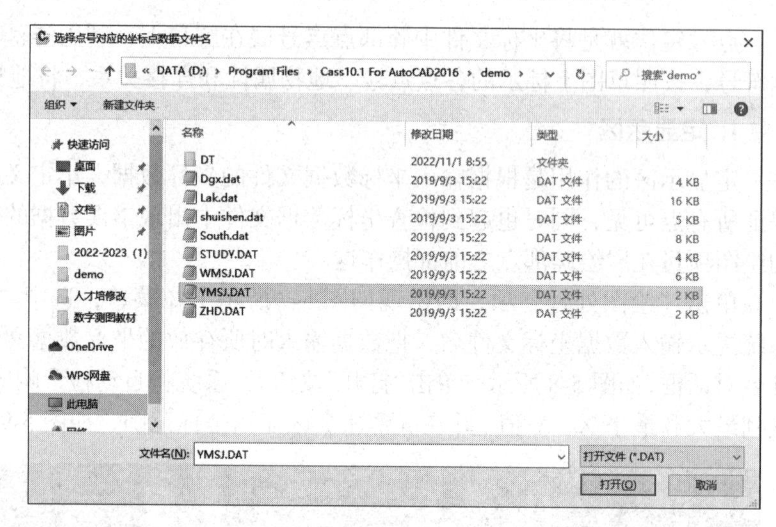

图 5-11　“选择点号对应的坐标点数据文件名”对话框

3. 绘制地物

CASS 10.1 屏幕的右侧设置了“地物编辑菜单”，这是一个测绘专用交互绘图菜单。

屏幕菜单中设有“文字注记”“定位基础”“水系设施”“居民地”“独立地物”“交通设施”“管线设施”“境界线”“地貌土质”“植被土质”十大类和地物类别显示方式，如图 5-12 所示。

在绘制地物时，为了更加直观地在图形编辑区内看到各测点之间的关系，可以先将野外测点点号在屏幕中展出来，供交互编辑时参考。

其操作方法是：执行该菜单后，如图 5-13 所示，命令行会提示输入测图比例尺，并且系统会弹出“输入坐标数据文件名”对话框。找到野外测量的坐标数据所存放的文件夹和文件名为（后缀为 *.dat），确定即可。

根据野外作业时绘制的草图，如图 5-14 所示，移动鼠标至屏幕右侧菜单区选择相应的地形图图式符号，然后在屏幕中将所有地物绘制出来。

1）居民地绘制

居民地地物栏包括一般房屋、普通房屋、特殊房屋、房屋附属、支柱墩、垣栅，如图 5-15 所示。

例如，将 3，39，16 号点连成一间普通房屋，鼠标移动至右侧菜单“居民地”中“一般房屋”处单击，再移动鼠标到“四点一般房屋”的图标处单击，出现如图 5-16 所示的对话框。

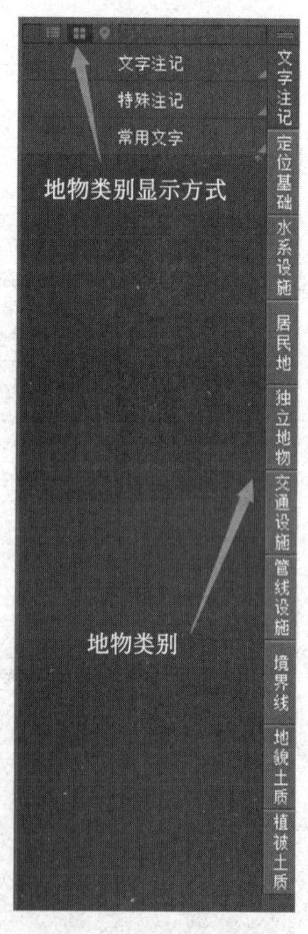

图 5-12　地物编辑菜单

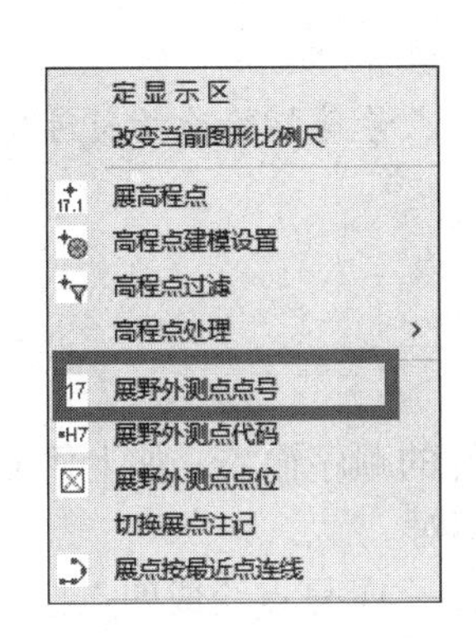

图 5-13　展野外测点点号菜单

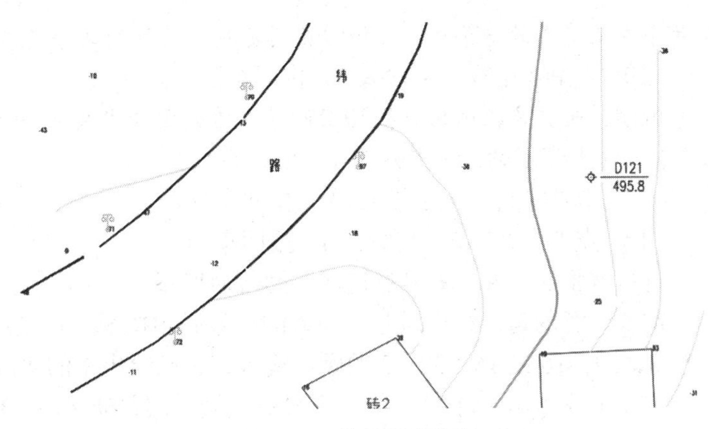

图 5-14　外业作业草图

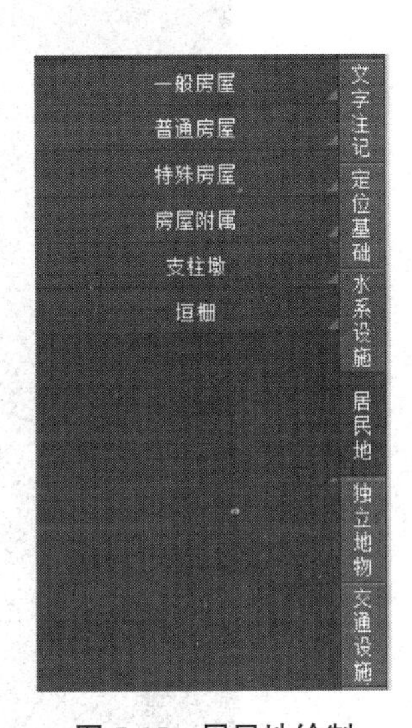

图 5-15　居民地绘制

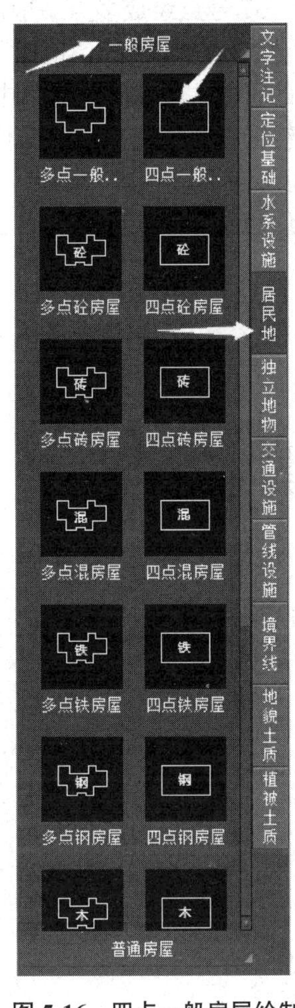

图 5-16　四点一般房屋绘制

按命令区提示进行下列操作。

（1）“已知三点 /2. 已知两点及宽度 /3. 已知四点 <1>”：输入 1，按回车键（直接按回车键默认选 3）。

说明：已知三点是指测矩形房子时测了三个点；已知两点及宽度则是指测矩形房子时测

了两个点及房子的一条边；已知四点则是测了房子的四个角点。

（2）“点 P/< 点号 >”：输入 3，按回车键。

说明：点 P 是指由用户根据实际情况在屏幕上指定的一个点；点号是指绘地物符号定位点的点号 (与草图的点号对应)，此处使用点号。

（3）“点 P/< 点号 >”：输入 39，按回车键。

（4）“点 P/< 点号 >”：输入 16，按回车键。

这样就将 3，39，16 号点连成一间普通房屋。

需要注意的是，绘房屋时，输入的点号必须按顺时针或逆时针的顺序输入，如上例的点号按 3，39，16 或 16，39，3 的顺序输入，否则绘出来的房屋就不对。

重复上述操作，将 33，34，35 号点绘制一间普通房屋；37，38，41 号点绘成四点棚房；60，58，59 号点绘成四点普通房子 12，14，15 号点绘成四点建筑中房屋；50，51，52，53，54，55，56，57 号点绘成多点一般房屋；27，28，29 号点绘成四点房屋。

同样在“居民地”中的“垣栅”层找到“依比例围墙”的图标，将 9，10，11 号点绘成依比例围墙的符号；在“居民地”中的“垣栅”层找到“篱笆”的图标，将 47，48，23，43 号点绘成篱笆的符号。完成这些操作后，其平面图如图 5-17 所示。

2）地貌土质绘制

地貌土质包括等高线、高程点、自然地貌和人工地貌四大类，如图 5-18 所示。

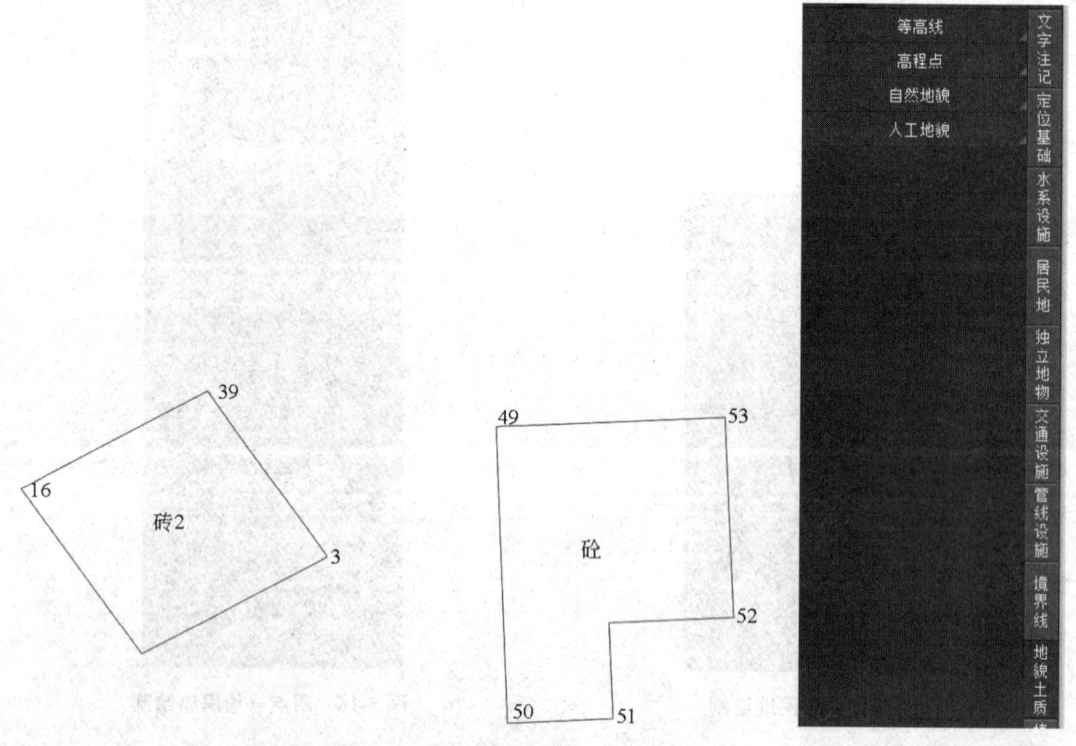

图 5-17　用“居民地”图层绘的平面图　　**图 5-18　地貌土质绘制**

以未加固陡坎绘制为例介绍地貌土质绘制的方法。

单击表示未加固陡坎符号的图标，命令区便分别出现以下的提示。

（1）“请输入坎高，单位：米 <1.0>”：输入坎高，按回车键（直接按回车键默认坎高 1m）。

说明：在这里输入的坎高为实测的坎顶高程，系统将坎顶点的高程减去坎高得到坎底点高程，这样在建立 DTM 时，坎底点便参与组网的计算。

（2）“点 P/< 点号 >”：输入 93，按回车键。

（3）“点 P/< 点号 >”：输入 94，按回车键。

（4）“点 P/< 点号 >”：输入 95，按回车键。

（5）“点 P/< 点号 >”：输入 96，按回车键。

（6）“点 P/< 点号 >”：按回车键或右击，结束输入。

注：如果需要在点号定位的过程中临时切换到坐标定位，可以按 P 键，这时进入坐标定位状态，想回到点号定位状态时再次按 P 键即可。

（7）“拟合吗？ <N>”按回车键或右击，默认输入 N。

说明：拟合的作用是对复合线进行圆滑。

这时，便在 93，94，95，96 号点之间绘成陡坎的符号，如图 5-19 所示。

注意：陡坎上的坎毛生成在绘图方向的左侧。

3）交通设施绘制

交通设施包括铁路、火车站附属、城际公路、城市公路、乡村公路、道路附属、桥梁、渡口码头和航行标志九大类，分为线状道路、面状道路及点状交通设施。下面以平行国道绘制为例介绍交通设施绘制的方法。

单击右侧屏幕菜单中的“交通设施”→“城际公路”按钮，会弹出一个对话框，如图 5-20 所示。在其中选择“平行国道”，根据命令区提示操作。

（1）“请输入点号”：输入 92，按回车键。

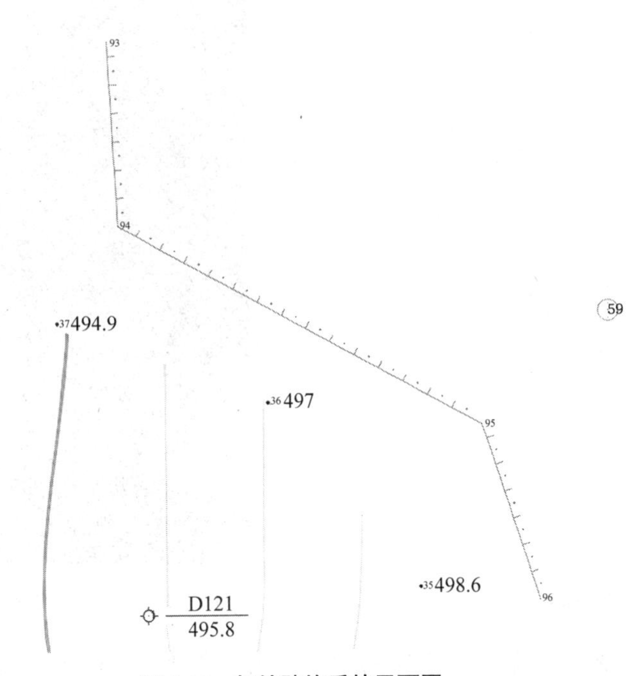

图 5-19　加绘陡坎后的平面图

图 5-20　交通设施绘制

（2）“[曲线 Q/ 边长交会 B/ 跟踪 T/ 区间跟踪 N/ 垂直距离 Z/ 平行线 X/ 两边距离 L/ 圆 Y/ 内部点 O 点 P/< 点号 >]”：输入 Q，按回车键。

（3）“鼠标定点 P/< 点号 >”：输入 45，按回车键。

（4）“鼠标定点 P/< 点号 >”：输入 46，按回车键。

（5）“[曲线 Q/ 边长交会 B/ 跟踪 T/ 区间跟踪 N/ 垂直距离 Z/ 平行线 X/ 两边距离 L/ 隔一点 J/ 隔点延伸 D/ 微导线 A/ 延伸 E/ 插点 I/ 回退 U/ 换向 H/ 反向 F 点 P/< 点号 >]”：按回车键。

（6）“拟合线 <N>”：按回车键。

（7）“1. 边点式 /2. 边宽式 /(按 Esc 键退出)：<1>”：按回车键。

（8）“鼠标定点 P/< 点号 >”：输入 19，按回车键。

这时，便在 92，45，46，13，47，48 及 19 号点绘成平行国道符号，如图 5-21 所示。

4）植被土质绘制

植被土质包括耕地、园地、林地、草地、城市绿地、地类防火、土质七大类，分为线状元素、面状元素及点状元素，如图 5-22 所示。点状元素包括各种独立树、散树，绘制时只需用鼠标给定点位即可；面状元素包括各种园林、地块、花圃等，绘制时用鼠标画出其边线，然后根据需要进行拟合；线状元素包括地类界、行树、防火带、狭长竹林等，绘制时用鼠标给定各个拐点，然后根据需要进行拟合。

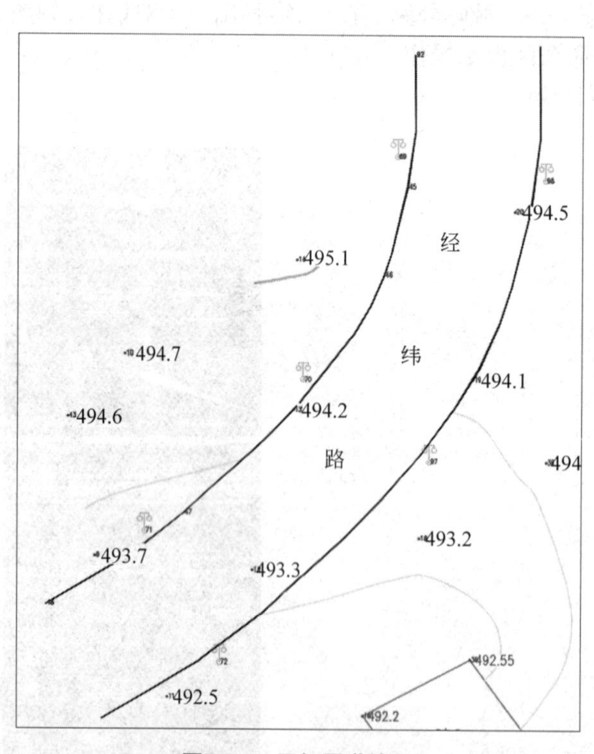

图 5-21　平行国道绘制

图 5-22　植被土质绘制

下面以绘制 99 号点为独立树为例介绍植被土质的绘制方法。选择“植被土质”，单击“林地”按钮，再移动鼠标到“阔叶独立树”的图标处单击，出现如图 5-23 所示的对话框。

按命令区提示“鼠标定点 P/< 点号 >”输入 99，按回车键，完成了独立树的绘制。同样的方法将 7，8，31，39 号点绘制为人工草地，16，22 号点绘制为行树，如图 5-24 所示。

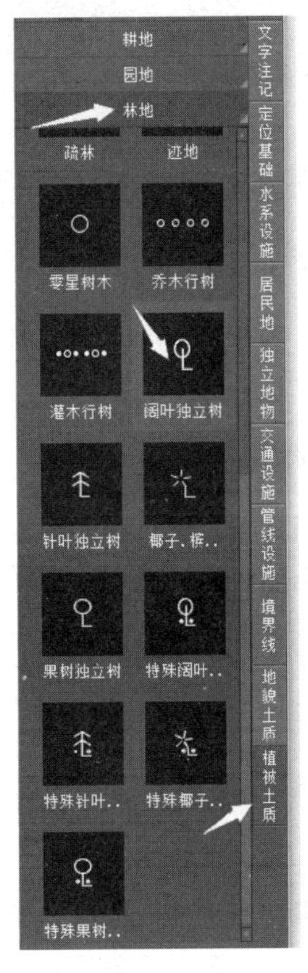

图 5-23　独立树绘制

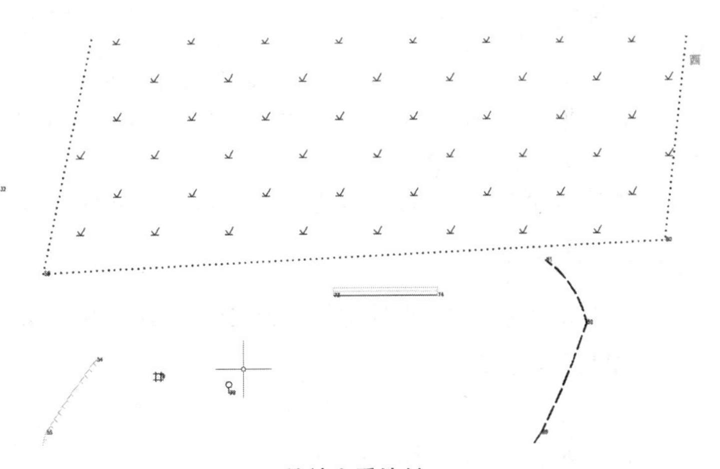

图 5-24　植被土质绘制

（二）坐标定位

坐标定位成图法操作类似于测点点号定位成图法，不同的是绘图时点位的获取不是输入点号，而是启用捕捉功能直接在屏幕上捕捉所找的点，故该方法较点号定位法成图更方便。其操作步骤如下。

1. 定显示区

此步操作与点号定位法作业流程“定显示区”的操作相同。

2. 选择坐标定位成图法

移动鼠标至屏幕右侧菜单区的“坐标定位”项，单击即进入“坐标定位”项的菜单，如图 5-25 所示。

3. 绘平面图

绘图之前先设置捕捉方式。在底部状态栏单击“对象捕捉”选项，在“对象捕捉模式”栏中选择“节点”复选框，如图 5-26 所示。对象捕捉可以使用 F3 快捷键开启和取消。

与点号定位法成图流程类似，需先在屏幕上展点，根据外业草图，选择相应的地图式符号在屏幕上绘制和连接。

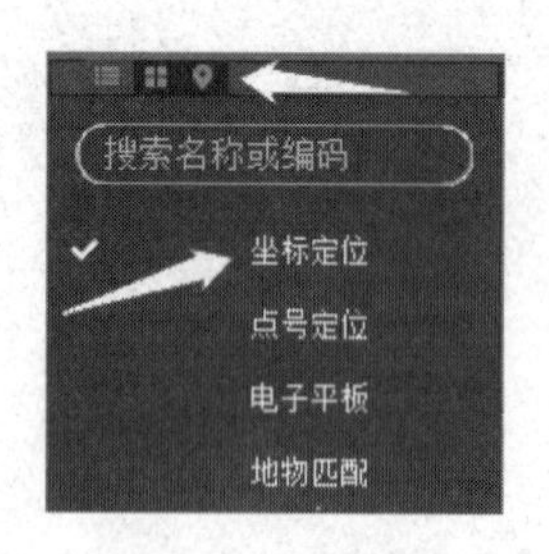

图 5-25　坐标定位

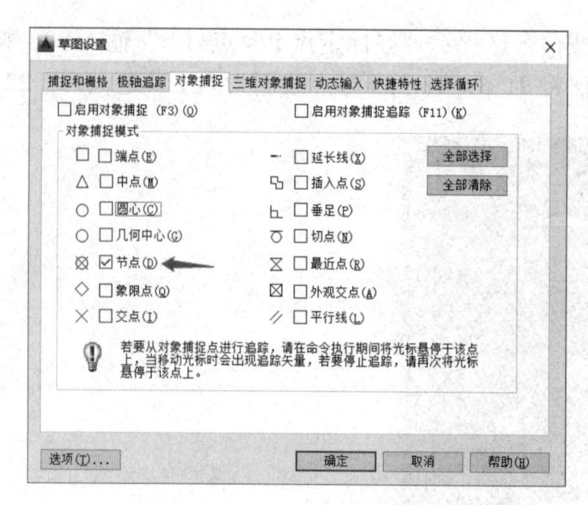

图 5-26　对象捕捉设置

移动鼠标至右侧菜单“独立地物 / 其他设施”处按左键，再移动鼠标到“路灯”的图标处按左键，根据命令区提示“指定点”，移动鼠标靠近 4 号点，单击坐标，捕捉该点。这样就在 4 号点上绘制出了路灯。

其他地物的绘制参照以上方法，这里就不一一列举了。

（三）编码引导

编码引导也称为编码引导文件 + 无码坐标数据文件自动绘图方式。

1. 编辑引导文件

移动鼠标至绘图屏幕的顶部菜单，单击“编辑”按钮，选择“编辑文本文件”选项，屏幕命令区出现如图 5-27 所示对话框。

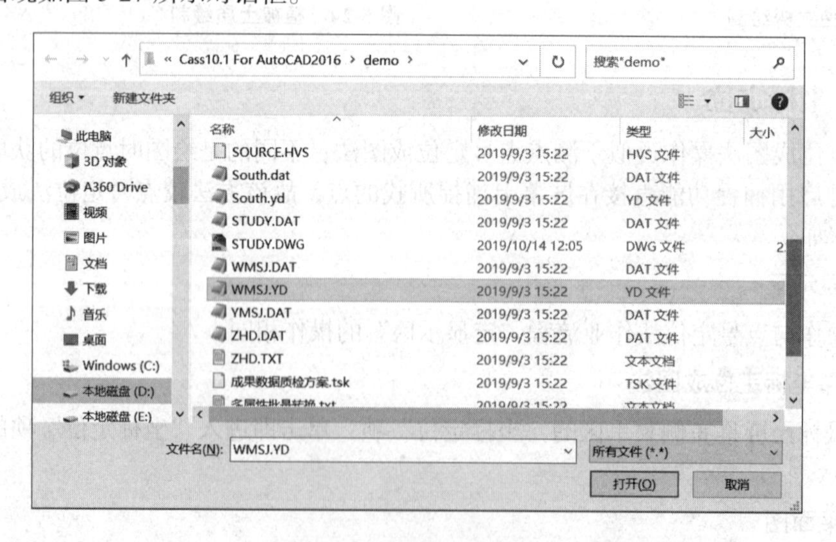

图 5-27　编辑文本对话框

以 D:\Program Files\Cass10.1 For AutoCAD2014\demo\WMSJ.YD 为例。

屏幕上将弹出对话框，选择 WMSJ.YD 文件，单击“打开”按钮，这时根据野外作业草图和本软件中预设的地物代码以及文件格式，编辑好此文件，保存并退出。

例如：W2，165，7，6，5，4，166，其中 W 代表垣栅类型，2 代表栅栏，165，7，6，5，4，166 代表点号。整段代码表示连接点号 165，7，6，5，4，166 段为栅栏。

又如，F1，68，66，114，其中 F 代表房屋类，1 代表普通房屋，68，66，114 代表房屋点号。整段代码表示连接点号 68，66，114 的普通四点房屋（房屋类测量了三点系统自动绘出第四点）。

2. 编写要求

（1）每一行表示一个地物，如一幢房屋、一条道路或一个独立地物。

（2）每一行的第一项为地物的"地物代码"，以后各数据为构成该地物的各测点的点号（依连接顺序排列）。

（3）同行的数据之间用逗号分隔。

（4）表示地物代码的字母要大写。

（5）使用者可根据自己的需要定制野外操作简码，通过编辑 D:\Program Files\Cass10.1 For AutoCAD2014\system\JCODE.DEF 文件即可实现，具体操作请参考 CASS 10.1 软件安装目…\Cass10.1 For AutoCAD2014\system\ 文件夹内的 CASS 10.1 参考手册 .chm。

3. 定显示区

此步操作与点号定位法作业流程的"定显示区"的操作相同。

4. 编码引导

编码引导功能是指自动将野外采集的无码坐标数据文件（如 WMSJ.DAT）和编辑好的编码引导文件（如 WMSJ.YD）合并，系统自动生成带简码的坐标数据文件。简编码文件里各个点是经过重新排序的，把同一地物均放在一块，变成一个一个地物存放，很有规律，其实质是把引导文件和坐标数据文件合二为一，包含了各个地物的全部信息。而野外采集的简编码坐标数据文件的各个坐标是按采集时的观测顺序进行记录的，同一地物不一定放在一起，多个地物可能混杂；其每行最前面的数字表示该点点号。

编码引导具体操作如下。

（1）移动鼠标至绘图屏幕的上方菜单，单击"绘图处理"中的"编码引导"选项（该处以高亮度（深蓝）显示），即出现如图 5-28 所示对话框。输入编码引导文件名 D:\Program Files\

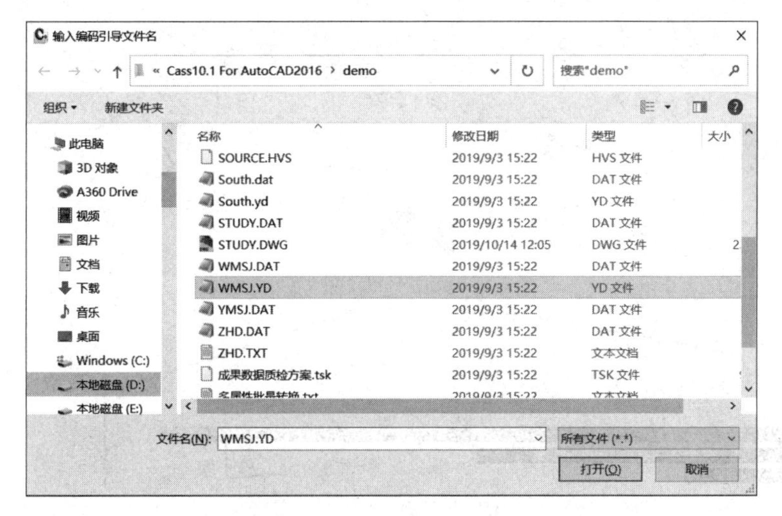

图 5-28　输入编码引导文件名

Cass10.1 For AutoCAD2016\demo\WMSJ.YD，或通过 Windows 窗口操作找到此文件，然后单击“确定”按钮。

（2）接着，屏幕出现图 5-29 所示对话框。要求输入坐标数据文件名，此时输入 D:\Program Files\Cass10.1 For AutoCAD2016\demo\WMSJ.DAT。

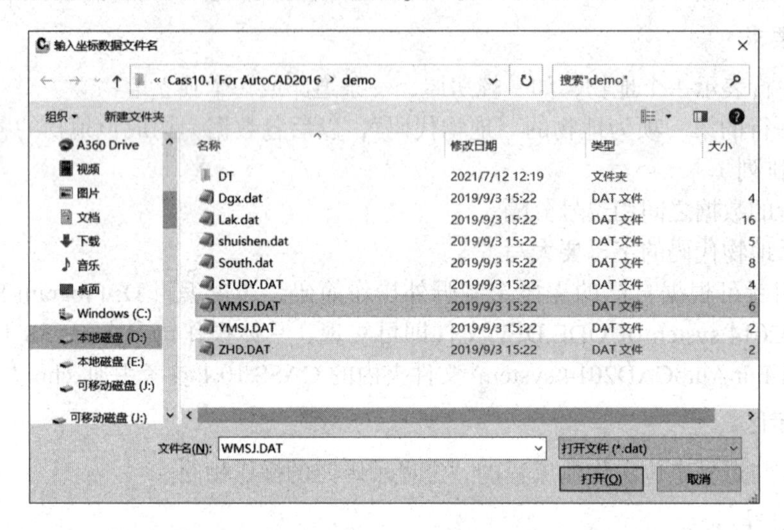

图 5-29　输入坐标数据文件名

（3）这时，屏幕按照这两个文件自动生成图形，如图 5-30 所示。

图 5-30　系统自动绘出图形

二、CASS 实用工具栏绘制地物

CASS 实用工具栏也具有 CASS 的一些较常用的功能，如图 5-31 所示，如查看实体编码、加入实体编码、查询坐标、注记文字等。当鼠标指针在这两个工具栏的某个图标上停留一两秒，鼠标的尾部将出现该图标的说明，鼠标移动将消失，此功能称为在线提示。下面详细说明工具栏的功能。

图 5-31　CASS 实用工具栏

（1）图标

功能：同菜单栏“数据处理”→“加入实体编码”。

（2）图标

功能：同菜单栏“数据处理”→“加入实体编码”。

（3）图标

功能：同菜单栏“地物编辑”→“重新生成”。

（4）图标

功能：同菜单栏“编辑”→“批量选取目标”。

（5）图标

功能：同菜单栏“地物编辑”→“线型换向”。

（6）图标

功能：同菜单栏“地物编辑”→“坎高查询”。

（7）图标

功能：同菜单栏“计算与应用”→“查询指定点坐标”。

（8）图标

功能：同菜单栏“计算与应用”→“查询距离与方位角”。

（9）图标

功能：同右侧屏幕菜单“文字注记”。

（10）图标

功能：根据提示“画多点房屋”。

（11）图标

功能：根据提示“画四点房屋”。

（12）图标

功能：根据提示“画依比例围墙”。

（13）图标

功能：根据提示画各种类型的陡坎。

（14）图标

功能：根据提示画各种斜坡、等分楼梯。

（15）图标

功能：通过键盘进行交互展点。

（16）图标

功能：展绘图根点。

（17）图标

功能：根据提示绘制电力线。

（18）图标

功能：根据提示绘制各种道路。

三、命令行绘制地物

命令行绘制地物即快捷命令方式绘制地物。用户可以通过键盘输入命令进行操作。实践证明，这种方式操作速度较快，初学者应逐渐熟悉并掌握。

在数字测图中常见的 CASS 及 CAD 快捷命令见表 5-1 和表 5-2。

表 5-1　CASS 10.1 常用快捷命令

快捷命令	功　能	快捷命令	功　能
DD	通用绘图命令	W	绘制围墙
V	查看实体属性	K	绘制陡坎
S	加入实体属性	XP	绘制自然斜坡
F	图形复制	G	绘制高程点
RR	符号重新生成	D	绘制电力线
H	线型换向	I	绘制道路
KK	查询坎高	N	批量拟合复合线
X	多功能复合线	O	批量修改复合线高
B	自由连接	WW	批量改变复合线宽
AA	给实体加地物名	Y	复合线上加点
T	编辑文字	J	复合线连接
FF	绘制多点房屋	Q	直角纠正
SS	绘制四点房屋		

表 5-2　CAD 常用快捷命令

快捷命令	功　能	快捷命令	功　能
A	画弧（ARC）	LT	设置线型（LINETYPE）
C	画圆（CIRCLE）	M	移动（MOVE）
CP	复制（COPY）	P	屏幕移动（PAN）
E	删除（ERASE）	Z	屏幕缩放（ZOOM）
L	画直线（LINE）	R	屏幕重画（REDRAW）
PL	画复合线（PLINE）	PE	复合线编辑（PEDIT）
LA	设置图层（LAYER）	PTYPE	点样式（DDPTYPE）

微课：地形图地物绘制

任务三　地形图地貌绘制

在地形图中，等高线是表示地貌起伏的一种重要手段。在CASS软件中完成等高线的绘制，要先将野外测的高程点建立数字地面模型（DTM）、修改数字地面模型，再在模型上完成生成等高线和最后修饰等高线等步骤。本节将详细介绍三角网的建立、等高线的绘制过程及等高线的注记与修饰。

一、建立三角网

（一）展高程点

在做这个步骤之前可以先定显示区及展点，定显示区的操作与任务二"地形图地物绘制—展碎部点与绘制平面图—点号定位"工作流程中的"定显示区"的操作相同。展点时可选择"展高程点"选项，如图5-32所示对话框。选定野外测量数组文件后确定，并根据提示选择操作，完成展高程点。

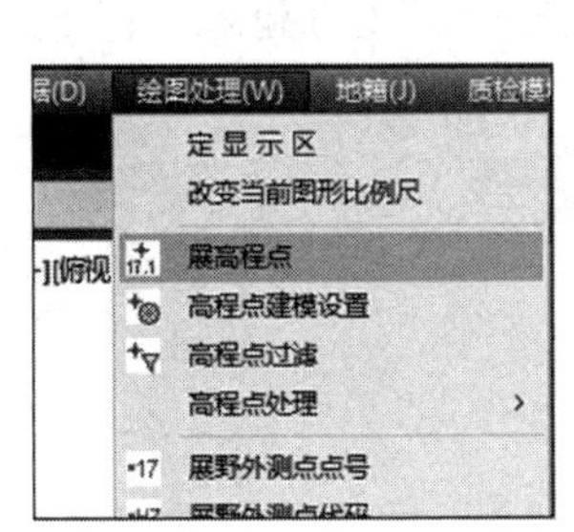

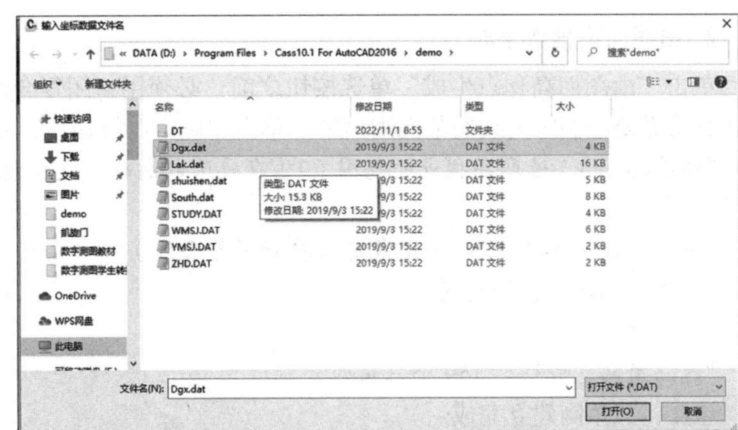

图5-32　"展高程点"对话框

（二）绘制地性线

地性线是地貌形态的骨架线，是描述地貌形态时的控制线，主要包括山脊线、山谷线，起到让生成的三角网不穿越的作用，避免因为高程点采集不均匀而造成地形失真，尤其对山谷和山脊很有用。

（三）建立DTM

选择"等高线"中的"建立三角网"子菜单，如图5-33所示，系统会弹出一个"建立DTM"对话框，如图5-34所示。有两种建立DTM的方式：由数据文件生成和由图面高程点生成。

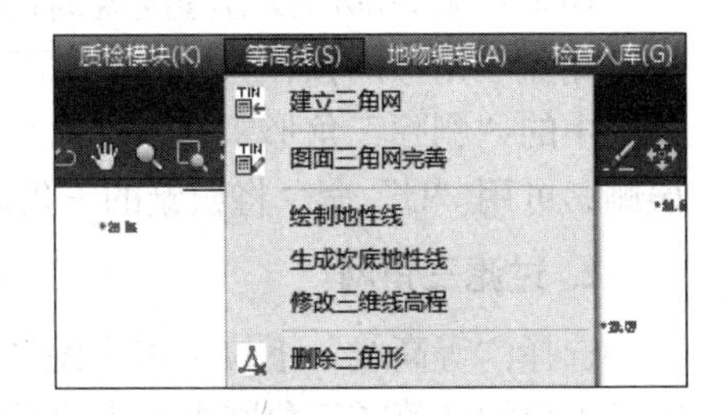

图5-33　建立三角网菜单

1. 由数据文件生成

单击"由数据文件生成"单选按钮，选择测量数据文件后，单击“确定”按钮即可绘制出三角网，如图 5-35 所示。

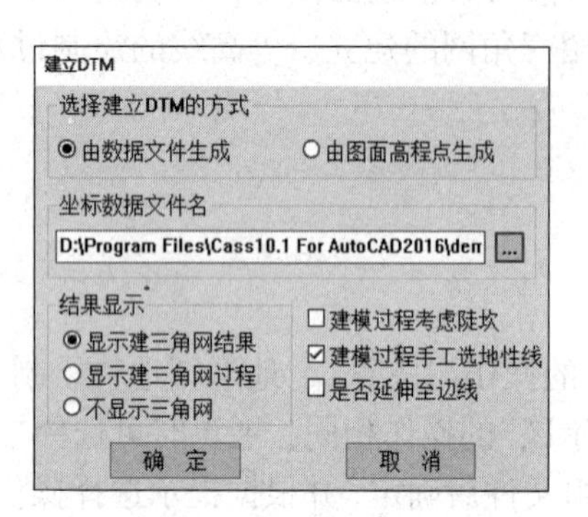

图 5-34 “建立 DTM”对话框

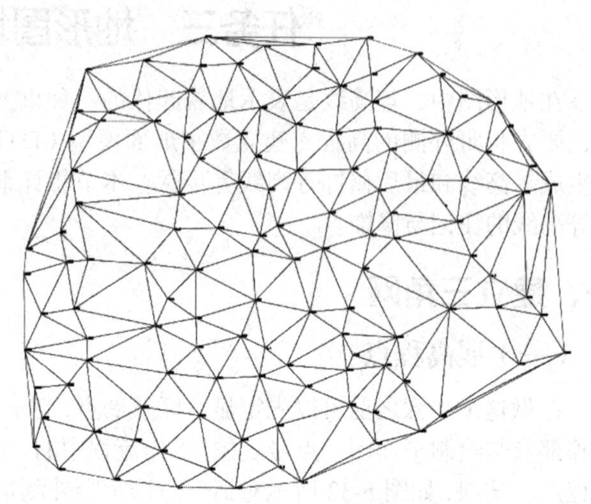

图 5-35 用数据文件生成的三角网

2. 由图面高程点生成

单击“由图面高程点生成”单选按钮之前，必须用封闭复合线（如多段线）在已展高程点区域将需要绘制等高线的范围圈出来。单击“确定”按钮后，系统会提示：

“请选择：（1）选取高程点的范围（2）直接选取高程点或控制点 <1>”（可输入“1”选择范围）

“请选取建模区域边界”（用鼠标拾取封闭复合线）

“正在连三角网，请稍候！”

……

“连三角网完成！共 159 个三角网”

至此，三角网建立完成。

（四）修改 DTM

一般情况下，由于地形条件的限制，在外业采集的碎部点很难一次性生成理想的等高线，如楼顶上控制点，另外因现实地貌的多样性和复杂性，自动构成的数字地面模型会与实际地貌不太一致，因此需要通过修改三角网来修改这些局部不合理的地方。

1. 删除三角网

如果在某局部内没有等高线通过的，则可将其局部内相关的三角形删除。

删除三角形的操作方法是：先将要删除三角形的地方局部放大，再选择“等高线”下拉菜单中的“删除三角形”选项，命令区提示选择对象。这时便可选择要删除的三角形，如果误删，可用“U”命令将误删的三角形恢复，删除三角形后如图 5-36 所示。

2. 过滤三角网

选择“等高线”下拉菜单中的“过滤三角形”选项，根据命令区提示，输入符合三角网中最小角的度数或三角网中最大边长最多大于最小边长几倍数的条件三角形。

如果出现 CASS 10.1 在建立三角网后点无法绘制等高线，可过滤掉部分形状特殊的三角形。

另外，如果生成的等高线不光滑，也可以用此功能将不符合要求的三角形过滤掉再生成等高线。

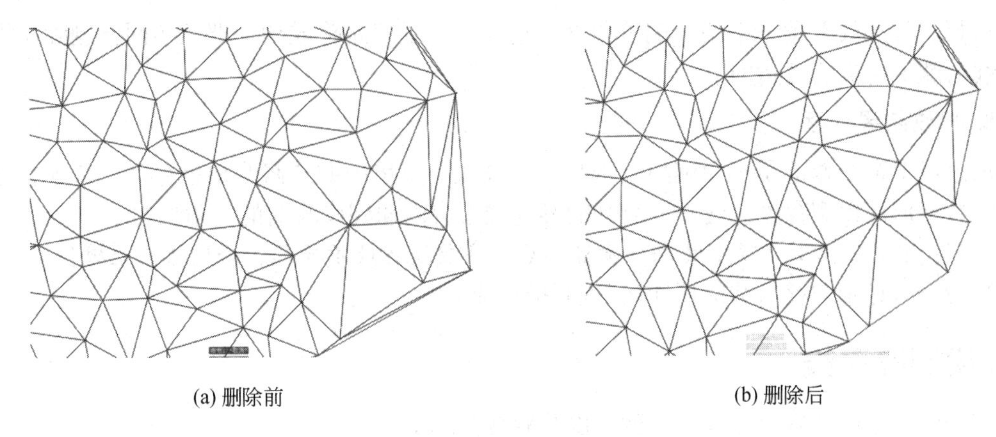

(a) 删除前　　(b) 删除后

图 5-36　删除三角网

3. 增加三角形

选择“等高线”菜单中的“增加三角形”选项，依照屏幕的提示在要增加三角形的地方用鼠标点取，如果点取的地方没有高程点，系统会提示输入高程（可根据实地情况判读高程）。

4. 三角形内插点

选择“等高线”菜单中的“三角形内插点”选项，根据提示输入要插入的点，在三角形中指定点（可输入坐标或用鼠标直接点取），提示“高程（米）=”时，输入此点高程。通过此功能可将此点与相邻的三角形顶点相连构成三角形，同时原三角形会自动被删除。

5. 删三角形顶点

选择“等高线”菜单中的“删三角形顶点”选项，用此功能可将所有由该点生成的三角形删除。

6. 重组三角形

选择“等高线”菜单中的“重组三角形”选项，根据提示指定重组三角形的边，进行选择，如图 5-37 所示。

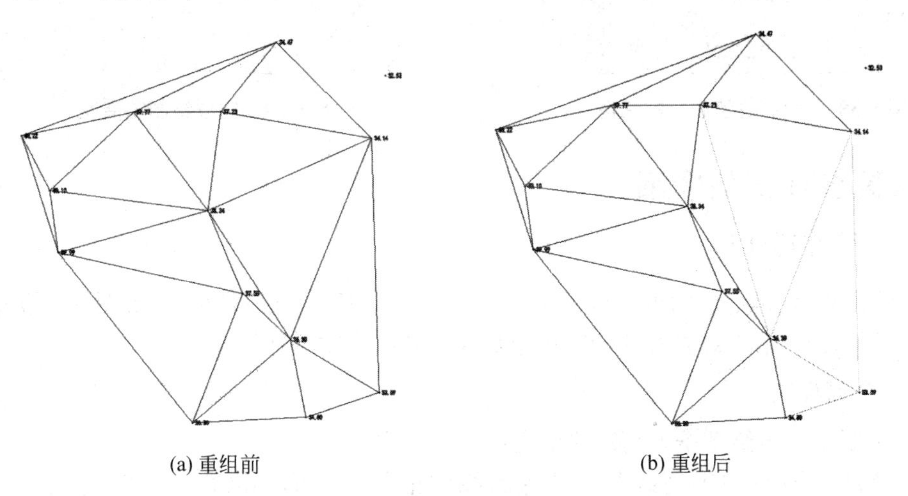

(a) 重组前　　(b) 重组后

图 5-37　重组三角形

7. 删三角网

选择“等高线”菜单中的“删三角网”选项，显示“删除成功”即三角网已删除。生成等高线后就不再需要三角网了。

8. 修改结果存盘

通过以上命令修改了三角网后，选择“等高线”菜单中的“修改结果存盘”选项，把修改后的数字地面模型存盘。这样，绘制的等高线不会内插到修改前的三角形内。

注意：完成了以上7项中的每一步操作后一定要进行此步操作，否则修改无效！

当命令区显示“存盘结束！”时，表明操作成功。

二、绘制等高线

在完成三角网的修改完善后，就可以绘制等高线了。

选择“等高线”→“绘制等高线”选项，弹出如图5-38所示对话框。

对话框中会显示参加生成DTM的高程点的最小高程和最大高程、输入等高距的文本框和等高线的拟合方式。考虑到等高线显示效果和运算速度，选择“三次B样条拟合”较为合适。当然也可选择“不拟合”，过后再用“批量拟合”功能对等高线进行拟合。

当命令区显示“绘制完成！”便完成了绘制等高线的工作，如图5-39所示。

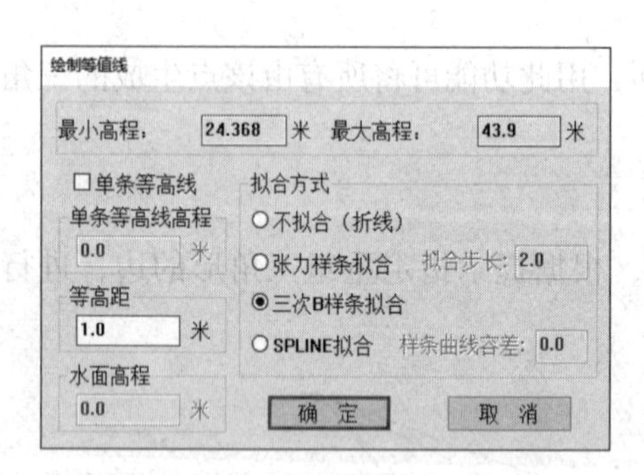

图5-38 “绘制等值线”对话框

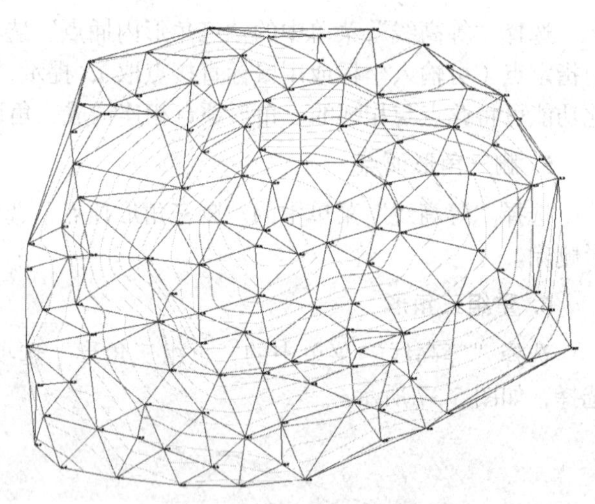

图5-39 完成绘制等高线

三、等高线注记与修饰

（一）等高线注记

等高线的注记是地形图测绘过程中的一个重要步骤，是我们识读地形图的重要依据，包括单个高程注记、沿直线高程注记、单个示坡线和沿直线示坡线。

1. 单个高程注记

（1）功能：指定给某条等高线注记高程。

（2）操作：选择“等高线”→“等高线注记”→“单个高程注记”选项，如图5-40所示，按提示进行操作。

"选择需注记的等高（深）线"：选择某一条等高线。

"依法线方向指定相邻一条等高（深）线"：选择相邻的另一条等高线，以确定注记文字的方向，这样就完成了某一条等高线的高程注记，如图 5-41 所示。

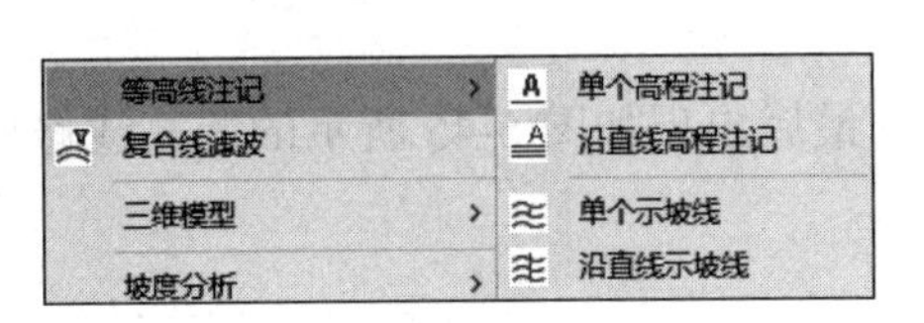

图 5-40　等高线注记菜单

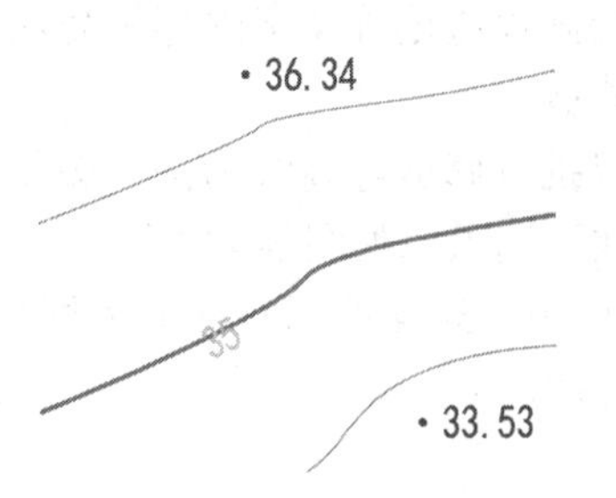

图 5-41　单个等高线注记

2. 沿直线高程注记

（1）功能：沿一条直线的方向给多条等高线注记高程。

执行菜单命令之前，先绘一条直线（多段线），该直线最好与注记高程的等高线保持正交。由于直线绘制的方向决定了注记文字的朝向，所以绘制直线时，应由低向高绘制。

（2）操作：选择"等高线"→"等高线注记"→"沿直线高程注记"选项。按提示进行操作。

"请选择：①只处理计曲线；②处理所有等高线 <1>" 输入"1"：选择只处理计曲线。

"选取辅助直线（该直线应从低往高画）：< 按回车键结束 >"：选择之前绘制的辅助直线可完成注记，如图 5-42 所示。

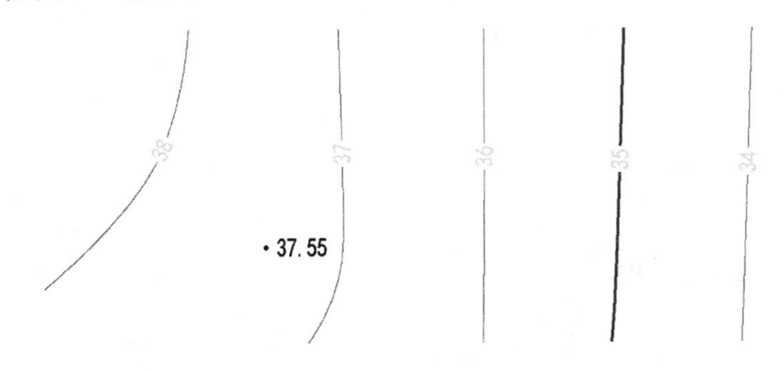

图 5-42　沿直线高程等高线注记

3. 单个示坡线

（1）功能：给指定等高线加注示坡线，特别是在等高线稀疏区。

（2）操作：执行此命令后，根据命令区进行提示。

"选择需注记的等高（深）线"：在等高线上指定位置。

"依法线方向指定相邻一条等高（深）线"：依法线方向指定邻近的一根等高线或等深线，需要注意的是，高程注记通常字头由低向高，而示坡线通常由高向低。

4. 沿直线示坡线

功能：在选定直线与等高线相交处注记示坡线（直线必须是 line 命令画出的）。

（二）等高线修剪

一般按三角网生成的等高线，在与地物相遇时，往往是穿过了房屋、陡坎、围墙等地物，并且与高程注记等文字内容相交在一起。为了使图面清洁、美观、易读，因此需要对等高线进行修剪。

以批量修剪等高线为例。操作过程为：选择“等高线”→“等高线修剪”→“批量修剪等高线”选项，如图 5-43 所示。

按照图 5-44 所示对话框根据需要进行选择，最后出现如图 5-45 所示的等高线修剪前后的对比图。

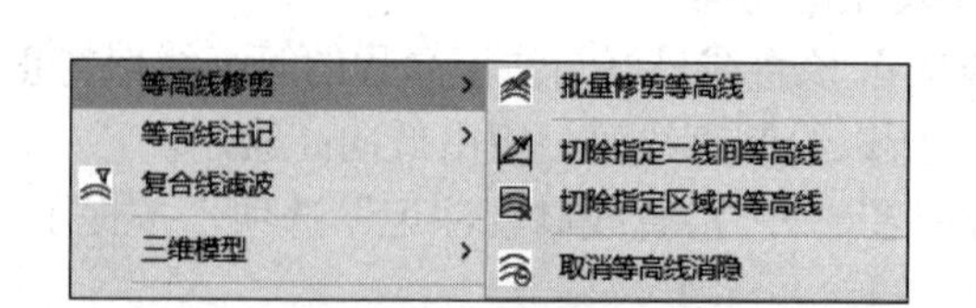

图 5-43　等高线修剪菜单

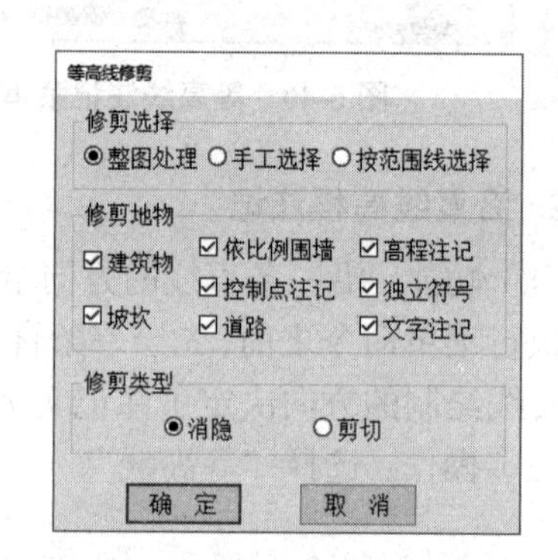

图 5-44　“等高线修剪”对话框

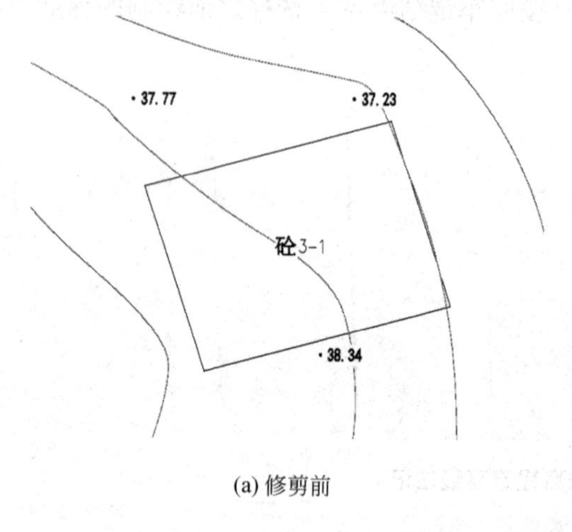

(a) 修剪前

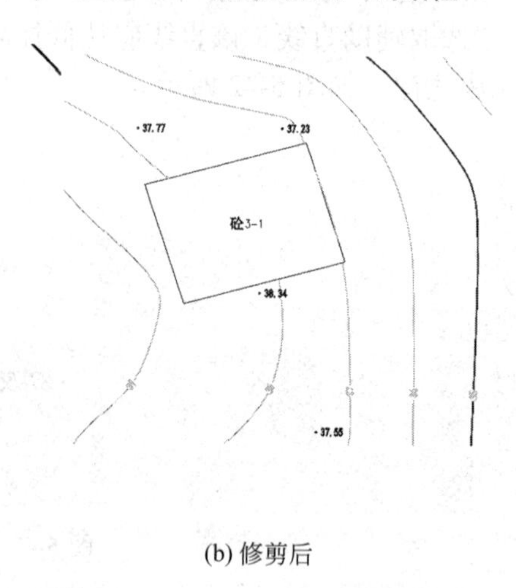

(b) 修剪后

图 5-45　等高线修剪前后对比

（三）复合线滤波

（1）功能：减少复合线上的结点数目，便于部分修改复合线形状，减少存储空间。

（2）操作：执行此菜单后，根据命令区进行提示。

“请选择：①只处理等值线；②处理所有复合线 <1>”：如选 1，则提示如下。

“请输入滤波阈值 <0.5 米 >”：输入结点保留间隔，系统默认为 0.5。

“请选择要进行滤波的等值线”：选择需要处理的等值线。

（四）绘制等高线的注意事项

1. 地性线起骨架作用

地性线是生成等高线的控制线，一定要先将山脊线、山谷线、坡度变化线、地貌变向线、坡顶线和坡底线等地性线绘出，以确保地性线一定是三角形的一条边，并沿此边向两侧扩展三角形，决不允许三角形跨地性线，保证三角形格网数字地面模型与实际地形相符。

2. 陡坎的处理

构网之前要先绘制陡坎，再赋予陡坎各点坎高。建立地面高程模型时系统会自动沿着坎顶的方向插入坎底点，只有这样才能在陡坎处构成合理的三角网，保证等高线不会穿过陡坎符号。

3. 斜坡和陡崖

外业采集数据时，如果获取了上、下两边缘线上特征点的坐标和高程，在建地面高程模型时，系统会自动将斜坡坎和陡崖上、下的点分别构成三角网。

4. 地形断裂线和地物轮廓线的分割作用

微课：地形图地貌绘制

在绘制不规则三角形格网（triangulated irregular network，TIN）前，首先要将地形断裂线和大型地物的轮廓线绘好，特别是要确定好，只有这些断裂线和轮廓线上的点才能参与构成三角形，断裂线和轮廓线内的点都不参与构成三角形，即使生成了三角形，也要删去。

任务四　地形图编辑及整饰

在大比例尺数字测图的过程中，不但要掌握数字测图内业的基本操作，还需要掌握地形图的编辑与整饰，对测量数据中的点、线、面进行合理的编辑修改，使地形图在保障精度的前提下尽可能地符合视觉审美观，因此，地形图的编辑与整饰尤为重要。

一、地物编辑

（一）居民地及附属建筑物的编辑

（1）居民地要素编辑主要包括地理名称、房屋的性质、用途、结构类型、层数和房檐改正。内业编辑时根据相应信息对房屋逐一归层，并相应结构类型和层数注记在房屋主体内。

（2）房屋一般不综合，应逐个表示，不同层数，不同结构性质、主要房屋和附加房屋都应分割表示。城镇内的老居民区，房屋毗连、庭院套递，应根据房屋形式不同、屋脊高低不一、屋脊前后不齐等因素进行分割表示，所有分割线均用实线绘制。同时要了解各地域文化及民族风俗，以便真实反映出当地居民地的建筑风格。

（3）居民地附属设施，如檐廊、门廊、阳台、楼梯、围墙、栅栏等不得有多余悬挂等现象。坎、围墙、栅栏等线性地物都是具有方向性的，符号的短线或黑块都是朝房屋及院内的，为提高操作进度，记住遵循绘图中的“左手法则”：绘制线条的方向决定线状符号的短线或黑块的方向，即线条自左向右或自下向上方向绘制，则符号的短线或黑块就在线段的上边或左边，反之线条自右向左或自上向下方向绘制，则符号的短线或照块就在线段的下边或右边，如图 5-46 所示。

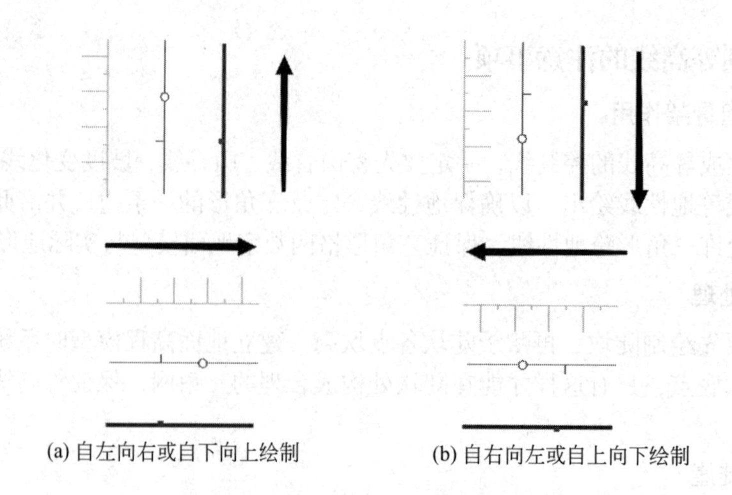

图 5-46　左手法则绘制线状地物方向

（二）交通要素类编辑

（1）等级公路（含专用公路）都要标注技术等级代码、行政等级代码及编号，有名称的加注名称，如“（G305）”“（Z301）”。市区内的道路不注记等级代码，只注记道路名及性质。

（2）等级公路两侧开挖的、比高大于 1 个等高距以上的坡或坎应归类为路堑、路堤；等外公路及以下的道路两侧坡或坎都归类到自然地貌坡或坎，并区分加固和非加固坎。同时，道路两侧有坎的排水渠不能用干沟表示，应用单线或双线渠表示，并加注“排”字。

（3）铁路分为标准铁路和窄轨铁路，并注记线路名称，绘制铁路边线也适合“左手法则”。铁路是连续的，遇到桥梁不断开，其他的路遇铁路时需断开（铁路平交道口）。

（4）同一条、同一等级道路路边线不间断，道路交叉口处保持有高程注记点且道路的拐角处要修饰圆滑。

（三）水系要素的编辑

（1）水系类编辑的原则是：水系贯通性、水系边线连续性、留下合理性、附属地物设施关联性。河流、沟渠标注流向和名称标注，并按一定的合理距离注记河底、渠底高程。

（2）正确理解常年河、时令河（湖）、干涸河（湖）、干沟以及各种河湖岸滩、礁石的含义，且水涯线描绘要圆滑，水位点要错位标记，并注记测量日期，时令河注记有水月份。

（3）池塘和水库水涯线要圆滑封闭表示，且必须至少有一个水位点。用以人工养鱼或繁殖苗、虾苗、海参等的池塘，需加注“鱼”“虾”，其他池塘均注记“塘”字。水库有名称的要注记名称。水坝、水闸等水利设施应标注坝顶高程、坝长及建筑材料。

（四）管线及附属设施的编辑

（1）主次分明。多种电线在一根电杆上时只表示主要的，其主次顺序为高压线、通信线、低压线。

（2）输电线可根据需要不连线。输电线路与线状地物（如街道、公路、渠道等）边线重合或平行靠近时，可不连线，仅在杆位、转折、分岔处和出图廓时在图内表示一段符号以示走向。

（3）管线的标注。光缆要注记“光”字，管道除用相应的符号表示外，还应注记输送物名称注，如水、煤气、液化气、热等。

二、地貌编辑

（一）三角网修改

三角网的建立是等高线绘制的前提，正确的三角网才能绘制出正确的等高线，如花 1d 时间编三角网，1h 就能绘出正确的等高线；如花 1h 编辑三角网，绘制出来的等高线 2d 都修改不完，因此三角网的编辑修改非常重要。

1. 三角网的编辑

合理利用“删除三角形顶点”的功能对三角网进行修改。实际工作中部分地形散点按照等高线绘制原则，不应参与等高线的构建，比如当碎部点位于水田中、院落内或者渠底时，就不能参与 DTM 的构建，利用此功能可对三角网进行修改。

同时，由于三角网和等高线间严密的逻辑关系，可以先用不光滑的折线生成临时等高线，对照等高线进行三角网的编辑，检查错误的高程点、遗漏的三角网、连错的三角网等问题；然后保存修改后的三角网结果，重新绘制等高线，如此反复，直到三角网没有问题为止。

另外，在三角网的修改中，为了避免等高线出现问题，在一些外业未观测到位的地方可根据实际地形判断插入部分高程点，特别是陡坎或冲沟部分，以完善三角网的构建。

2. 三角网的合并

“三角网存取”功能可将已经建立好的三角网 DTM 模型保存到文件中随时调用，将增加的高程点展出后用“图面 DTM 完善”可将新增点自动插入原有的 DTM 模型中，可以节约大量时间。

对于两个以上小组共同作业，可以在各自的图形文件中分别建立 DTM 模型并保存三角网，待各自完成后合并图形，利用“图面 DTM 完善”即可将各个独立的 DTM 模型自动重组在一起，而不用合并数据后再重新建立 DTM 模型。

（三）等高线勾绘

等高线勾绘一般采用“三次 B 样条拟合”和“张力样条拟合”两种拟合方式进行。

对于地物较少、地貌变化不大的简单地形区域宜采用“三次 B 样条拟合”方式，此方式绘制的等高线线条美观，节点少，文件容量小。只是个别地方容易出现有疙瘩或有变形跨线的等高线，需要加点或删点进行牵拉完善。需要特别指出的是，由于此时的等高线是样条拟合的曲线，不能随意打断等高线，否则线条节点较多，文件容量会大大增加。如果实在需要打断而又不使线型变化过大，可利用“删除复合线上多余节点”功能来实现。

具体操作为：选择“检查入库”→“删除复合线上多余节点”选项，按提示选择只处理等值线，滤波阈值取值不大于 0.1 为宜，最后再选择需要修改的等高线，这样绘制出来的等高线形状不改变，也易于编辑。

对于地物较多、地貌变化较大且破碎凌乱的地形，普遍采用“张力样条拟合”方式。注意拟合步长取值不大于 1 为宜，这样绘制出来的等高线线型饱满，与实际地形相比不易失真。编辑时各种打断均不影响线型的变化。修改这样的等高线尽量使用复合线替换功能，即“地物编辑”→“复合线处理”→“局部替换已有线”（或“局部替换新画线”）。对等高线编辑修改完成后，应对该等高线先按 0.1~0.2 进行等值线滤波，再进行二次拟合，这样处理后的等高线既美观又不会因为被打断而增加图形数据的负荷。

（三）等高线的编辑和修改

（1）要使等高线光滑而文件容量小且可任意编辑，可使用“删除复合线多余点（阈值为0.02）”功能，但这一步是在编辑修改等高线之后再进行，完成这一步后才能修剪通过房屋、双线道路等地物的等高线。

（2）等高线的拟合要用“S”选项进行拟合，而地物的拟合用“F”选项拟合（区别：S拟合后夹点不增加，支持任意拉伸，但在转弯处有不通过实测点位危险的可能；F 拟合夹点会大大增加，不支持任意拉伸，但线必通过实测点位）。

（3）闭合的等高线中间必然有高程点，否则闭合圈不可能凭空生成。

（4）在分批分次绘制等高线时，利用到的关键功能是“图层到图层”（“地物编辑”→“图形属性转换”→“图层到图层”），将绘制好的等高线变成某一个图层（如 DGX 层到 000 层），然后将这个图层锁上保护起来。在之后的等高线绘制中，由于要频繁与三角网切换，常删除等高线，所以按照“编辑”→“删除”→“实体所在的图层（按照图层删）”进行操作，而不是按照“等高线”→“删除全部等高线”进行操作，待所有批次等高线编辑修改后，再统一归类到 DGX 图层。

（5）等高线与坎的关系：等高线不能垂直于坎，即在相交的地方无论坎上还是坎下都应该有一定的角度，表示出地形的走向；也不能直接连接在坎脚线上，保持 0.3mm 的距离。

（6）等高线在沟底较为平缓或较为狭窄的水沟或冲沟的表示是不一样的。在较为平缓的沟底时，等高线应为平滑、圆润，沟底较狭窄的等高线转角较急，这样才能体现地形特征。

三、地形图整饰

地形图整饰的主要内容包括地形图分幅和编号，分幅方式包括正方形分幅和矩形分幅，图幅的编号一般采用图幅西南角坐标（以千米数表示）和数字顺序编号。

（一）批量分幅

1. 建立格网

操作：选择“绘图处理”→“批量分幅”→“建立格网”选项，如图 5-47 所示，按系统提示进行操作。

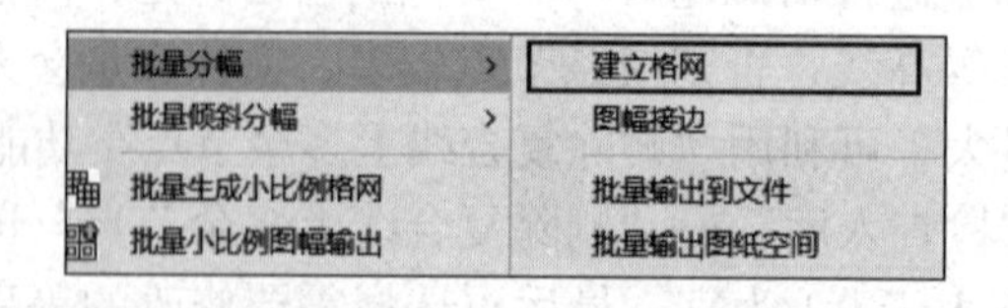

图 5-47　建立格网对话框

“请选择图幅尺寸：（1）50×50（2）50×40（3）自定义尺寸 <1>”：输入“1”表示选择 50cm × 50cm 正方形分幅。

“输入测区一角”：在绘图区域中单击一点选择矩形框的一角。

“输入测区另一角”：在绘图区域中单击一点选择矩形框的对角。系统会将所选择的测区范围分成多个图幅，并在每个图幅中显示图幅编号，如图 5-48 所示。

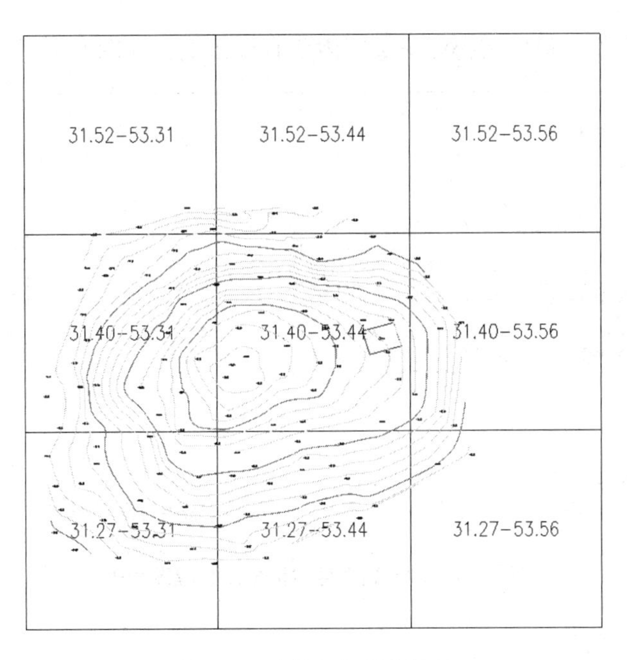

图 5-48 方格网及图幅编号

2. 图幅接边

执行如图 5-49 所示操作后，系统自动处理分幅线处的封闭地物并填充，如图 5-50 所示。

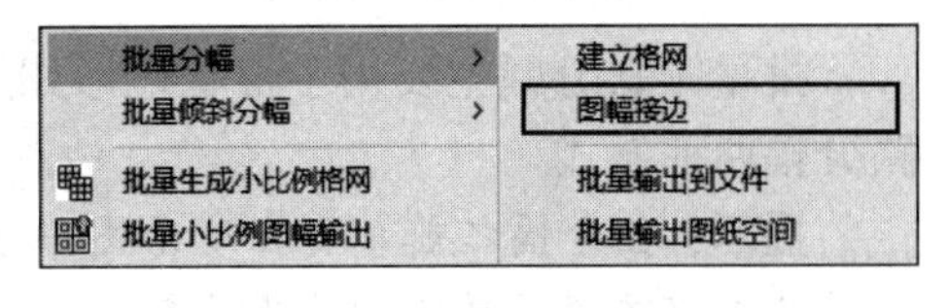

图 5-49 图幅接边对话框

注意：在图幅接边前，还要检查分幅线两侧的地物注记，需要做适当的调整。例如，图 5-50 中的砼房，分幅前的砼房，分幅线经过房中央把房屋分为两份，分幅后房屋就分别分布在两张图内，而房屋标注只会在一张图内出现，这会影响地形图的使用，所以分幅前应该照图 5-50（b）中一样标注。同样，其他与图幅接边的符号或标注（如境界线及名称）也应该作相应的调整，如图 5-50 所示。

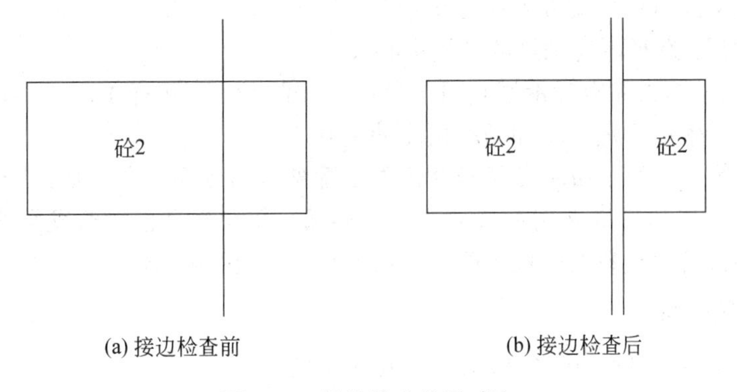

(a) 接边检查前　　(b) 接边检查后

图 5-50 接边检查前后对比

3. 批量输出到文件

执行菜单操作后，弹出的对话框提示输出的图幅需要保存的文件夹名称。输出的文件是以 .dwg 格式保存的。

按命令区提示操作，最后获得测量范围内所有分幅图，如图 5-51 所示。

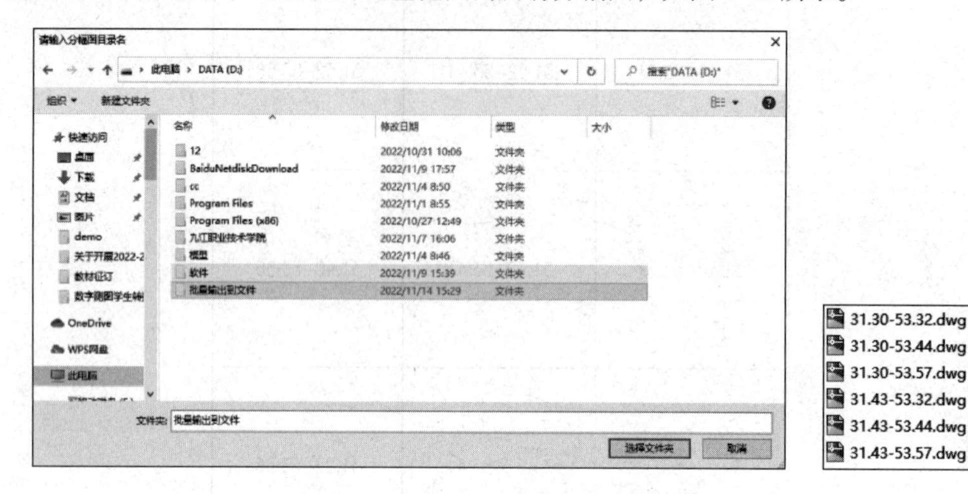

图 5-51　输出到文件对话框及分幅图列表

4. 批量输出图纸空间

就是将图幅输出到设置的页面布局上，便于查看页面设置的合理布局。

（二）批量倾斜分幅

批量倾斜分幅主要用于带状地形如道路、河流等地形图分幅，包括普通分幅和 700m 公路分幅两种方式。

提示：在分幅之前都要在地形图中绘一条复合线作为倾斜分幅的中心线。该复合线一般以道路或河流设计的中心线来代替。

1. 普通分幅

将图形按照一定要求分成任意大小和角度的图幅。执行菜单操作后，出现倾斜图幅的设置对话框，如图 5-52 所示，对图幅横向宽度、纵向宽度等进行设置，以及输入分幅后的图形文件将保存的文件目录，文件名就是图号。

“选择中心线”：选择事先画好的分幅中心线。

“选择中心线是否去除坐标带号 [（1）是（2）否]<2>”：选择 1。

系统自动批量生成指定大小和倾斜角度的图幅。

注意：绘制复合线的方向决定倾斜分幅图图廓整饰的方向。复合线自西向东或自南向北方向绘制，则分幅图的图名在图廓线的北面或西面；复合线自东向西或自北向南方向绘制，则分幅图的图名在图廓线的南面或东面，如图 5-53 和图 5-54 所示。

2. 700m 公路分幅

将图形沿公路以 700m 为一个长度单位进行分幅。

操作与普通分幅类似，增加了中心线的分割间距和起点的里程桩号。

3. 标准图幅（50cm × 50cm）

（1）功能：给已分幅图形加 50cm × 50cm 的图框。

（2）操作：执行此菜单后，会弹出“图幅整饰”对话框，如图 5-55 所示，按对话框输入图纸信息,其中“左下角坐标”栏用鼠标捕捉图幅内图廓线左下角交点坐标后单击“确定”按钮。并确定是否删除图框外实体。

要说明的是，单位名称和坐标系统、高程系统可以在加图框前定制。详见任务一中的“图廓属性设置”。

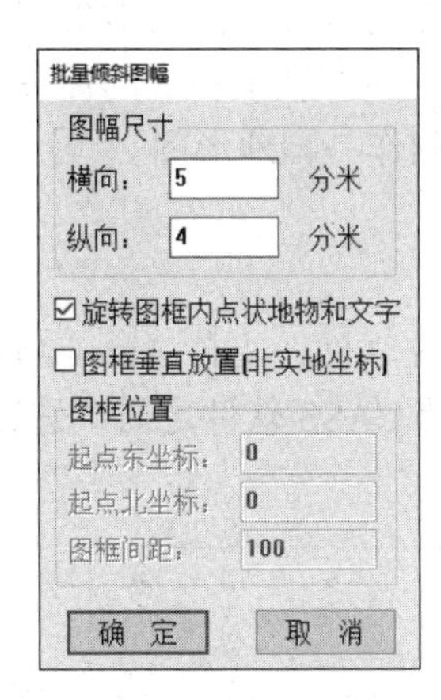

图 5-52　倾斜分幅设置对话框

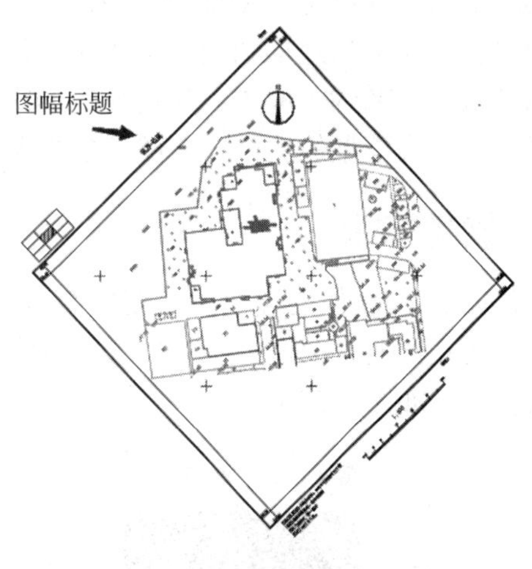

图 5-53　复合线自南向北绘制分幅图例

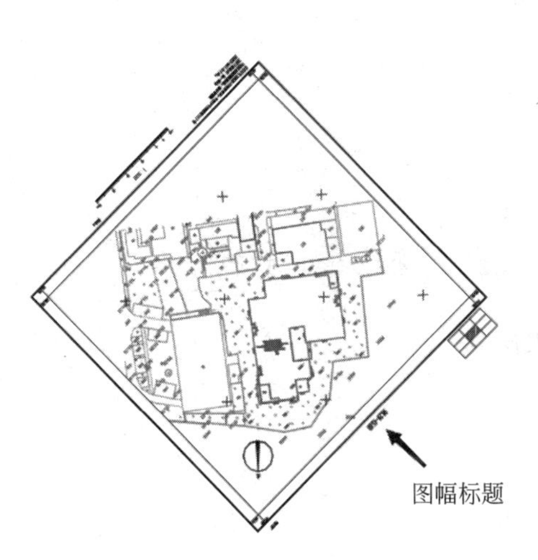

图 5-54　复合线自北向南绘制分幅图例

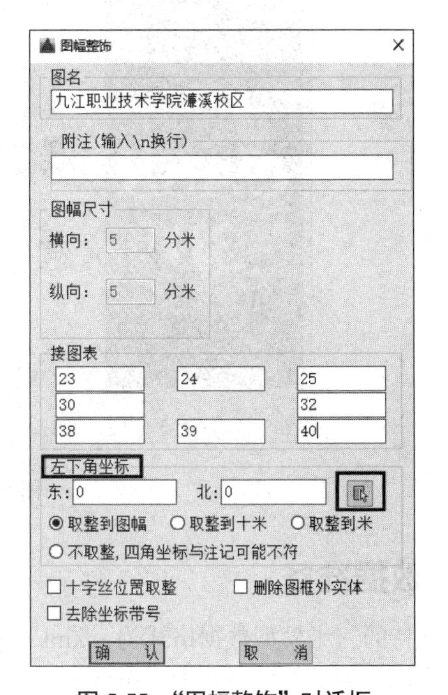

图 5-55　“图幅整饰”对话框

微课：地形图编辑及整饰

任务五　CASS 3D 三维测图

随着无人机技术的发展，倾斜摄影实景三维建模越来越多地应用于地形图测绘中，CASS 3D 软件主要是针对倾斜摄影实景三维模型进行地形图测绘的主流软件。利用三维模型快速进行大比例尺地形图测绘，相对于传统数字测图，改变了作业方式，节省了时间，提高了测图效率，节约了成本，是目前地形图测绘的主要方式之一。在项目三的任务三中已经讲解了实景三维模型的生产，本任务主要根据实景三维模型制作一幅地形图。

一、软件安装

CASS 3D 软件安装之前需要安装 AutoCAD 以及 CASS 软件，支持 AutoCAD 2005 以上版本，支持所有 CASS 版本。安装完成所需 AutoCAD 以及 CASS 软件之后，进行 CASS 3D 软件安装，如图 5-56 所示。

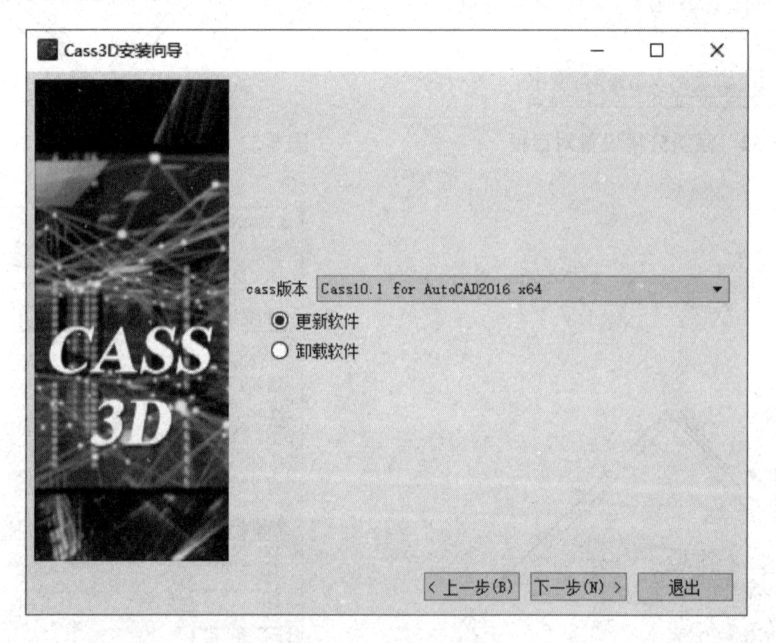

图 5-56　安装向导

二、数据准备

支持的三维模型数据格式为：.xml/.osgb/.s3c/.obj。

生产的矢量数据格式为：.dwg。

支持的 DOM 影像数据格式为：.tif/.img/.jpg。

三、操作指导

（一）启动软件

启动软件界面如图 5-57 所示。

图 5-57 软件界面

（二）三维模型数据加载

加载三维模型数据之后即可在立体模型上进行数据采集。具体操作如下。

（1）在 CASS 3D 工具栏中单击如图 5-58 所示的 CASS 3D 图标。

图 5-58 CASS 3D 图标

（2）根据弹出打开窗口，选择实景三维模型数据 metadata.xml 文件，如图 5-59 所示。

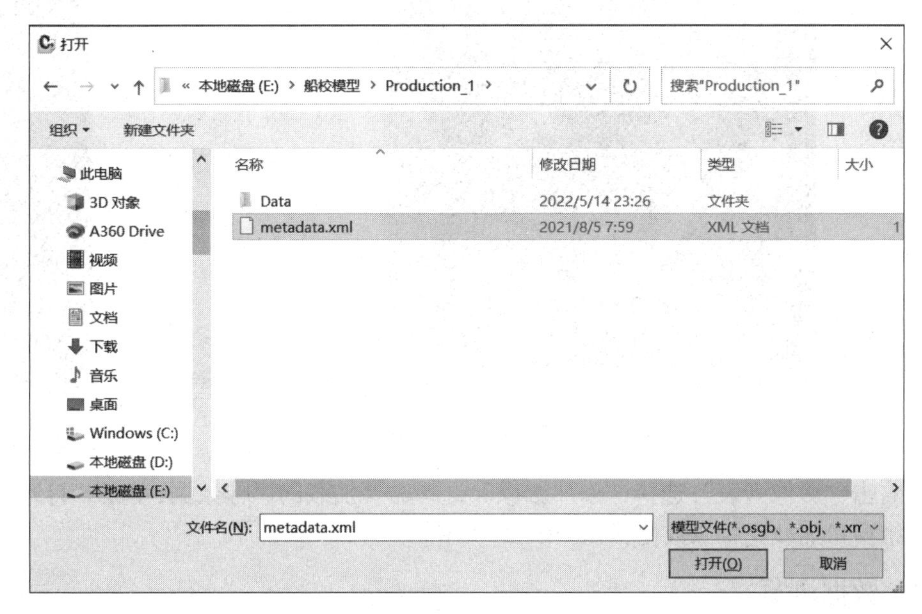

图 5-59 选择文件

（3）单击“打开”按钮，即可打开三维模型数据，如图 5-60 所示。

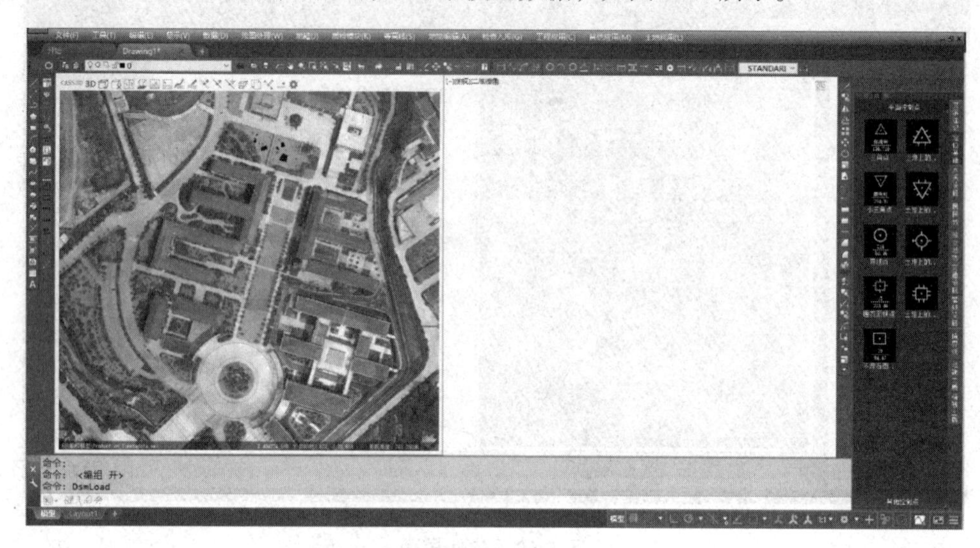

图 5-60　打开三维模型数据

（三）影像数据加载

在软件上进行三维数据立体采集，如有需要，在二维窗口加载影像数据作为作业参考，可按照如下步骤进行影像数据的加载。

（1）在 3D 菜单栏，选择“插入影像”功能，打开影像列表目录树，如图 5-61 所示。

图 5-61　插入影像

（2）右击“影像列表”，选择“添加影像”，选择需要加载的影像数据，单击“打开”按钮，即可在二维窗口加载完影像数据，如图 5-62 所示。

（四）数据浏览

数据浏览方式以鼠标操作为主，键盘操作为辅，二、三维窗口操作基本一致，具体操作

图 5-62　添加影像

可参考表 5-3。

表 5-3　数据浏览操作表

浏览操作	三 维 窗 口	二 维 窗 口
放大	滚轮向前推动	相同
缩小	滚轮向后推动	相同
平移	按住滚轮，同时移动光标	相同
旋转	按住左键，同时移动光标	按住 Alt 键，滚轮向前推动为逆时针旋转，向后推动为顺时针旋转
正北	按住 Ctrl 键，再按 Tab 键	无
转 90°	按 Tab 键	无
全屏正射	双击滚轮	相同

四、实景地物绘制

（一）点绘制

绘制单点地物，如控制点、路灯、检修井等。

在右侧地物绘制面板中找到要绘制的地物，双击需要绘制的点状地物，然后在三维窗口中，在要画的地方单击，即可完成点状地物的绘制，重复同一类地物绘制可按空格键重复上次命令的操作。

以绘制路灯为例，操作流程如下。

在右侧地物绘制面板中选择路灯，在三维窗口根据命令窗口提示，选择路灯底部位置，即可在光标位置插入该编码的点状地物，如图 5-63 所示。

（二）线绘制

线绘制主要是绘制线状地物，如道路、电力线等地物。

在右侧地物绘制面板中选择需要绘制的地物，双击要绘制的线状地物，在三维窗口中，在要画线的地方依次单击，进行线状地物绘制，最后按空格键确定，即可完成。分别以单线

图 5-63　点绘制

地物绘制为例，进行操作描述。

以绘制地面上的输电线为例，操作流程如下。

在右侧地物绘制面板中选择需要绘制的地物，如地面上的输电线，根据命令窗口提示，在三维窗口中找到电杆底部位置，依次进行绘制，电杆位置绘制完成后，选择按回车键，根据命令窗口提示，选择端点符号绘制方式，这里可选择“绘制电杆和箭头”，在命令窗口输入 1，按回车键，即可完成地面上的输电线，如图 5-64 所示。

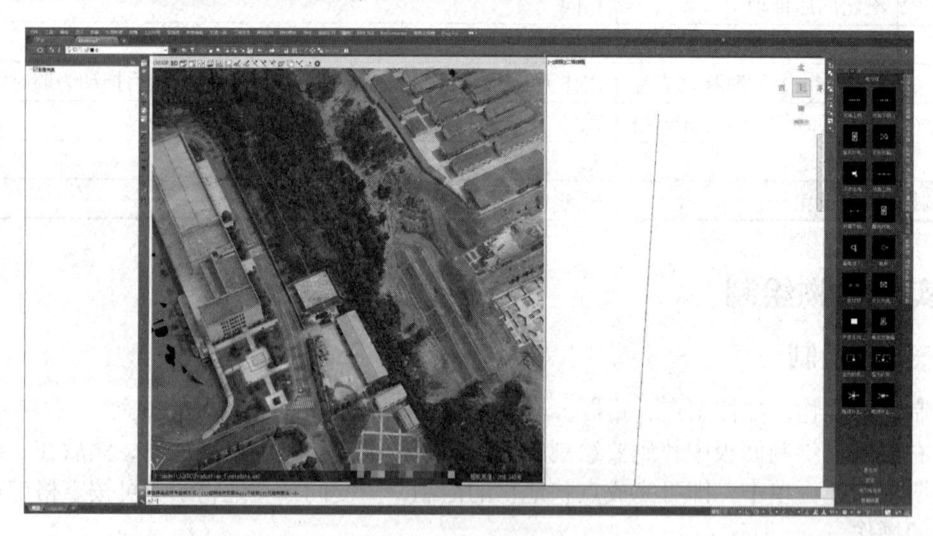

图 5-64　单线地物绘制

（三）居民地绘制

针对不同质量的房屋模型，可采用不同的绘制方式。

1. 普通绘制

屋顶范围线的各个角点位置清晰可见，则可使用普通绘制方式采集。操作流程如下。

在右侧地物绘制面板选择需要绘制的房屋类型，选择“四点一般房屋”，输入房屋结构，输入房屋层数，如图 5-65 所示。

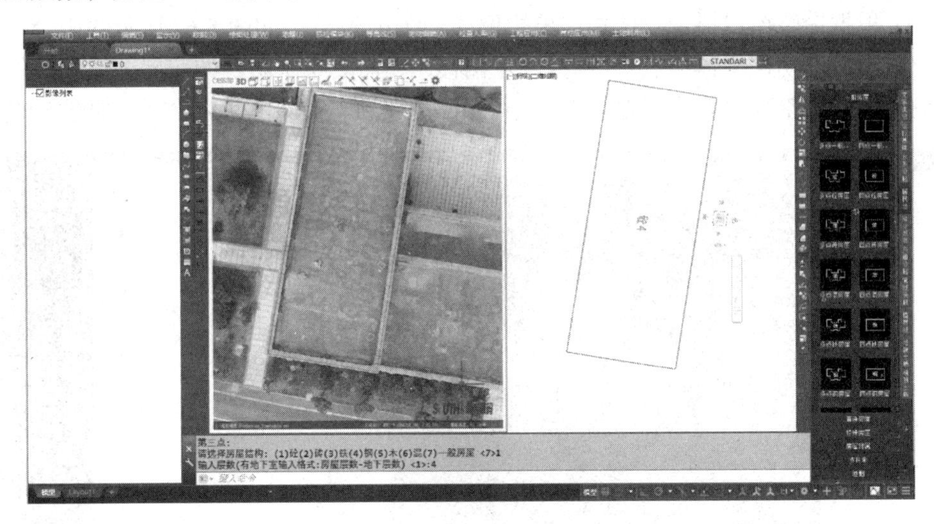

图 5-65　普通绘制方式采集

2. 直角绘房

一般多用于墙面较为平整的房屋，可通过采集第一个墙面上任意两点进行初定向，再依次采集其他各个墙面上任意一点，便可绘制出直角房屋（即房屋内角都是 90°）。

在右侧地物绘制面板上选择需要绘制的房屋类型，在房屋墙面上选择一点，根据命令窗口提示，选择绘制方式，此处可选择直角绘制，在命令窗口输入 W，在同一墙面选择另外一点进行定向（两点尽量选择距离两边墙角位置），根据提示，依次在其他墙面选择一点（按 Tab 键可将模型旋转 90°），最后一个墙面选点之后，输入 C 进行闭合，输入房屋层数，如图 5-66 所示。

图 5-66　直角绘房

3. 偏移绘制

偏移构面主要是选择已绘制图形单边或边界两点内线段，将其作为基底内外推动快捷构面，多用于阳台、飘窗等地物绘制。

在3D功能菜单处，选择“偏移复制功能”，输入绘制实体的编码，以绘制阳台为例，输入140001；根据命令窗口提示，选择“单边偏移/两边偏移”，如图5-67所示的阳台（阳台的起点和终点点并非房屋主体端点），选择两点偏移，在需要绘制阳台的房屋主体相应位置进行阳台绘制，根据绘图实际情况，选择是否进行换向，按回车键即可完成绘制，如图5-67所示。

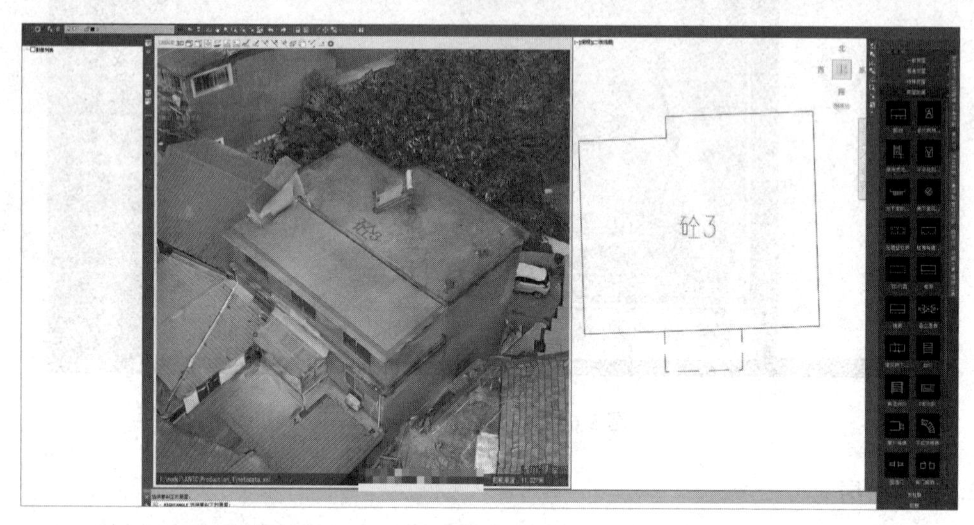

图 5-67　偏移绘制

（四）三维数据编辑

1. 更改矢量高度

修改所绘实体的标高（即高程），共提供三种修改高程的方式：输入标高、单击图面点、贴合模型表面。

（1）输入标高：将选中的实体高程值修改为输入的标高值。

（2）单击图面点：在三维窗口中的模型上单击一点，将这点的高程值赋给选中实体的高程。

（3）贴合模型表面：将选中实体自动贴到各节点对应的模型最高点，如图5-68所示。

图 5-68　更改矢量标高

图　5-68（续）

2. 节点编辑

为方便在三维窗口中对矢量数据进行节点编辑操作，提供基于三维窗口的移动节点、增加节点、删除节点等功能，如图 5-69 所示。

图 5-69　节点编辑

3. 修线

在 3D 功能菜单栏中选择“修线”，绘制边线，对图形进行修正，如图 5-70 所示。绘制的修正线必须与原实体相交，可组成闭合区域，否则修线无效。

4. 修角

修复绘制过程中房角点位置处的折线角，使其符合实际房屋范围线的节点。单击需要修角的折线段，程序会自动识别线段两侧边线并将其延长至交点。

图 5-70　修线

在 3D 功能菜单栏中选择“修角”，将鼠标指针移至需要修改的折线段处，单击即可完成修角，如图 5-71 所示。

图 5-71　修角

五、等高线生成

高程点的提取是生成等高线的关键步骤之一，对于裸地表或建筑物和植被不多的模型，可采用自动提取方式采集高程点。自动提取的原理为：根据设定的高程点间距，在模型上指定线上或者范围内，按照指定方向紧贴模型，等距生成高程点。

（一）提取线上高程点

在 3D 功能菜单栏中选择“线上提取高程点”，选择需要提取高程点的线，根据命令窗口提示，选择提取方式，选择完提取方式后，再根据命令窗口提示输入等分数量或者间隔距离，按回车键即可提取高程点，如图 5-72 所示。

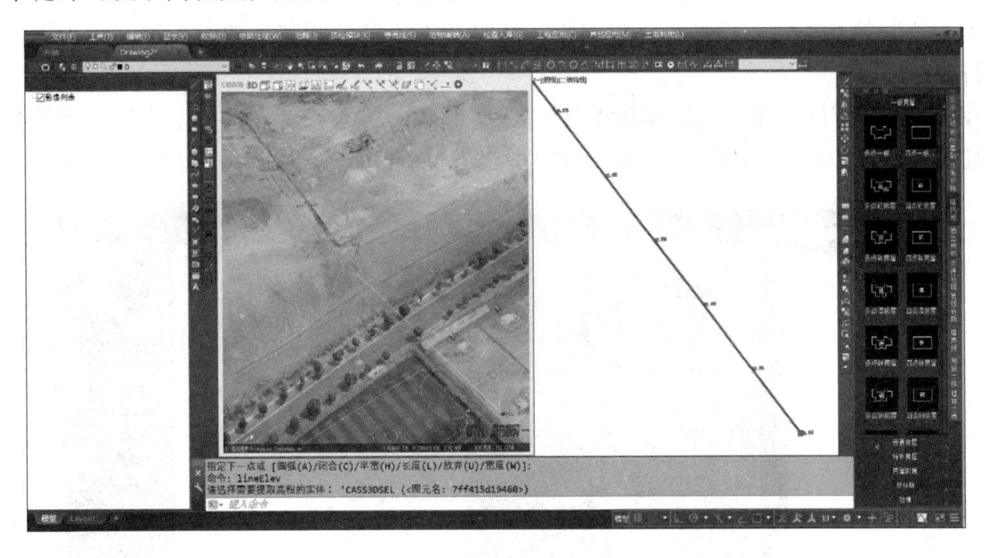

图 5-72　提取线上高程点

（二）提取范围线内高程

在 3D 功能菜单栏中选择“闭合区域提取高程点”，选择范围线或者按 D 键，绘制一条范围线，根据命令窗口提示，指定高程起始点和终止点，输入等分距离，等待进度条执行完毕，高程点生成成功，如图 5-73 所示。

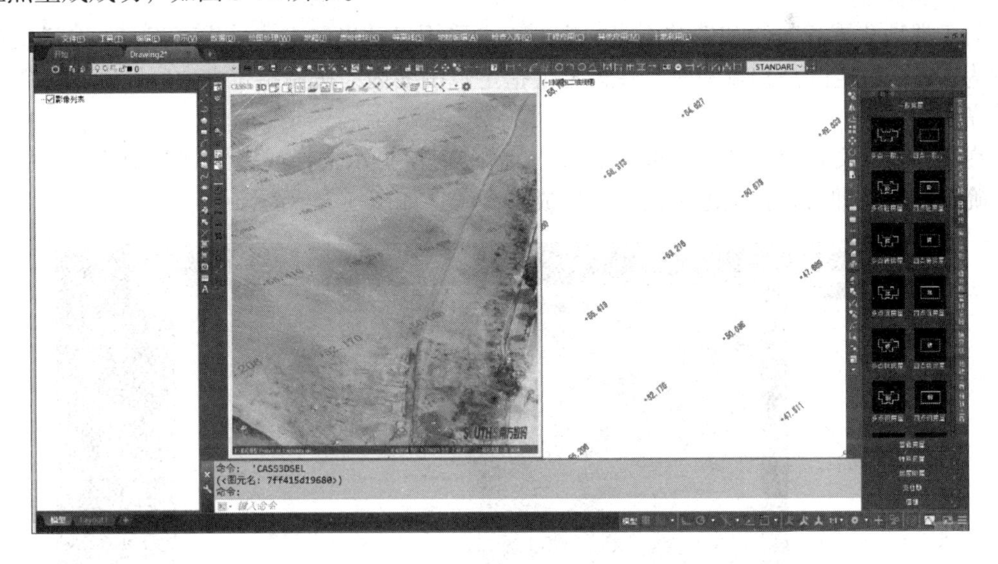

图 5-73　提取范围线内高程点

（三）等高线生成

等高线的绘制也有两种方式，一种是人工绘制，另一种是根据高程点建立三角网后自动生成等高线。

1. 人工绘制

人工绘制等高线时，需进行高程固定，此时，无论是绘制还是编辑，都在同一高程平面上进行。

在 3D 菜单窗口选择“绘制等高线”，输入等高距，输入或者点选固定高程，软件会隐藏低于高程值的三维模型；沿着隐藏的高程模型边进行等高线采集即可，如图 5-74 所示。

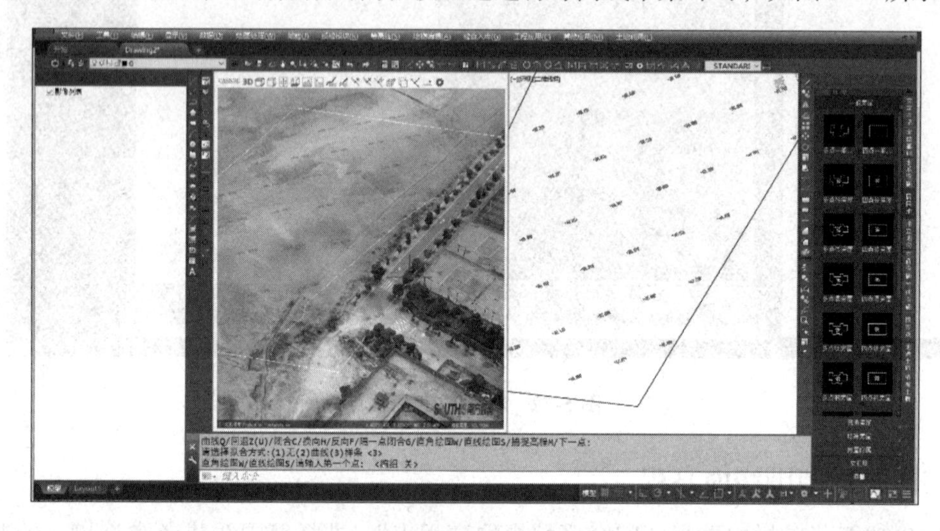

图 5-74　人工绘制等高线

2. 自动生成等高线

对于裸地表或建筑物和植被不多的模型，可采用自动提取方式采集高程点。自动提取的原理为：根据设定的高程点间距，在模型上指定范围线内，按照指定方向紧贴模型，等距生成等高线。

在 3D 功能菜单中选择“提取等高线”，命令窗口提示选择或者绘制范围线，设置等高距，确定后软件即可在指定范围内自动生成等高线，如图 5-75 所示。

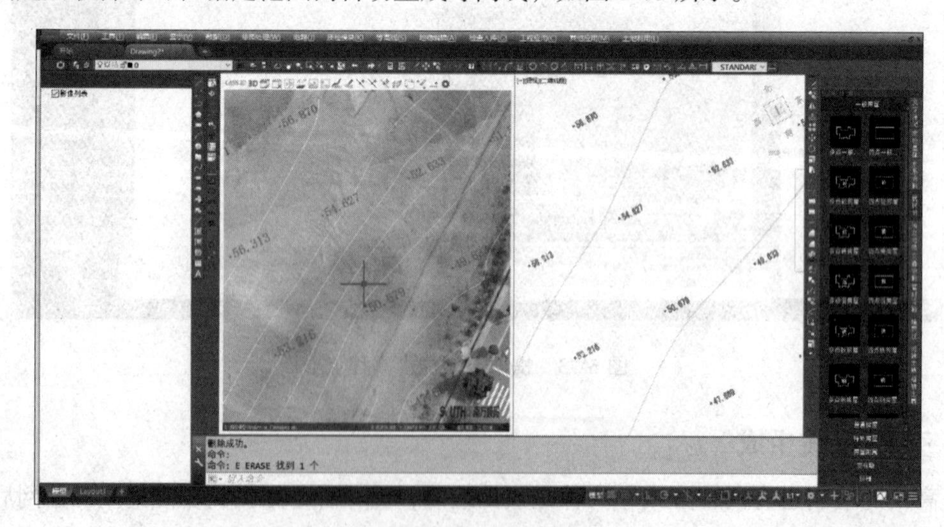

图 5-75　自动生成等高线

六、保存图纸

微课：CASS 3D 三维测图

当地形图绘制完成后，即可保存 .dwg 格式文件，选择“文件”→“图形存盘”，保存 DWG 数据。

课后习题

一、单项选择题

1. CASS 10.1 软件绘图参数设置命令为（　　）。
   A. shortcutset　B. casssetup　C. preferences　D. ptype
2. CASS 10.1 软件点样式修改命令为（　　）。
   A. shortcutset　B. casssetup　C. preferences　D. ptype
3. 地形图地物绘制采用坐标定位前设置捕捉模式为（　　）。
   A. 端点　B. 中点　C. 圆心　D. 节点
4. CASS 10.1 软件绘制四点房屋快捷键为（　　）。
   A. FF　B. SS　C. W　D. K
5. 下列为 CASS 10.1 居民地地物栏的是（　　）。
   A. 宾馆　B. 沙坑　C. 路灯　D. 多点砼房屋
6. CASS 10.1 软件展野外测点点号的数据格式为（　　）。
   A. dat　B. csv　C. txt　D. xls
7. 地形图地貌绘制前首先需要操作的步骤为（　　）。
   A. 建立三角网　B. 绘制等高线　C. 等高线注记　D. 等高线修剪
8. CASS 10.1 软件中阳台的实体编码为（　　）。
   A. 140001　B. 140002　C. 140003　D. 140004

二、多项选择题

1. 下列为 CASS 10.1 独立地物栏的为（　　）。
   A. 有看台露天体育场　B. 沙坑
   C. 路灯　D. 多点砼房屋
2. 下列为 CASS 10.1 交通设施地物栏的为（　　）。
   A. 内部道路　B. 小路　C. 旗杆　D. 电子眼
3. 下列为 CASS 10.1 管线设施地物栏的为（　　）。
   A. 电力检修井　B. 雨水井
   C. 地面上的通信线　D. 电子眼
4. 下列为 CASS 10.1 定位基础地物栏的为（　　）。
   A. 导线点　B. 埋石图根点　C. 水准点　D. 卫星定位点
5. 下列为 CASS 10.1 水系设施地物栏的为（　　）。
   A. 沟渠　B. 岸线　C. 有坎池塘　D. 水井

三、简答题

1. 简述 CASS 10.1 地形图地物绘制流程。
2. 简述 CASS 10.1 地形图地貌绘制流程。
3. 简述 CASS 3D 三维测图地物绘制流程。

项目六

数字地形图质量检查与验收

项目概述

本项目主要讲解大比例尺数字地形图的质量要求、数字地形图质量检查验收，使学生掌握数字测图成果的质量要求元素，掌握数字地形图内外业检查与验收方法。

学习目标

（1）通过本项目的学习，应掌握大比例尺数字地形图的质量要求、数字地形图质量检查验收；

（2）通过介绍数字测图成果检验流程和要求，培养学生树立质量意识和标准意识。

教学内容

项　目	重 难 点	任　　务	主 要 内 容
数字地形图质量检查与验收	重点：数字地形图质量控制 难点：数字地形图质量检查验收	任务一　数字地形图质量控制	大比例尺地形图质量要求；数字测图过程的质量控制；野外测图质量控制；内业成图质量控制
		任务二　数字地形图质量检查验收	内业检查；外业检查；数学精度检查；入库检查；数字地形图验收；检查验收报告

引导案例

某地产公司项目售楼部大厅墙面设计制作安装了一幅使用“中国地图”展示房地产企业实例的广告墙，广告墙上的“中国地图”系当事人从网上免费下载的非标准版本中国地图，漏绘了我国钓鱼岛、赤尾屿等岛屿，未将我国领土表示完整、准确。当事人的行为违反了《中华人民共和国广告法》第九条第一款第（四）项“广告不得有下列情形：（四）损害国家的尊严或者利益，泄露国家秘密”的规定。最后市场监督管理局对当事人给予没收广告费用，罚款十万元的处罚。因此，地形图绘图的质量直接决定了国家、公司、个人利益，质量控制必须严格把握。

任务一　数字地形图质量控制

数字测图是一项精度要求高、作业环节多，涉及知识面广、技术含量高、组织管理复杂的系统工程，而数字测图产品质量是测图工程项目成败的关键，不仅会影响整个工程建设项目的质量，甚至还关系到测绘企业的生存和社会信誉。数字地形图的质量要求是指数字地形图的质量特性及其应达到的要求。要保证数字测图的质量，就必须牢固树立“质量第一、注重实效”的思想观念。要控制数字测图产品的质量，就必须以保证质量为中心、满足需求为目标、防检结合为手段、全员参与为基础、明确各工序、各岗位的职责及相互关系，规定考核办法，以作业过程质量、工作质量确保数字测图的产品质量。

一、大比例尺地形图质量要求

（一）大比例尺数字地形图的数据说明

数据说明是数字地形图的一项重要质量特性，数字地形图的质量要求应包含数据说明部分。数据说明可存储于产品数据文件的文件头中或以单独存储为文本文件，内容编排格式可以自行确定。数字地形图的数据说明应包括表 6-1 所列内容。

表 6-1　数字地形图的数据说明内容

说 明 类 别	说 明 内 容
产品名称、范围说明	产品名称、图名、图号、产品覆盖范围、比例尺
存储说明	数据库名或文件名，存储格式和简要说明
数学基础说明	椭球体、投影、平面坐标系、高程基准、等高距
采用标准说明	地形图图式名称及编号、测绘规范名称及编号、地形图要素分类与代码标准的名称及编号、其他
数据源和数据采集方法说明	摄影测量方法采集、地形图数字化、野外采集
数据分层说明	层名、层号、内容
产品生产说明	生产单位、生产日期
产品检验说明	验收单位、精度与等级、验收日期
产品归属说明	归属单位
备注	

（二）比例尺数字地形图的数据分类与代码

大比例数字地形图的数据分类与代码应遵循科学性、系统性、可扩延性、兼容性与适用性原则，符合《基础地理信息要素分类与代码》（GB/T 13923—2022）的要求。

补充的要素及代码应在数据说明备注中加以说明，如图 6-1 所示。

（三）大比例尺数字地形图的质量元素与权重

地形图成果的质量模型分为质量元素、质量子元素与检查项三个层次，每个层次之间为一对多关系。数字地形图成果的质量元素包括数字精度、数据及结构正确性、地理精度、整体质量附件质量等内容。质量元素由质量子元素组成，每一个质量子元素又由一项或多项检查内容（检查项）组成。具体的质量元素、质量子元素及检查项见表 6-2。

要素名称	要素代码	要素分级	符号	层名	几何类型	符号名	备　注
一般房屋	211007	一般房屋		JMD	polygon	continuous	要构面；需要输入扩展属性；边线不分结构，统一使用此码；属性不同部分独立闭合采集
砼房屋		砼房屋					
砖房屋		砖房屋					
铁房屋		铁房屋					
钢房屋		钢房屋					
木房屋		木房屋					
混房屋		混房屋					
居民地标记点	200001	居民地标记点		LABLE	point		闭合的房屋，编码由软件自动生成
居民地另类标记点	200091	居民地另类标记点		LABLE	point		不闭合的房屋，编码由软件自动生成
一般房屋面心点	211071	一般房屋面心点		JMD	point		扩展编码，记录不需要属性的面的面心点
简单房屋	212017	简单房屋（边线）		JMD	polygon	continuous	要构面；不需要属性
	212023	简单房屋斜线		JMD	line	continuous	
简单房屋面心点	212071	简单房屋面心点		JMD	point		扩展编码，记录不需要属性的面的面心点
建筑中房屋	213007	建筑中房屋	建	JMD	polygon	continuous	要构面；不需要属性
建筑中房屋面心点	213071	建筑中房屋面心点		JMD	point		扩展编码，记录不需要属性的面的面心点
破坏房屋	214007	破坏房屋	破	JMD	polygon	X5	要构面；不需要属性
破坏房屋面心点	214071	破坏房屋面心点		JMD	point		扩展编码，记录不需要属性的面的面心点

图 6-1　数字地形图的数据分类与代码（部分）

表 6-2　大比例尺数字地形图的质量元素与权重

质量元素	权重	质量子元素	权重	检　查　项
数学精度	0.2	数学基础	0.2	（1）坐标系统高程系统的正确性； （2）各类投影计算、使用参数的正确性； （3）图根控制测量精度； （4）控制点间图上距离与坐标反算长度较差
		平面精度	0.4	（1）平面绝对位置中误差； （2）平面相对位置中误差； （3）接边精度
		高程精度	0.4	（1）高程注记点高程中误差； （2）等高线高程中误差； （3）接边精度
数据及结构正确性	0.2			（1）文件命名数据组织正确性； （2）数据格式的正确性； （3）数据完整性与正确性； （4）要素分层及颜色的正确性、完备性； （5）属性代码的正确性； （6）属性接边质量

续表

质量元素	权重	质量子元素	权重	检　查　项
地理精度	0.3			（1）地理要素的完整性与正确性； （2）地理要素的协调性； （3）注记符号的正确性； （4）综合取舍的合理性； （5）地理要素接边质量
整饰质量	0.2			（1）符号、线条质量； （2）标记质量； （3）图面要素协调性； （4）图面、图廓外整饰质量
附件质量	0.1			（1）元数据文件的正确性、完整性； （2）检查报告、技术总结内容的全面性及正确性； （3）成果资料的完整性； （4）各类报告、附图（结合图、网图）、附表、簿册整饰的规整性； （5）资料装帧

（四）大比例尺数字地形图数据的位置精度

1. 平面、高程精度

地物点、高程注记点、等高线相对最近的野外控制点的点位中误差不得大于表 6-3 中规定，特殊困难地区精度可按地形类别放宽 0.5 倍。规定以 2 倍中误差为最大误差，超限视为粗差。

表 6-3　大比例尺数字地形图数据的位置精度

地形类别	1∶500			1∶1 000			1∶2 000		
	地物点/mm	注记点/mm	等高线/m	地物点/mm	注记点/mm	等高线/m	地物点/mm	地物点/mm	等高线/m
平地	0.6	0.4	0.5	0.6	0.5	0.7	0.6	0.5	0.7
丘陵地	0.6	0.4	0.5	0.6	0.5	0.7	0.6	0.5	0.7
山地	0.8	0.5	0.7	0.8	0.7	1.0	0.8	1.2	1.5
高山地	0.8	0.7	1.0	0.8	1.5	2.0	0.8	1.5	2.0

注：地物点精度为图上点位中误差，高程注记点及等高线精度为实地点位中误差。

2. 形状保真度

各要素的图形能正确反映实地地物的特征形态，并无变形扭曲，就是形状保真度。

3. 接边精度

在几何图形方面，相邻图幅接边地物要素在逻辑上保证无缝接边；在属性方面，相邻图幅接边地物要素属性应保持一致；在拓扑关系方面，相邻图幅接边地物要素拓扑关系应保持一致。

（五）数字地形图要素的完备性

数字地形图中各种要素必须正确、完备、不能有遗漏或重复现象。

1. 数据分层的正确性

所有要素均应根据其技术设计书和有关规范的规定进行分层。数据分层应正确，不能有重复或漏层。

2. 注记的完整性、正确性

各种名称注记、说明注记应正确，指示明确，不得有错误或遗漏，注记的属性、规格方向应与图式一致。当与技术设计书要求不一致时，以技术设计书为准，高程注记点密度为图上每 100cm² 内 5~20 个。

（六）数字地形图的图形质量

数字地形图模拟显示时，其线条应光滑、自然、清晰，无抖动、重复等现象。符号表示规格应符合相应比例尺地形图图式规定。注记应尽量避免压盖地物，其字体、文字大小、字数、字向、单位等应符合相应比例地形图图式的规定。符号间应保持规定的间隔，达到清晰、易读。

（七）数字地形图的其他要求

1. 分类

数字地形图比例尺分类的方法与普通地形图相同，这里不再赘述。数字地形图按照数据形式分为矢量数字地形图和栅格数字地形图，代号分别为 DV 和 DR。数字地形图应包含密级要求，密级的划分按照国家有关的保密规定执行。

2. 产品标记

数字地形图的产品标记为规定产品名称 + 分类代号 + 分幅编号 + 使用标准号。例如分幅编号为 J500001001 的矢量数字地形图，其产品标记数字地形图 DV-J500001001-GB/T 18315—2001。

3. 构成

数字地形图由分幅产品和辅助文件构成。分幅产品由元数据、数据体和整饰数据等相关文件组成。辅助文件包括使用说明、支持文件等，但辅助文件不作为数字地形图产品的必备部分。元数据作为一个单独文件，用于记录数据源，数据质量数据结构定位参考系产品归属等方面的信息。数据体用于记录地形图要素的几何位置、属性、拓扑关系等内容。使用说明用于帮助、解释和指导用户使用数字地形图产品，可以包括分层规定、要素编码、属性清单、特殊约定、帮助文件（如各种专用 * .shx 文件等）、版权用户权益等内容。

二、数字测图过程的质量控制

（一）准备阶段的质量控制

数字测图准备工作包括组织机构准备和业务技术准备两方面，其中的业务技术准备主要包括收集资料、野外准备、仪器准备及技术设计等工作。

1. 收集资料、野外准备的质量控制

测图任务确定后，根据评审后的测绘合同（或测绘任务书）中确定的测区范围和相关要求，调查了解测区及附近的已有测绘工作情况，并收集必要的测绘成果资料为本次测图服务。

已有测绘成果关系到后续测图工作的坐标系统和高程系统的选择，其质量直接影响测图控制测量成果的质量，进而影响整个数字测图的质量。因此，收集的已有测绘成果不但要有坐标和高程数据，而且应有说明这些成果的平面坐标系统和高程系统，选用的投影面、投影带及其带号，依据的规范，施测等级，最终的实测精度，测图比例尺及测量单位，施测年代等质量信息。提供成果资料的单位（或个人）要加盖公章（或签字），以说明资料的真实性和准确性。

数字测图野外准备应对测区进行踏勘，在充分研究分析已收集资料的基础上，现场调查了解已有控制点、图根点的实际质量（保存及完好情况、通视情况、分布状况等）。

此外，在野外踏勘过程中，还应考察了解测区的地物特点、地物特征、测绘难易程度、交通运输情况、水系分布情况、植被情况、居民点分布情况及当地的风土人情等方面的信息，以便针对测区的具体情况考虑适当的测绘手段和对策。

2. 对仪器设备的要求

测量工作所使用的各种仪器设备是测图工程的物质基础，仪器设备的状态是否良好直接影响实测数据的质量，所以必须对其及时检查校正、精心使用和保养，使其保持良好状态。

一项测图任务实施前，必须对所用的仪器、设备、工具进行检验和校正，以判断仪器的状况。测绘仪器经过较长时间的使用和搬运，其状况会产生不同程度的变化甚至损坏。因此，事先检验、校正所用的仪器对成果质量十分重要，未经专业部门鉴定的测绘仪器不能用于测绘生产。

在数字测图生产过程中使用的计算机、信息存储介质、输入输出设备及其他需用的物资，应保证满足质量产品的要求，不合格的不准投入使用；所使用的成图软件应具有软件开发证书、鉴定证书和应用报告等有关证明材料，绘制出的数字地形图，其分类、命名、内容、图形符号、各种线条等必须符合现行有关规范的要求。

（二）野外测图质量控制

在工程实施时，应对作业参与人员进行教育培训，培养他们认真、负责、细致的工作态度和奉献精神，树立规范意识；认真学习技术设计书及有关的技术标准、操作规程，工作要做到有章可循、有据可查，其成果可以追本溯源，并对各项工作质量负责。

要制定完整可行的工序管理流程表，严格遵循测绘工作的“三大基本原则”，严格执行技术设计书中的各项任务，加强工序管理的各项基础工作，有效控制影响产品质量的各种因素。

生产作业中的工序成果必须达到规定的质量要求，经作业人员自查、互查，如实填写质量记录，达到合格标准，方可转入下一工序。下一工序有权退回不符合质量要求的上一工序成果，上一工序应及时进行修正、处理。退回及修正的过程，都必须如实填写质量记录。应当在关键工序、重点工序设置必要的检验点，实施工序成果质量的现场检查。现场检验点的设置，可以根据测绘任务的性质、作业人员水平、降低质量成本等因素确定。

对检查发现的不合格品，应及时进行跟踪处理，做好质量记录，采取纠正措施。不合格品经返工修正后，应重新进行质量检查；不能进行返工修正的，应予报废并履行审批手续。

图根平面控制测量的布设层次不宜超过两次附合，图根点（包括高级控制点）密度应附合技术设计书的要求，地形复杂、隐蔽区及城市建筑区，一定要根据需要适当加大密度；图根点高程宜采用图根水准、图根电磁波测距三角高程或 GNSS 测量方法测定。图根控制测量（平面和高程）无论是野外观测还是内业计算，均应按照技术设计书及相关规范中的要求进行，成果的精度一定要符合相应的技术要求。

碎部点数据采集是测图工程的基本工作，也是保证数字测图成果精度的关键工序，所以应尽量采用自动化采集系统直接测量碎部点三维坐标（X，Y，H），这样不仅工作效率高、精度高，更重要的是可以降低出错率。测站设置时，其对中误差、仪器高级觇标高的量记等一定要符合技术设计书中的要求；后视定向后，务必实测另一控制点坐标进行检核，确有困难时至少再实测后视点坐标，并与其已知坐标比较，平面位置误差和高程误差均小于相关限差后，方可进行碎部点坐标测量。一测站碎部测量完成后应重新检查后视点坐标。

采集数据时，碎部点坐标的读记位数、测距的最大长度、高程注记点间距及测绘内容的取舍等均应按照技术设计书和有关规范的要求进行。

野外草图的绘制要清晰明了，各种必要的信息表达明确、唯一，避免外业草图粗制滥造、以偏概全、过度省略、意思表达模棱两可等现象发生，给后续工序造成麻烦。一般地区可以常采用草图法作业，复杂地区可采用简码法作业。草图中还应记录测区号、测量实景、测站点号、后视点号、仪器高、后视觇标高、检查实测数据、观测者、记录者、本测站采集的碎部点起、终点号等辅助信息。

外业采集的数据应及时传输至计算机，做好原始数据的备份，并及时成图，要尽量做到当天所测当天成图，避免因时间间隔过长而造成内业混乱、遗忘现象的出现。

三、内业成图质量控制

数字测图内业成图包括数据处理、图形处理和成果输出等工序。

数据处理是数字测图内业的主要工序之一，主要是对传输至计算机中的原始数据文件进行转换、分类、计算、编辑，最终生成标准格式的绘图数据文件和绘图信息文件。

图形处理对最终成果质量具有至关重要的作用，它利用数字化成图系统在计算机中依据绘图数据文件、绘图信息文件以及其他相关资源，最终生成地形图。绘制的地形图符号不仅要与现行地形图图式中的符号完全一致，而且位置精度也要符合技术设计书的相关要求。

线状符号要进行余部处理，绘制的曲线不但要光滑美观，而且应满足规范的精度要求；面状符号要进行必要的直角纠正；绘制的等高线应能够正确表达实际地貌的高低起伏形态，更重要的是其精度应满足规范的要求。标示地物、地貌、数据属性的代码应具有科学性、可扩充性、通用性、实用性、唯一性和统一性。

微课：数字地形图质量控制

成果输出就是根据编辑好的地形图图形文件在绘图仪上输出纸质地形图。图形绘制时应设置好绘图比例尺、绘图范围、各要素的线粗、绘图原点、旋转角等，绘图时应掌握绘图仪的各项性能，控制绘图质量。

任务二　数字地形图质量检查验收

数字地形图及其有关资料的检查验收工作是测绘生产中一个不可缺少的重要环节，是测绘生产技术管理工作的一项重要内容。对地形图实行二级检查（测绘单位对地形图的质量实行过程检查和最终检查）和一级验收制（验收工作由任务的委托单位组织实施，或由该单位委托具有检验资格的检验机构验收）。

数字地形图的检查验收工作，测绘作业人员要在做出充分检查的基础上，提请专门的检查验收组织进行最后总的检查和质量评定。若合乎质量标准则应予验收。地形图质量检验的依据是相关法律法规、国家标准、行业标准、测绘任务书合同书和委托检验文件等。

一、内业检查

地形图室内检查主要包括：应提交的资料是否齐全；控制点的数量是否符合规定，记录计算是否正确；控制点图廓坐标格网展绘是否合格；图内地物、地貌表示是否合理，符号是否正确；各种注记是否正确完整；图边拼接有无问题等。如果发现疑点或错误可作为野外检查的重点。

二、外业检查

在内业检查的基础上进行外业检查。

（一）野外巡视检查

野外巡视检查是指检查人员携带测图图纸到测区，按预定路线进行实地对照查看。主要查看原图的地物、地貌有无遗漏，勾绘的等高线是否逼真合理，符号、注记是否正确等。这是检查原图的方法，一般应在整个测区范围内进行，特别是应对接边时所遗留的问题和室内图面检查时发现的问题做重点检查。发现问题后应当场解决，否则应设站检查。样本图幅野外巡视范围应大于图幅面积的 3/4。

（二）野外仪器检查

对于室内检查和野外巡视检查过程中发现的重点错误遗漏，应进行更正和补测。对于一些怀疑点，地物地貌复杂地区，图幅的四角或中心地区，也需抽样设站检查。平面高程检测点位置应分布均匀，要素覆盖全面。检测点（边）的数量视地物复杂程度、比例尺等具体情况确定，一般每幅图应在 20~50 个，尽量按 50 个点采集。

平面绝对位置检测，点应选取明显地物点，主要为明显地物的角隅点，独立地物点线状地物交点、拐角点，面状地物拐角点等。同名高程注记点采集位置应尽量准确，当遇到难以准确判设的高程注记点时，应舍去该点，高程检测点应尽量选取明显地物点和地貌特征点，且尽量分布均匀，尽量避免选取高程急剧变化处；高程注记点应着重选取山顶、鞍部、山脊、山脚、谷底、谷口，沟底、凹地、台地、河川湖池岸旁、水涯线上等重要地形特征点。

对居民地密集且道路狭窄，散点法不易实施的区域，应采用平面相对位置精度的检验法。其基本思想为：以钢（皮）尺或手持测距仪实地量取地物间的距离，与地形图上的距离比较，再进行误差统计得出平面位置相对中误差。检查时应对同一地物点进行多余边长的间距检查，以保证检验的可靠性，统计时同一地物点相关检测边不能超过两条。检测边位置应分布均匀，要素覆盖全面，应选取明显地物点，主要为房屋边长、建筑物角点间距离、建筑物与独立地物间距离、独立地物间距离等。

检查结束后，对于检查中发现的错误和缺点，应立即在实地对照改正。如错误较多，上级业务单位可暂不验收，并将上交原图和资料退回作业组进行修测或重测，然后再作检查和验收。

各种测绘资料和地形图，经全面检查符合要求，即可予以验收，并根据质量评定标准，实事求是地做出质量等级的评估。

三、数学精度检查

（一）平面精度检查

1. 同名地物点坐标检查

实地检测同名地物点的坐标，与数字地形图的同名点坐标进行比较，计算较差 ΔP，统计地形图平面绝对位置中误差 M。

$$\Delta P=\sqrt{\left(X_{测}-X_{图}\right)^2+\left(Y_{测}-Y_{图}\right)^2} \tag{6-1}$$

式中：ΔP 为较差；$X_{测}$、$Y_{测}$为检测的 X、Y 值；$X_{图}$、$Y_{图}$为成果的 X、Y 值。

当进行高精度检测时，中误差按式（6-2）计算：

$$M=\pm\sqrt{\frac{\sum_{i=1}^{n}\Delta P_i^2}{n}} \tag{6-2}$$

式中：M 为成果中误差；n 为检测点总数；ΔP_i 为较差。

当进行同精度检测时，中误差按式（6-3）计算：

$$M=\pm\sqrt{\frac{\sum_{i=1}^{n}\Delta P_i^2}{2n}} \tag{6-3}$$

式中：M 为成果中误差；n 为检测点总数；ΔP_i 为较差。

平面点精度检测表见表 6-4。

表 6-4　平面点精度校测表

图幅号				部门			中队		
序号	部位	图解坐标		实测坐标		较差			备注
		X/m	Y/m	X/m	Y/m	ΔX/m	ΔY/m	ΔP/m	
1									
2									
3									
4									
5									
6									
7									
⋮									
点位中误差：									

2. 同名边长检查

检测边长应分布均匀并具有代表性，用检测合格的钢尺或测距仪量测实地地物点间距，量测边长一般一幅图不少于 25 条。与数字地形图上的距离进行比较，计算较差 ΔS。统计地形图相邻地物点间距中误差 M。

$$\Delta S = S_{测} - S_{图} \quad (6\text{-}4)$$

式中：$S_{测}$为野外量测的相邻地物点间距；$S_{图}$为图内量取的相邻地物点间距。

当进行高精度检测时，中误差按式（6-5）计算：

$$M = \pm\sqrt{\frac{\sum_{i=1}^{n}\Delta S_i^2}{n}} \quad (6\text{-}5)$$

式中：M为成果中误差；n为检测点总数；ΔS_i为较差。

当进行同精度检测时，中误差按式（6-6）计算：

$$M = \pm\sqrt{\frac{\sum_{i=1}^{n}\Delta S_i^2}{2n}} \quad (6\text{-}6)$$

式中：M为成果中误差；n为检测点总数；ΔS_i为较差。

注意：同一地物点相关检测边不能超过2条。

地物点间距精度检测表见表6-5。

表6-5　地物点间距精度检测表

图幅号		部门			中队	
序号	间距点号	图上边长值 /m	实测边长值 /m	较差 Δ*S*/m	备　　注	
1						
2						
3						
4						
5						
6						
7						
⋮						
点位中误差：						

（二）高程精度检验

高程精度检验时，检验点应尽量选取明显地物点和地貌特征点（尽量避免选取高程急剧变化处）。每幅图应选取25个点，且位置准确分布均匀。用水准测量或全站仪三角高程测量的方法施测明显的硬化地面的高程点，与成果中的同名点进行比较，计算高程较差ΔH。以图幅为单位统计地形图高程注记点高程中误差ΔH。

$$\Delta H = H_{测} - H_{图} \quad (6\text{-}7)$$

式中：$H_{测}$为野外量测的高程值；$H_{图}$为图内量取的高程值。

当进行高精度检测时，中误差按式（6-8）计算：

$$M = \pm\sqrt{\frac{\sum_{i=1}^{n}\Delta H_i^2}{n}} \quad (6\text{-}8)$$

式中：M为成果中误差；n为检测点总数；ΔH_i为较差。

当进行同精度检测时，中误差按式（6-9）计算：

$$M = \pm\sqrt{\frac{\sum_{i=1}^{n}\Delta H_i^2}{2n}} \tag{6-9}$$

式中：M 为成果中误差；n 为检测点总数；ΔH_i 为较差。

地物点高程精度检测表见表 6-6。

表 6-6　地物点高程精度检测表

图幅号		部门			中队	
序号	部位	图上高程 /m	实测高程 /m	较差 ΔH/m	备　注	
1						
2						
3						
4						
5						
6						
7						
⋮						
点位中误差：						

四、入库检查

数字化测图的最终目的是将地形图存入 GIS 系统的数据库，入库的数据必须根据 GIS 系统的要求进行检查，检查的主要内容包括完整性检查和逻辑一致性检查。

（一）完整性检查

完整性包括数据分层的完整性、数据层内部文件的完整性、要素的完整性、属性的完整性等。

（二）逻辑一致性检查

逻辑一致性包括属性一致性、格式一致性、分层一致性、拓扑关系的正确性、多边形闭合差等。

属性精度主要检查点、线、面的属性代码及属性值的正确性、唯一性，注记的正确性，数据分层的正确性。接边检查包括位置接边和属性接边，检查数据格式说明及附属资料的正确性等。

五、数字地形图验收

（一）基本规定

数字测绘产品质量实行优级品、良级品、合格品、不合格品评定制。数字测绘产品质量由生产单位评定，验收单位则通过“检验批”进行核定。数字测绘产品“检验批”质量实行“合格批”和“不合格批”评定。

1. 单位产品质量等级的划分标准

（1）优级品：N=90~100 分。

（2）良级品：N=75~89 分。

（3）合格品：N=60~74 分。

（4）不合格品：N=0~59 分。

2.“检验批”的质量判断

对“检验批”质量按规定比例抽取样本，若样本中全部为合格品以上产品，则该“检验批”判为合格批。若样本中有不合格产品，则该“检验批”为一次性检验未通过批，应从检验批中再抽取一定比例的样本进行详查。若样本中仍有不合格产品，则该“检验批”判为不合格批。

（二）单位产品质量评定元素及错漏扣分标准

数字地形图成果的质量元素、质量子元素、检查项三个层次，每个层次之间为一对多的关系，根据国家测绘地理信息局发布的《测绘成果质量检查与验收》（GB/T 24356—2023）、将数字测图产品错漏类型分为 A、B、C、D 四类，成果质量错漏分类见表 6-7。

表 6-7　数字地形图质量错漏分类表

质量元素	A　类	B　类	C　类	D 类
数学基础	（1）坐标或高程系统采用错误，独立坐标系统投影或改算错误； （2）平面或高程起算点使用错误； （3）图根控制测量精度超限			
平面精度	（1）坐标或高程系统采用错识，独立坐标系统投影或改算错误； （2）平面或高程起算点使用错误			
高程精度	（1）坐标或高程系统采用错识，独立坐标统投影或改算错误； （2）平面或高程起算点使用错误； （3）图根控制测量精度超限			
数据集结构正确性	（1）数据无法读取或数据不齐全； （2）文件命名、数据格式错误； （3）其他较重的错漏； （4）漏有内容的层或数据层名称错； （5）其他严重的错漏	（1）数据组织不正确； （2）部分属性代码不接边； （3）其他较重的错漏	（1）个别属性代码不接边； （2）其他一般的错漏	其他轻微的错漏

续表

质量元素	A 类	B 类	C 类	D类
地理精度	（1）一般注记错漏达到20%； （2）县级以上境界错漏达图上15cm； （3）错漏比高在2倍等高距以上，图上长度超过15cm的陡坎； （4）漏绘面积超过图上4cm^{2}的二层及以上房屋，6cm^{2}的一层房屋； （5）图幅普通不接边或等级河流、道路、县级及县级以上境界不接边； （6）存在普遍的综合取舍不合理； （7）地貌表示严重失真； （8）漏绘一组等高线； （9）其他严重的错漏	（1）双线河流、双线道路、乡镇级居民地名称错漏； （2）行政村及以上行政名称错漏； （3）图根点密度、埋石点数不符合设计或规范要求； （4）一般注记错漏达到10%~20%； （5）有方位意义的重要独立地物错漏； （6）管线（ϕ30cm以上）类别、转折点错漏； （7）高程点注记密度与规定不符； （8）地物、地貌各要素主次不分明，线条不清晰，位置不准确，交代不清楚，造成判读困难； （9）重要地物、地貌符号用错； （10）多数特征位置漏注高程注记； （11）比高在2倍等高距以上，图上长度超过10cm的陡坎错漏； （12）自然及人工水体及其主要附属物错漏； （13）较高经济价值的植被图上15cm^{2}错漏； （14）错绘面积图上2cm^{2}二层及以上房屋，4cm^{2}的一层房屋； （15）乡级以上境界错漏达图上10cm； （16）主要地物、地貌不接边； （17）漏绘高压线、通信线超过图上5cm； （18）漏绘垣栅超过图上5cm； （19）标示完好的国家等级控制点，在图上标注错漏； （20）漏绘双线道路或水系超过图上10cm； （21）主要地物、地貌的综合取舍不合理； （22）其他较重的错漏	（1）错漏比高在2倍等高距以上，图上长度超过5cm的陡坎； （2）双线道路路面材料错漏； （3）水系流向错漏； （4）错漏小片明显特征地貌； （5）错漏双线道路或水系超过图上5cm，双线桥梁及其附属建筑物； （6）较高经济价值的植被图上10cm^{2}错漏； （7）漏绘面积图上1cm^{2}二层及以上房屋，2cm^{2}的一层房屋； （8）漏绘垣栅超过图上2cm； （9）自然村及以下地名错漏； （10）楼房层次错； （11）其他一般的错漏	其他轻微的错漏
整饰质量	（1）图名、图号同时错漏； （2）符号、线划、注记规格与图式严重不符； （3）其他严重的错漏	（1）图廓整饰明显不符合图式规定； （2）图名或图号错漏； （3）部分符号、线划、注记不符合图式规定，或压盖普遍； （4）其他较重的错漏	（1）图廓整饰不符合图式规定； （2）符号、线划、注记规格不符合图式规定，或压盖较多； （3）其他一般的错漏	其他轻微的错漏

续表

质量元素	A 类	B 类	C 类	D 类
质量元素	（1）缺主要成果资料； （2）其他严重的错漏	（1）缺主要附件资料； （2）缺技术总结或检查报告； （3）上交资料缺项； （4）其他较重的错漏	（1）无成果资料清单或成果资料清单不完整报告； （2）技术总结、检查报告内容不完整； （3）其他一般的错漏	其他轻微的错漏

数字测图产品采用百分制表示单位产品的质量水平，采用缺陷扣分法。数字测图产品成果质量扣分标准见表 6-8。

表 6-8　成果质量错漏扣分标准

错误类型	扣分项	错误类型	扣分项
A 类	42 分	C 类	4/T 分
B 类	12/T 分	D 类	1/T 分

注：一般情况下取 T=1。需要调整时，以困难类别为原则，按《测绘生产困难类别细则（平均困难类别 T=1）》调整。T 为缺陷值调整系数，根据单位产品的复杂程度而定，一般范围取值 0.8~1.2，设单位产品由简单到复杂分别为三级、四级或五级，则 T 可取值 0.8、1.0、1.2 或 0.8、0.9、1.0、1.1 或 0.8、0.9、1.0、1.1、1.2，缺陷值保留一位小数，小数点后第二位数字四舍五入。

（三）单位成果质量评定

1. 数学质量元素评分标准

数学质量元素评分标准见表 6-9。

表 6-9　数学质量元素评分标准

数学精度值	质量分数
$0 \leqslant M \leqslant 1/3M_0$	S=100
$1/3M_0 \leqslant M \leqslant 1/2M_0$	$90 \leqslant S \leqslant 100$
$1/2M_0 \leqslant M \leqslant 3/4M_0$	$75 \leqslant S \leqslant 90$
$3/4M_0 \leqslant M \leqslant M_0$	$60 \leqslant S \leqslant 75$

$$M_0 = \pm\sqrt{M_1^2 + M_2^2}$$

式中：M_0 为允许中误差的绝对值；M_1 为规范或相应技术文件要求的成果中误差；M_2 为检测中误差（高精度检测时取 M_2=0）。

注：M 为成果中误差的绝对值；S 为质量分数（分数值根据数学精度的绝对值所在区间进行插值）。

数学精度质量得分 S_1 的计算公式为

$$S_1 = \sum_{i=1}^{n}\left(S_{2i}P_i\right) \tag{6-10}$$

式中：S_1、S_{2i} 为质量元素、相应质量子元素的得分；P_i 为相应质量子元素的权；n 为质量元素中包括的质量子元素个数。

2. 其他质量元素评分

每个质量元素得分预制为 100 分，根据相对于元素错漏逐个扣分。单位产品得分 S_i，按式（6-11）计算：

$$S_i = 100 - \left(a_1 \frac{12}{T} + a_2 \frac{4}{T} + a_3 \frac{1}{T}\right) \tag{6-11}$$

式中：a_1、a_2、a_3 为质量元素中相应的 B 类错漏、C 类错漏、D 类错漏个数；T 为扣分值调整系数。

3. 单位成果质量评分

采用加权平均法计算单位成果质量得分 S 的公式为

$$S = \sum_{i=1}^{n} \left(S_{1i} P_i\right) \tag{6-12}$$

式中：S 为单位成果质量；S_{1i} 为质量元素得分；P_i 为相应质量元素的权；n 为单位成果中包括的质量子元素个数。

4. 单位成果质量的评定标准

单位成果质量的评定标准见表 6-10。

表 6-10　单位成果质量的评定标准

质量等级	质 量 得 分
优	$S \geqslant 90$
良	$75 \leqslant S < 90$
合格	$60 \leqslant S < 75$
不合格	$S < 60$
	单位成果中出现 A 类错误
	成果质量高精度检测、平面位置精度及相对位置精度检测，任一项粗差（大于 2 倍中误差）比例超过 5%

5. 部门级检查批成果质量评定

优级：优良品率达到 90% 以上，其中优品率达到 50%。

良级：优良品率达到 80% 以上，其中优品率达到 30%。

合格：未达到上述标准的。

六、检查验收报告

检查和验收工作结束后，生产单位和验收单位分别撰写检查报告和验收报告。检查报告经生产单位领导审校后，随产品一并提交验收。验收报告经验收单位主管领导审核（委托验收的验收报告送委托单位领导审核）后，随产品归档，并抄送生产单位。检查验收报告的详细要求参见《测绘成果质量检验报告编写基本规定》（CHZ 1001—2007）。

（一）检查报告的主要内容

检查报告的主要内容如下。

（1）任务概要。

（2）检查工作概况（包括仪器设备和人员组成情况）。

（3）检查的技术依据。
（4）主要质量问题及处理情况。
（5）对遗留问题的处理意见。
（6）质量统计和检查结论。

微课：数字地形图质量检查验收

（二）验收报告主要内容

验收报告的主要内容如下。
（1）任务概要。
（2）验收工作概况（包括仪器设备和人员组成情况）。
（3）验收的技术依据。
（4）验收中发现的主要问题及处理意见。
（5）验收结论。
（6）其他意见及建议。

课后习题

一、单项选择题

1. 大比例尺数字地形图不属于数学精度的元素为（　　）。
   A. 数学基础　　B. 平面精度　　C. 高程精度　　D. 地理精度
2. 高程注记点密度为图上每（　　）内 5~20 个。
   A. $10cm^2$　　B. $100cm^2$　　C. $10m^2$　　D. $100m^2$
3. 地形图单位产品质量等级优秀标准为（　　）。
   A. 90~100　　B. 75~89　　C. 60~74　　D. 0~59
4. 主要地物、地貌不接边在数字地形图质量分类为（　　）。
   A. A　　B. B　　C. C　　D. D
5. 数字地形图外业检查包括（　　）。
   A. 野外巡视检查和控制点的数量检查　　B. 野外仪器检查和控制点数量检查
   C. 野外巡视点检查和野外仪器检查　　D. 符号检查和注记检查

二、多项选择题

1. 数字地形图数学精度检查包括（　　）。
   A. 平面精度检查　　B. 高程精度检查
   C. 完整性检查　　D. 逻辑一致性检查
2. 数字地形图平面精度检查包括（　　）。
   A. 完整性检查　　B. 同名地物点坐标检查
   C. 同名边长检查　　D. 逻辑一致性检查
3. 大比例尺数字地形图的质量元素包括（　　）。
   A. 数学精度　　B. 数据集结构正确性
   C. 地理精度　　D. 整饰质量
   E. 附件质量

4. 大比例尺数字地形图数据的位置精度包括（　　）。
   A. 平面精度　　B. 高程精度　　C. 形状保真度　　D. 接边精度
5. 地形图入库检查逻辑一致性包括（　　）。
   A. 属性一致性　　B. 格式一致性
   C. 分层一致性　　D. 拓扑关系的正确性
   E. 多边形闭合差

三、简答题

1. 简述数字地形图的图形质量。
2. 简述数字地形图质量内业检查内容。
3. 简述数字地形图检查报告主要内容。

项目七

数字地形图运用

项目概述

本项目主要讲解数字地形图在建筑工程中的运用，如地形图常见数据查询、断面图绘制及图数转换、土石方工程量计算，跨学科运用“建筑工程测量”“建筑施工技术”“道路勘察设计”等课程理论知识，基于CASS 10.1地形地籍成图软件进行工程实际案例讲解，详细介绍操作方法和流程，通过实际具体工程项目的训练，使所学理论、方法和技能得以运用，掌握数字地形图在建设工程中的常用方法。

学习目标

（1）通过本项目的学习，应熟练掌握数字地形图中常见数据查询方法，会根据图面信息生成数据文件，能够熟练绘制纵横断面图，熟悉土石方工程量计算；

（2）在实践操作上，能够熟练运用CASS 10.1软件中的“工程运用”菜单中的各项功能完成实际的工程任务；

（3）培养学生工程意识、服务意识以及精益求精的工匠精神。

教学内容

项　目	重 难 点	任　　务	主 要 内 容
数字地形图运用	重点：地形图常见数据查询、断面图绘制及图数转换； 难点：土石方工程量计算	任务一　地形图常见数据查询	查询指定点坐标；查询两点间距离及方位；查询线长；查询面积
		任务二　断面图绘制及图数转换	根据已知坐标绘制断面图；根据里程文件绘制断面图；根据等高线绘制断面图；根据三角网绘制断面图；图数转换
		任务三　土石方工程量计算	方格网法土方计算；三角网法土方计算；区域土方平衡；断面法土方计算

引导案例

某项目测量员拿到一幅建筑施工总平面图，没有核对图纸，直接进行测量放线，导致建筑物偏离设计位置，项目拆除重建。

一项工程开工建设前会拿到施工的总平面图，施工总平面图往往就是在地形图上设计出来的，施工总平面图是进行施工定位的依据，然而施工总平面图中标注的坐标、长度等信息需要与 CAD 中查询的信息一致。为此本项目介绍通过总平面图中的一些信息查询来指导施工、控制工程量。

任务一　地形图常见数据查询

地形图的基本几何要素主要包括点的坐标、两点间距离和方位角、曲线的长度、区域的投影面积和表面积。利用数字地形图，可以很方便地提取指定点的坐标和高程、线段长度和方位、指定区域的投影面积和表面积等数据。根据数字地形图所提取的上述信息，比纸质图上计算出来的精度要高，计算量要小。掌握地形图常用数据查询的方法成为必须掌握的基本技能。

一、地形图常见几何要素查询

（一）查询指定点的坐标

在 CASS 10.1 软件中，我们可以直接查询单点坐标，具体操作方法如下。

单击“工程应用”菜单中的“查询指定点坐标”子菜单。用鼠标点取所要查询的点，如图 7-1 所示。

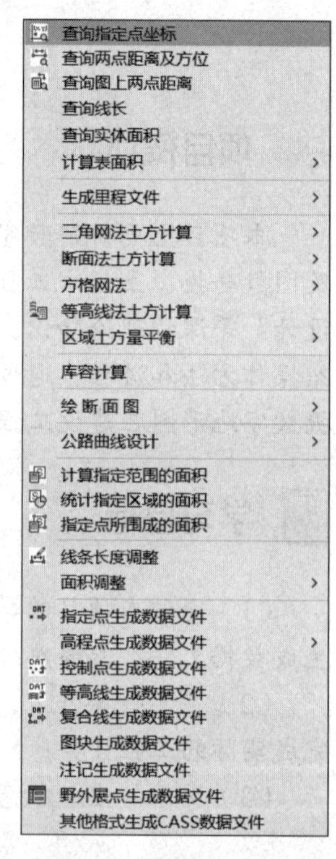

图 7-1　“工程应用”菜单

也可以先进入点号定位方式，再执行菜单“查询指定点坐标”，输入要查询的点号。

系统左下角状态栏显示的三维坐标是笛卡尔坐标系中的坐标，与测量坐标系的 X 和 Y 的顺序相反。用此功能查询时，系统会在命令行直观地给出被查询点的 X、Y、H 坐标，这就是我们所需要的测量坐标，查询结果如图 7-2 所示。

```
命令: CXZB
指定查询点:
测量坐标: X=31152.456米  Y=53203.302米  H=0.000米
```

图 7-2　查询指定点坐标

（二）查询两点间距离及方位

查询两点距离及方位的具体操作方法如下。

单击“工程应用”菜单中的“查询两点距离及方位”子菜单，并根据命令区提示操作。

第一点：鼠标捕捉指定第 1 点。

第二点：鼠标捕捉指定第 2 点，系统会立即显示被查询两点之间的水平距离和坐标方位角，查询结果如图 7-3 所示。

需要说明的是，CASS 软件中，上述查询显示的是两点间实地的水平距离和方位角。

```
第一点：
第二点：
两点间距离=11.065米,方位角=188度11分36.52秒
```

图 7-3　查询两点实地距离及方位

（三）查询图上两点距离

CASS 10.1 软件新增了“查询图上两点距离”子菜单用于查询当前比例尺地形图中两点之间的图上距离。具体操作方法如下。

单击“工程应用”菜单中的“查询图上两点距离”子菜单，并根据命令区提示操作。

第一点：鼠标捕捉指定第 1 点。

第二点：鼠标捕捉指定第 2 点，系统会立即显示被查询两点之间的图上距离，并提示当前图形的比例尺，查询结果如图 7-4 所示。

```
选择第一点：
选择第二点：
两点的图面距离为：0.044094 米，  当前图形比例尺为 1：500.00
```

图 7-4　查询两点图上距离及方位

（四）查询线长

在 CASS 软件中，可以查询各种线条的长度，如直线的长度、多段线的长度、样条曲线的长度、圆或圆弧的长度、陡坎的长度、房屋的周长、等高线的长度等。具体操作方法如下。

单击“工程应用”菜单中的“查询线长”子菜单，并根据命令区提示操作。

“选择对象”：用鼠标拾取需要查询的对象即可。

查询结果如图 7-5 所示。

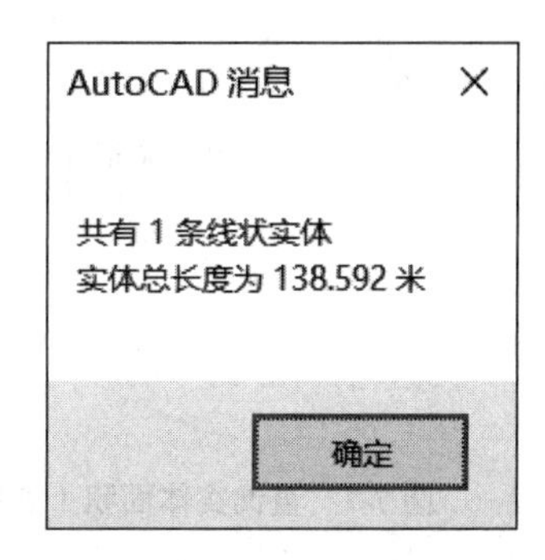

图 7-5　查询线长在绘图区的结果显示

二、查询面积

面积查询分为平面投影面积和表面积，前者计算的是实体在水平投影面上的面积，后者指的是该实体的表面积，实体表面积的计算常用于园林绿化面积的统计。

（一）查询实体面积

在 CASS 软件中，可以查询圆、矩形、多段线围成的闭合图形、房屋、等高线围成的范围等实体的面积。

1. 选取实体边线

单击“工程应用”菜单中的“查询实体面积”子菜单，并根据命令区提示操作。

“选取实体边线”：用鼠标拾取需要查询的对象即可。

例如，查询一条等高线围成的范围的面积，查询结果如图 7-6 所示。

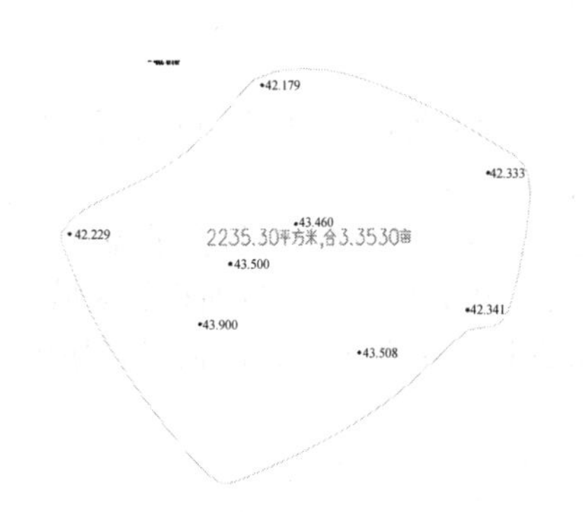

图 7-6　查询实体面积（选取实体边线）

2. 点取实体内部点

单击“工程应用”菜单中的“查询实体面积”子菜单，并根据命令区提示操作。

“点取实体内部点”：在需要查询的实体内部空白处单击，系统会用黑色突出显示所选区域，并在命令行询问“区域是否正确？（Y/N)”，输入 Y 确认即可查询出显示结果。

例如，查询一条多段线围成的范围的面积，查询结果如图 7-7 所示。

（二）计算指定范围的面积

CASS 软件可以计算地形图上短形、多线段围成的图形、四点房屋、多点房屋、闭合等高线圈出的范围、地类界围成的范围（拟合和不拟合的均可）等图形对象的面积。具体操作方法如下。

单击“工程应用”菜单中的“计算指定范围的面积”子菜单，并根据命令区提示操作：“[（1）选目标 /（2）选图层 /（3）选指定图层的目标 /（4）建筑物]<1>”。

例如，选择“（1）选目标”，系统提示“选择对象”，选择图 7-8 所示的多点房屋对象后按回车键，系统提示“是否对统计区域加青色阴影线？ <Y>”，直接按回车键加阴影线，则自动计算出总面积 =202.68m²。

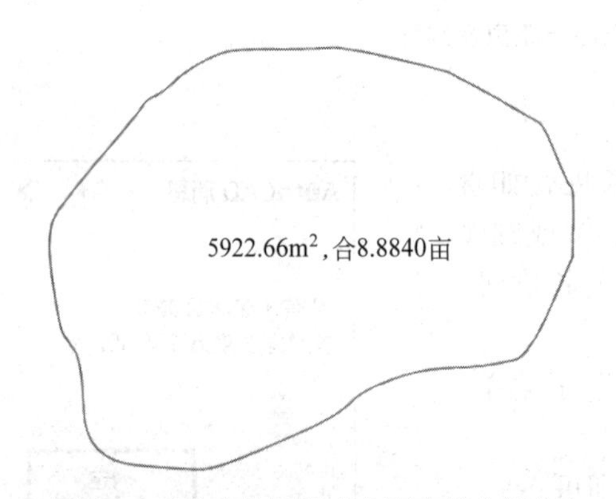

图 7-7 查询实体面积（点取实体内部点）

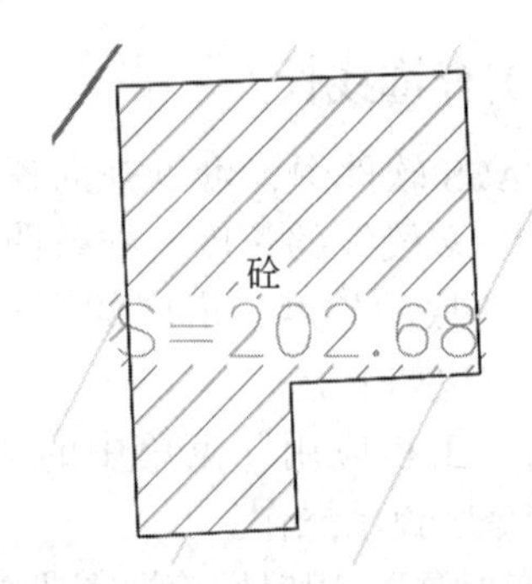

图 7-8 计算指定范围的面积

上述计算过程中，也可以使用“（2）选图层”等其他选项，例如，选择“（2）选图层”，系统提示“ 图层名”，输入 JMD（表示选择整个居民地图层），系统提示“是否对统计区域加青色阴影线？ <Y>”，直接按回车键加阴影线，则自动计算出 JMD 图层上所有居民地面积的总和，并逐个用阴影显示每一处居民地的面积，如图 7-9 所示。

（三）统计指定区域的面积

对于上述已经用“计算指定范围的面积”子菜单计算出的图上各区域面积，可以用“统计指定区域的面积”子菜单进行面积的统计工作。具体操作方法如下。

单击“工程应用”菜单中的“统计指定区域的面积”子菜单，并根据命令区提示操作。

“选择对象”：用窗口（W.C）或多边形窗口（WP.CP）等方式选择已计算过面积的区域。

“选择对象，指定对角点”：找到 24 个，按回车键结束选择，则系统统计出窗口区域的总面积 =359.2m²，如图 7-10 所示。

（四）计算指定点围成的面积

计算指定点所围成的面积，主要是用捕捉的方式，在地形图上指定了 3 个及以上的点，

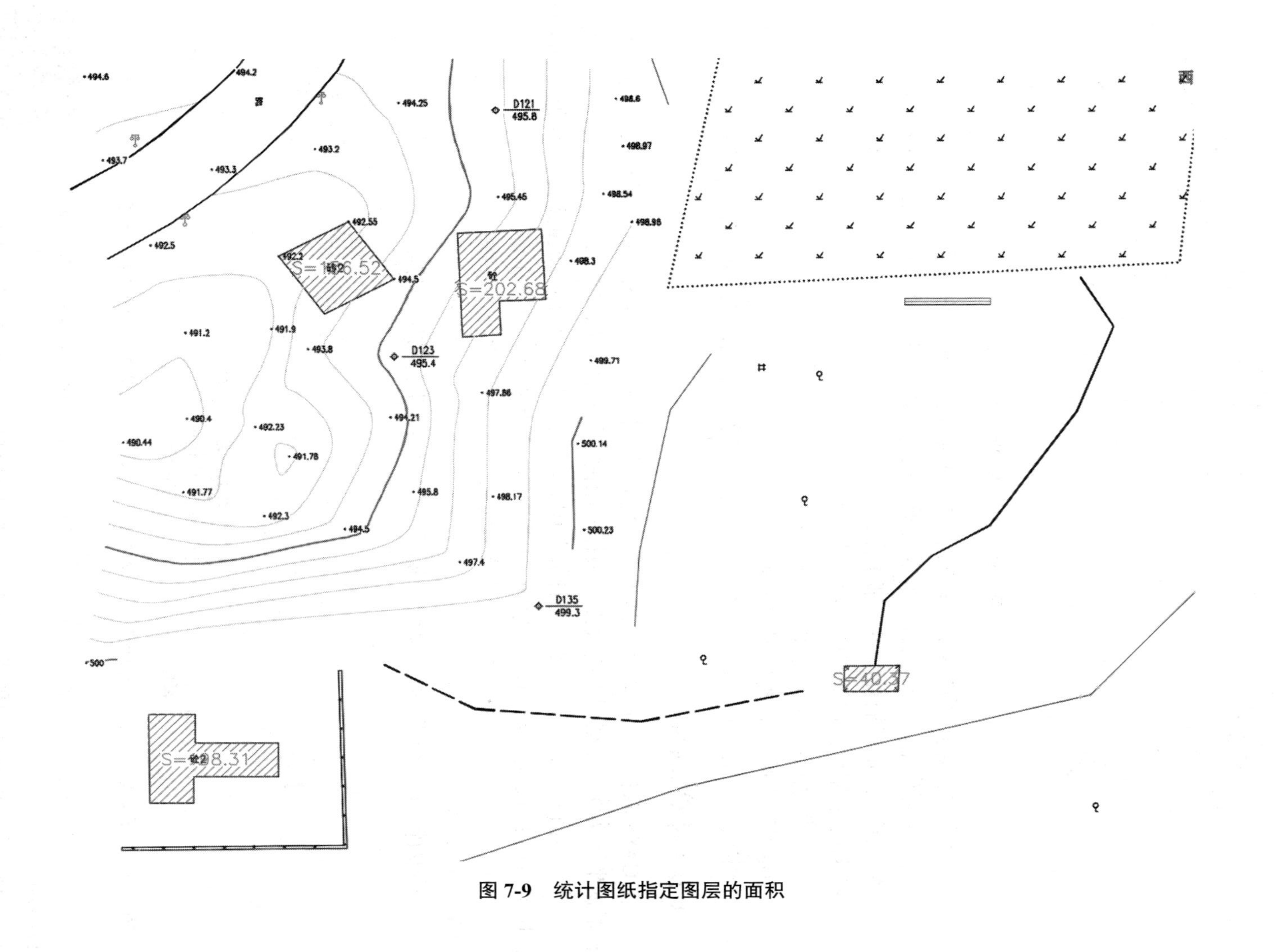

图 7-9　统计图纸指定图层的面积

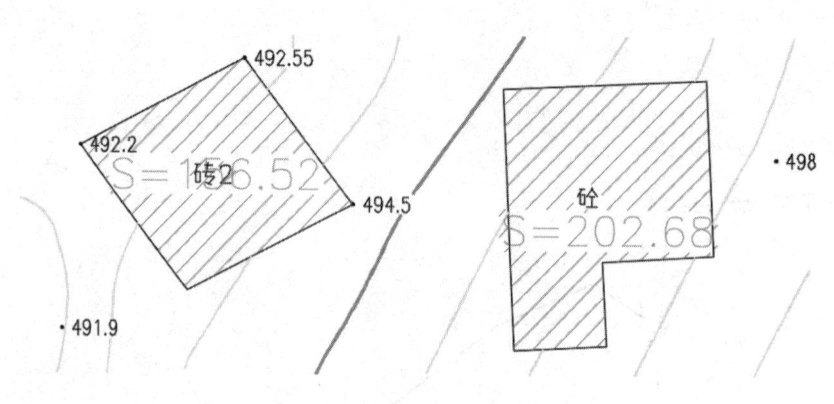

图 7-10 统计指定区域的面积

系统自动计算出指定点所围成的几何图形的平面面积。具体操作方法如下。

单击“工程应用”菜单中的“指定点所围成的面积”子菜单，并根据命令区提示操作。

“指定点”：用鼠标捕捉房屋的第 1 点；

“指定点”：用鼠标捕捉房屋的第 2 点；

“指定点”：用鼠标捕捉房屋的第 3 点；

“指定点”：用鼠标捕捉房屋的第 4 点；

“指定点”：直接按回车键，则显示 4 个指定点所围成的面积 =40.37m^2，如图 7-11 所示。

（五）计算表面积

在 CASS 软件中，可以计算地形图上地表某一区域的表面积（非平面面积）。主要方式有根据坐标文件、根据图上高程点、根据三角网三种方式，如图 7-12 所示。

计算表面积时，首先需要确定计算范围。该范围可以是房屋围成的范围、地类界围成的范围或者用 Pline 命令绘制多段线围成的范围等。具体操作方法如下。

单击“工程应用”菜单中的“计算表面积”子菜单，选择“根据坐标文件”方式，并根据命令区提示操作。

“选取计算区域边界线”：鼠标拾取图 7-13 中的地类界范围边界线。

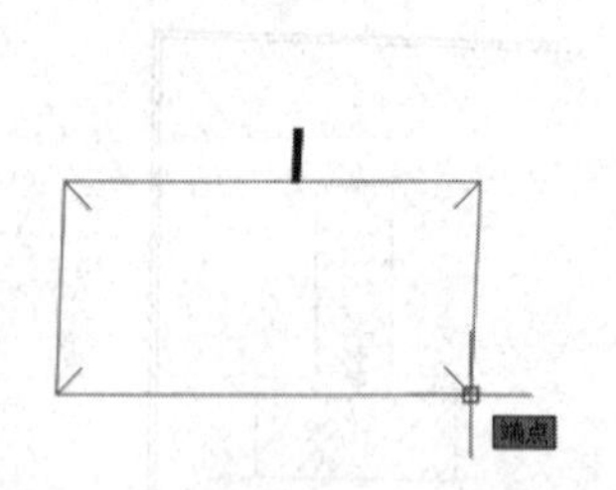

图 7-11 计算指定点所围成的面积

图 7-12 计算表面积菜单

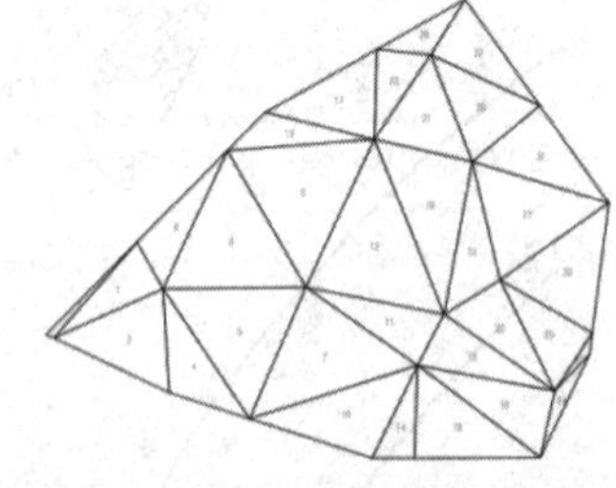

图 7-13 计算表面积选取计算边界

“输入高程点数据文件名”：如指定 D:\CASS10.1 For AutoCAD2014\demo\dgx.Dat。

“请输入边界插值间隔(米)：<20>”：根据计算精度要求输入插值间隔(值越小则精度越高，通常输入 20、15、10 等值)，如直接按回车键输入 20，则系统计算出表面积为 3857.658m^2，如图 7-14 所示。

微课：地形图常见数据查询

```
请选择:[(1)根据坐标数据文件/(2)根据图上高程点/(3)根据三角网]:
选择计算区域边界线
请输入边界插值间隔(米):<20>
表面积 = 3857.658 平方米,详见 surface.log 文件
```

图 7-14　计算表面积在命令行的显示

任务二　断面图绘制及图数转换

在修建铁路、公路、渠道、管线等线路工程时，选好线路后，要了解沿线路中心线方向和垂直于线路中心线方向的地形变化情况，作为线路设计的依据，这些地形变化的资料可以用纵断面图来反映。绘制的断面图水平方向为里程，垂直方向为高程。断面图能详细地表示沿线的地形起伏变化，是计算挖填方量、坡度设计等的重要资料。

在实际应用中可以根据地形图上的数据，根据工程需要选取指定点、线、面重新生成坐标数据文件，便于工程进一步处理。

一、断面图绘制

（一）根据已知坐标绘制断面图

坐标数据文件指野外观测得到的包含高程点的数据文件。首先用复合线画出断面方向线。在 CASS 10.1 中，执行“工程应用”菜单→“绘断面图”→“根据已知坐标”命令；根据命令行提示“选择断面线”，用鼠标点取复合线，弹出“断面线上取值”对话框，如图 7-15 所示。

在对话框中，选择“由数据文件生成”，单击 ... 按钮，弹出“输入高程点数据文件名”对话框。输入采样点间距（系统默认值为 20）、起始里程（系统默认值为 20）等信息，单击“确定”按钮，系统弹出“绘制纵断面图”对话框，如图 7-16 所示，输入横向比例和纵向比例，指定断面图绘制的位置；还可以选择是否绘制平面图、标尺，对标注及一些关于注记的内容进行设置。

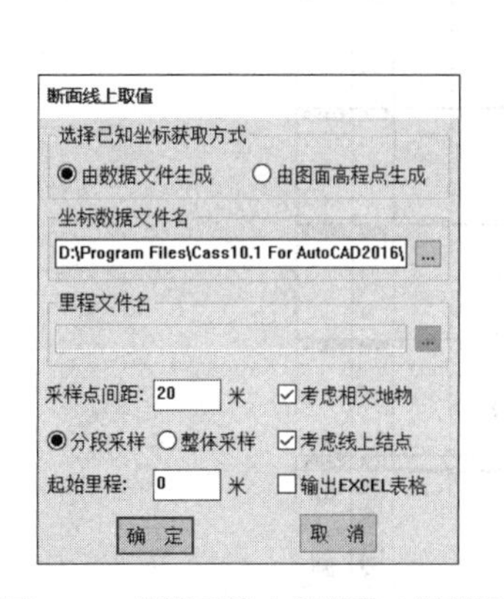

图 7-15　“断面线上取值”对话框

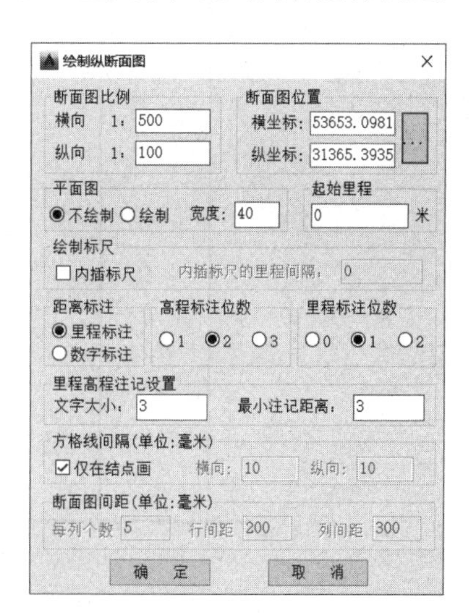

图 7-16　“绘制纵断面图”对话框（1）

单击“确定”按钮后，系统自动在屏幕绘图区绘制断面图，如图 7-17 所示。

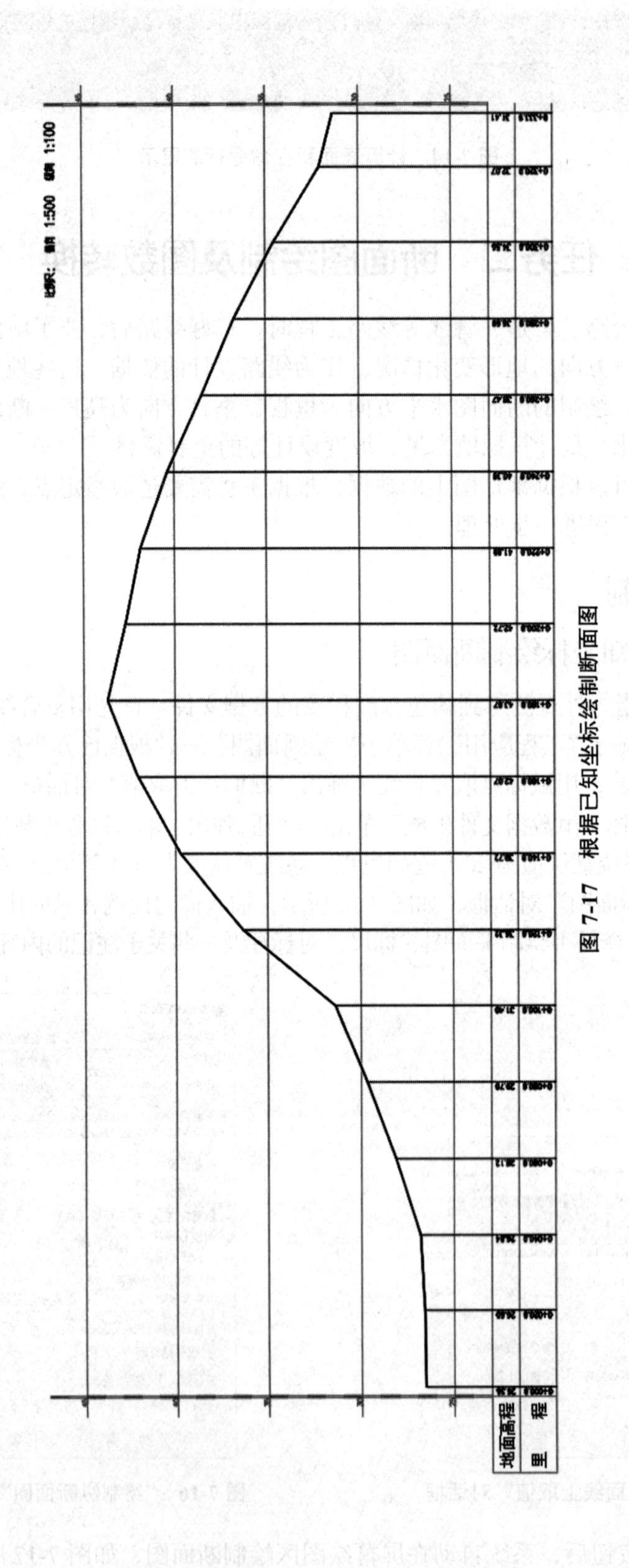

图 7-17 根据已知坐标绘制断面图

（二）根据里程文件绘制断面图

一个里程文件可包含多个断面的信息，根据里程文件绘制断面图就可以一个里程文件绘制多个断面。里程文件的一个断面信息内允许有该断面不同时期的断面数据，这样绘制多个断面时就可以同时绘出实际断面线和设计断面线。

执行“工程应用”→“绘制断面图”→“根据里程文件”命令，弹出“输入断面里程数据文件名”对话框，输入断面里程文件名，如图 7-18 所示。

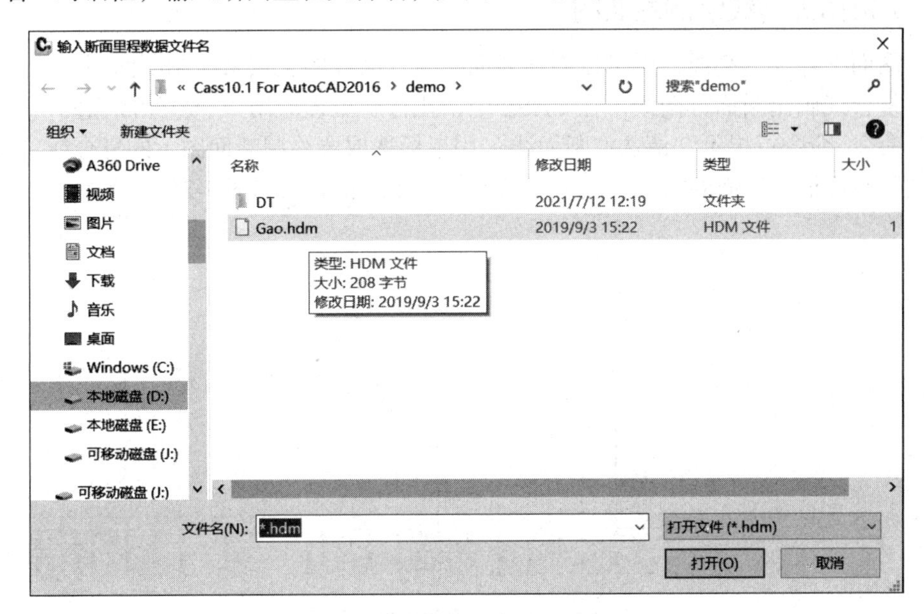

图 7-18　输入断面里程文件名

单击“打开”按钮后，弹出“绘制纵断面图”对话框，如图 7-19 所示。

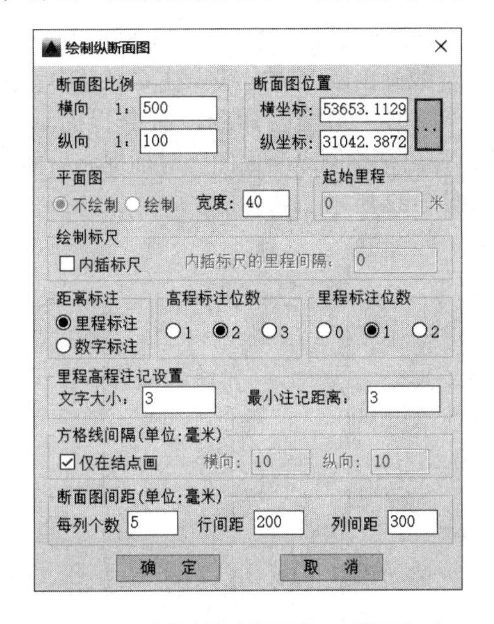

图 7-19　“绘制纵断面图”对话框（2）

在对话框中，输入横向比例和纵向比例，指定断面图绘制位置，单击“确定”按钮后，系统自动在屏幕绘图区绘制断面图，如图 7-20 所示。

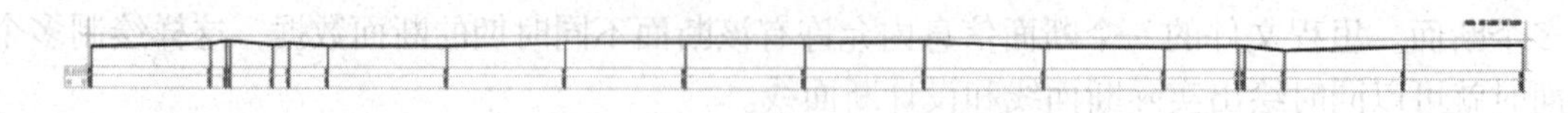

图 7-20 根据里程文件绘制断面图

（三）根据等高线绘制断面图

如果图面上存在等高线，则可以根据断面线与等高线的交点来绘制断面图。首先在等高线图上用复合线画出断面方向线。在 CASS 中，执行“工程应用”→“绘断面图”→“根据等高线”命令，命令行提示“请选取断面线”，用鼠标选取要绘制断面图上的复合线，弹出“绘制断面图”对话框，后面的操作方法与前面绘制断面图相同，如图 7-21 所示。

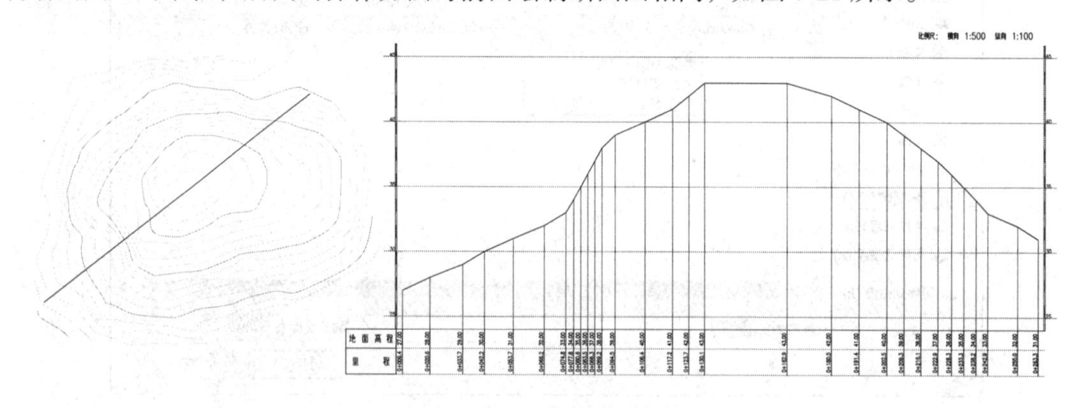

图 7-21 根据等高线绘制断面图

（四）根据三角网绘制断面图

微课：断面图的绘制

如果图面存在三角网，则可以根据断面线与三角网的交点来绘制纵断面图。首先三角网图上用复合线画出断面方向线。在 CASS 中，执行“工程应用”→“绘断面图”→“根据三角网”命令，命令行提示“请选取断面线”，用鼠标选取复合线，弹出“绘制纵断面图”对话框，后面的操作方法与前面绘制断面图相同，如图 7-22 所示。

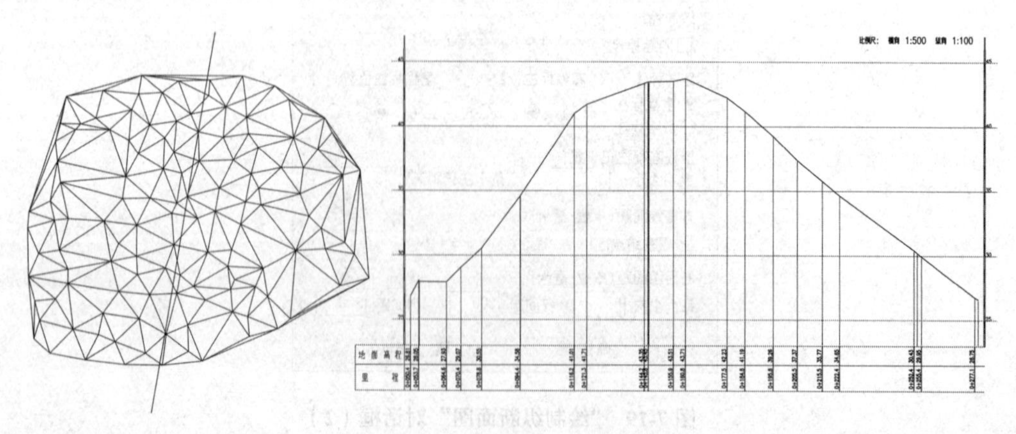

图 7-22 根据三角网绘制断面图

二、图数转换

（一）指定点生成数据文件

单击“工程应用”菜单中的“指定点生成数据文件”子菜单，系统会弹出“输入坐标数据文件名”对话框，如图 7-23 所示。在此对话框中，设置即将输出的坐标数据文件的名称和存储目录，单击“保存”按钮，并按命令行提示进行操作。

“指定点”：鼠标捕捉图上某一地物点位。

“地物代码”：如不需要输入地物代码，可按回车键忽略。

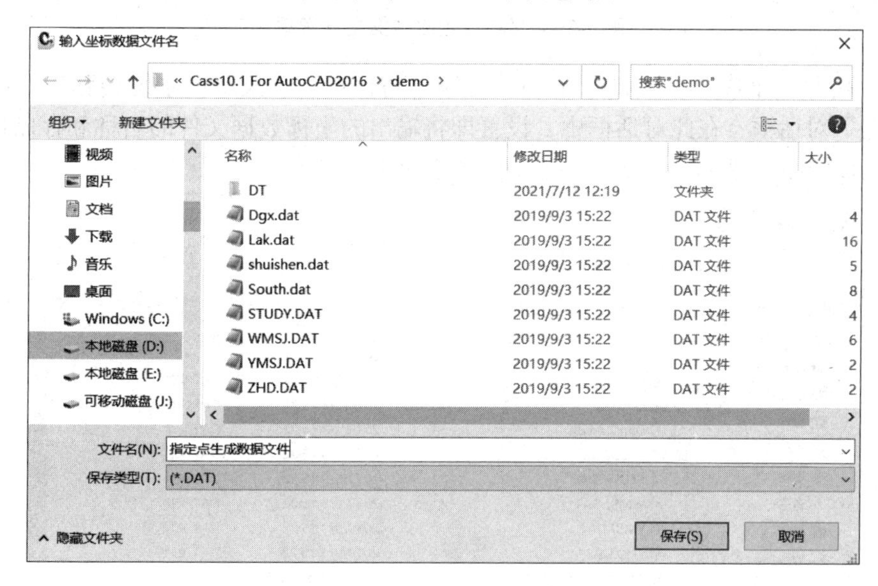

图 7-23　“输入坐标数据文件名”对话框（1）

“高程 <497.859>”：如认可所捕捉点位的高程，可直接按回车键。系统显示该捕捉点的点位信息，测量坐标系：*X*=31145.993m，*Y*=53165.455m，*Z*=497.859m。

“输入点号：<1>”：可键盘输入点号，如默认该点号可直接按回车键。至此，完成了第一点的指定与输入。系统会要求依次指定第 2 点、第 3 点……

当所有点均指定完成，系统继续提示“指定点：”时，可再按回车键结束点的指定。系统会继续提示“是否删除点位注记？（Y/N）<N>”，直接按回车键表示不删除点位注记，系统会提示“已自动保存到坐标数据文件当中”。用记事本打开输出的坐标数据文件，会看到每一个点的点号、编码、*Y* 坐标、*X* 坐标、*H* 高程，如图 7-24 所示。

指定点生成数据文件.DAT - 记事本

文件(F)　编辑(E)　格式(O)　查看(V)　帮助(H)

```
1,,53162.272,31155.439,496.000
2,,53168.673,31155.759,496.000
3,,53165.455,31145.993,497.859
4,,53168.388,31161.451,498.123
5,,53176.033,31161.833,498.213
6,,53183.421,31151.399,499.709
```

图 7-24　生成的坐标数据文件

（二）高程点生成数据文件

在“工程应用”菜单中的“高程点生成数据文件”子菜单中，还有“有编码高程点”“无编码高程点”“无编码水深点”“海图水深注记”4 种方式，如图 7-25 所示。下面以无编码高程点生成数据文件为例。

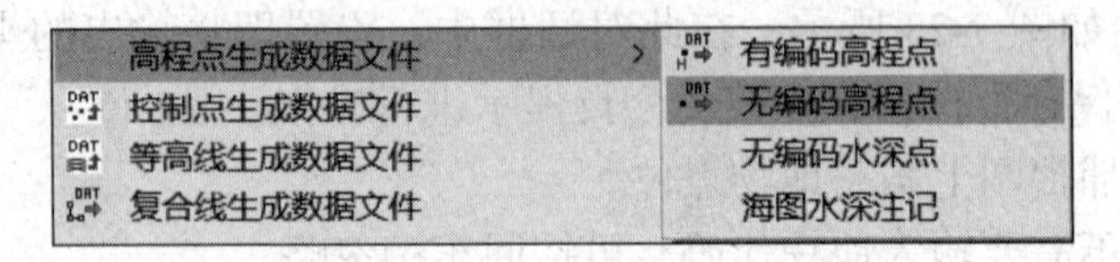

图 7-25　高程点生成数据文件菜单

单击“高程点生成数据文件”下的“无编码高程点”子菜单，系统会弹出“输入坐标数据文件名”对话框，在此对话框中，设置即将输出的坐标数据文件的名称和存储目录，如图 7-26 所示，单击“保存”按钮，并按命令行提示进行操作。

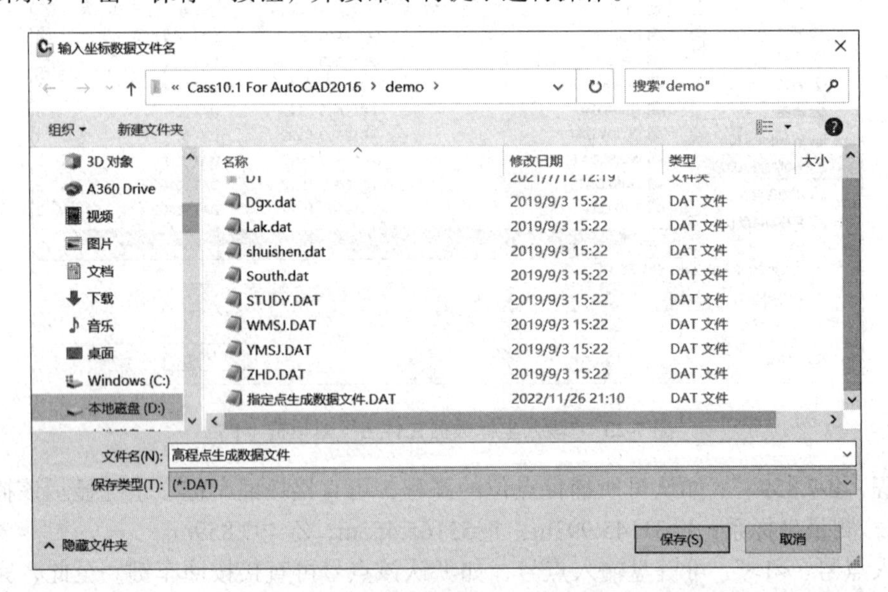

图 7-26　“输入坐标数据文件名”对话框（2）

“请输入高程点所在层”：输入所有高程点所在的层 gcd。

“请输入高程注记所在层 :<直接回车取高程点实体 Z 值>”：，直接按回车键，系统会显示共读入了多少个高程点，并将所读取的数据存入坐标数据文件当中。其形式如图 7-27 所示。

图 7-27　高程点读入个数

（三）控制点生成数据文件

单击“工程应用”菜单中的“控制点生成数据文件”子菜单，系统会弹出“输入坐标数据文件名”对话框，在此对话框中，设置即将输出的坐标数据文件的名称和存储目录，如图 7-28 所示，单击“保存”按钮，系统会显示共读入 3 个控制点。

图 7-28　“输入坐标数据文件名”对话框（3）

用记事本打开控制点生成的数据文件，会显示序号、控制点号、Y 坐标、X 坐标、H 高程，如图 7-29 所示。

控制点生成数据文件.DAT - 记事本

文件(F)　编辑(E)　格式(O)　查看(V)　帮助(H)

1,C01-D135,53174.690,31109.490,499.300
2,C01-D121,53167.880,31194.120,495.800
3,C01-D123,53151.080,31152.080,495.400

图 7-29　控制点生成数据文件

（四）等高线生成数据文件

单击“工程应用”菜单中的“等高线生成数据文件”子菜单，系统会弹出“输入坐标数据文件名”对话框，在此对话框中，设置即将输出的坐标数据文件的名称和存储目录，单击“保存”按钮，并按命令行提示进行操作。

“请选择：[（1）处理全部等高线结点 /（2）处理滤波后等高线结点]<1>”，例如，直接按回车键选择 1，就立即将全部等高线结点生成了坐标数据文件，其形式如图 7-30 所示（每一条等高线结点从 1 开始连续编号）。

（五）复合线生成数据文件

单击“工程应用”菜单中的“复合线生成数据文件”子菜单，系统会弹出“输入坐标数据文件名”对话框，在此对话框中，设置即将输出的坐标数据文件的名称和存储目录，单击“保存”按钮，并按命令行提示进行操作。

“选择对象”：用鼠标选中某一复合线，如图 7-31 所示。

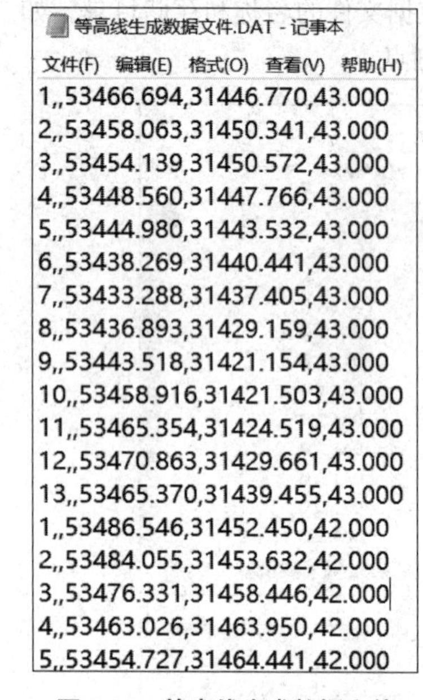

等高线生成数据文件.DAT - 记事本

文件(F) 编辑(E) 格式(O) 查看(V) 帮助(H)

1,,53466.694,31446.770,43.000
2,,53458.063,31450.341,43.000
3,,53454.139,31450.572,43.000
4,,53448.560,31447.766,43.000
5,,53444.980,31443.532,43.000
6,,53438.269,31440.441,43.000
7,,53433.288,31437.405,43.000
8,,53436.893,31429.159,43.000
9,,53443.518,31421.154,43.000
10,,53458.916,31421.503,43.000
11,,53465.354,31424.519,43.000
12,,53470.863,31429.661,43.000
13,,53465.370,31439.455,43.000
1,,53486.546,31452.450,42.000
2,,53484.055,31453.632,42.000
3,,53476.331,31458.446,42.000
4,,53463.026,31463.950,42.000
5,,53454.727,31464.441,42.000

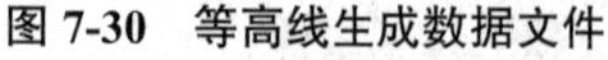

图 7-30　等高线生成数据文件

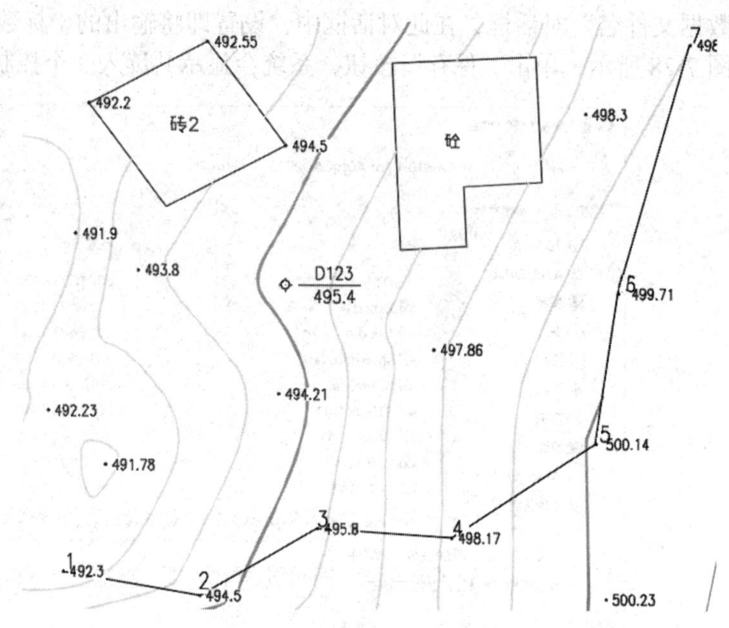

图 7-31　选取某一复合线

“请输入坐标小数位数 <3>”：如按回车键设为 3 位。

“请输入高度小数位数 <3>”：如按回车键设为 3 位。

“是否在多段线上注记点号 [（1）是 /（2）否]<1>”，按回车键选择“是”结束操作，系统将复合线的坐标数据存入坐标数据文件当中，如图 7-32 所示。

微课：图数转化

复合线生成数据文件.DAT - 记事本

文件(F) 编辑(E) 格式(O) 查看(V) 帮助(H)

1,1,53129.56,31124.97,492.3
2,1,53142.83,31122.75,492.3
3,1,53154.1,31129.07,492.3
4,1,53167.265,31128.245,492.3
5,1,53181.264,31137.209,492.3
6,1,53183.421,31151.399,492.3
7,1,53190.318,31174.877,492.3

图 7-32　复合线生成数据文件

任务三　土石方工程量计算

在工程建设、矿产开采中，经常要计算体积问题，土石方工程量计算就是解决这类问题。由于各种实际工程项目的不同，地形复杂程度不同，因此需计算体积的形体是复杂多样的。

用 CASS 软件完成土石方计算，与过去的手工方式计算相比，无论是计算效率还是计算精度都有了非常大的提升，通常有以下 4 种主要的计算方式。

一、方格网法土方计算

方格网法是根据地形图来量算平整土地区域的填挖土石方量的常用方法。对于纸质地形图，首先在平整土地范围内按一定间隔绘出方格网，然后量算出方格点的地面高程，标注在相应方格点的右上方，再逐一进行每一方格的填挖方量计算。具体计算公式和计算方法在工程测量、建筑施工技术等课程中有较详细的介绍，不再赘述，在此重点介绍在 CASS 10.1 软件如何用方格网法进行土方计算。具体操作方法如下。

在命令行输入命令“FGWTF”或者单击“工程应用”菜单，在“方格网法”子菜单中选择“方格网法土方计算”，如图 7-33 所示，并根据命令区提示操作。

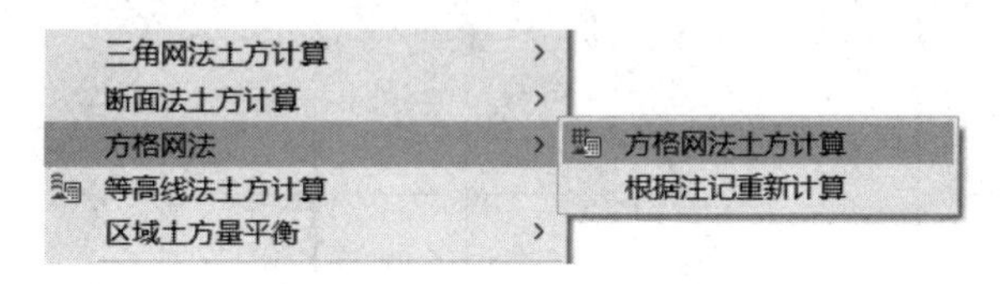

图 7-33　方格网法土方计算菜单

“选择计算区域边界线”：用鼠标拾取多段线圈定的施工区域范围。系统会弹出如图 7-34 所示的“方格网土方计算”对话框，在其中设置“输入高程点坐标数据文件”“目标高程”“输出格网点坐标数据文件”“输出 EXCEL 报表路径”“方格宽度”（一般取 20m，精度要求较高时也可输入 15m 或 10m 等）。

方格网土方计算
选择土方计算的方式
◉ 由数据文件生成　○ 由图面高程点生成
输入高程点坐标数据文件
D:\Program Files\Cass10.1 For AutoCAD2016\demo
设计面
◉ 平面　目标高程：36 米
○ 斜面【基准点】　坡度：1: 100
拾 取　基准点：X 0　Y 0
向下方向上一点：X 0　Y 0
基准点设计高程：0 米
○ 斜面【基准线】　坡度：1: 100
拾 取　基准线点1：X 0　Y 0
基准线点2：X 0　Y 0
向下方向上一点：X 0　Y 0
基准线点1设计高程：0 米
基准线点2设计高程：0 米
○ 三角网文件
输出格网点坐标数据文件
D:\Program Files\Cass10.1 For AutoCAD2016\dem
输出EXCEL报表路径
D:\Program Files\Cass10.1 For AutoCAD2016\dem
方格宽度
20 米　确 定　取 消

图 7-34　“方格网土方计算”对话框

输入完成后，单击“确定”按钮，系统会显示“最小高程 24.368，最大高程 43.900”。

“请确定方格起始位置；<缺省位置>”：鼠标指定方格网的绘制位置后，系统会绘制图 7-35 所示的计算图并显示“总填方 =1985.51m^3，总挖方 =43875.95m^3”。

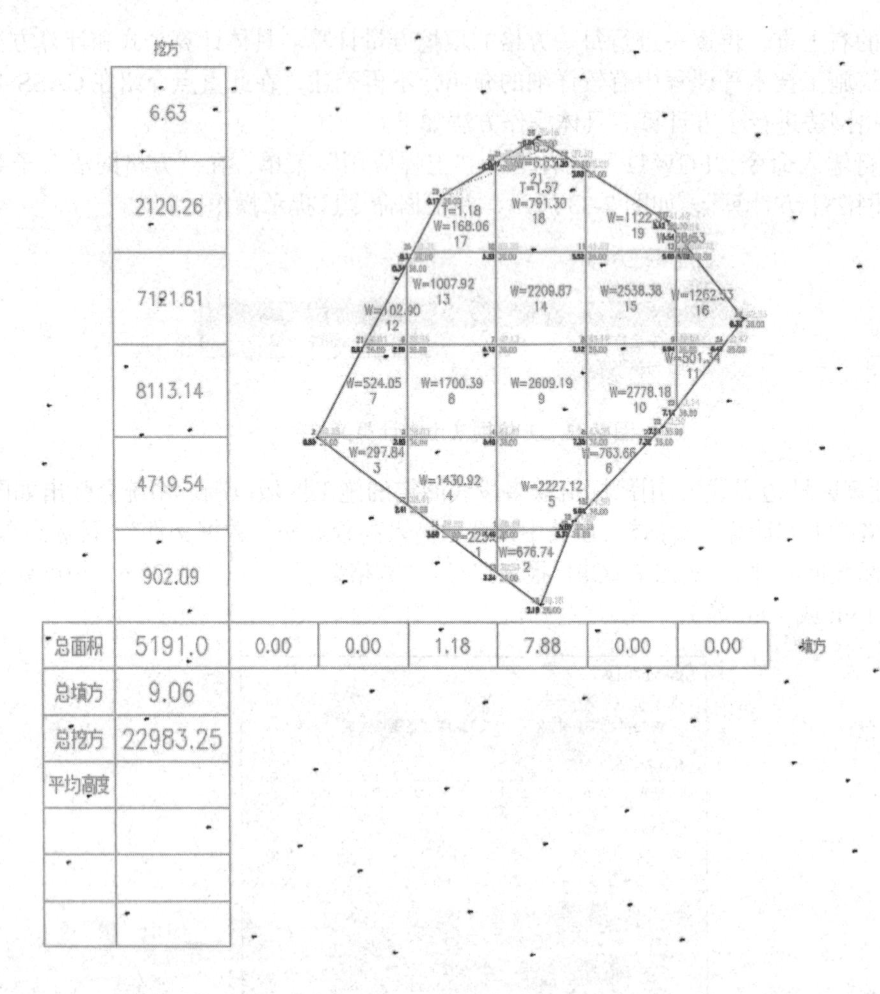

图 7-35　方格网土方计算图

除输出上述方格网法土石方计算图形外，CASS 10.1 软件还输出格网点坐标数据文件。图 7-35 所示的方格网，软件共输出了 66 个点（格网各交点及边界点）的坐标。坐标数据文件如图 7-36 所示。

方格网法土方计算.DAT - 记事本

文件(F)　编辑(E)　格式(O)　查看(V)　帮助(H)

```
1,36.00,53432.385,31363.406,34.094
2,36.00,53432.385,31383.406,37.351
3,36.00,53452.385,31383.406,36.882
4,36.00,53412.385,31403.406,39.215
5,36.00,53432.385,31403.406,40.820
6,36.00,53452.385,31403.406,40.504
7,36.00,53472.385,31403.406,38.993
8,36.00,53392.385,31423.406,37.270
9,36.00,53412.385,31423.406,39.333
```

图 7-36　格网点坐标数据文件

方格网法计算土方量，还会输出一个 Excel 报表，用于显示每一个方格的填挖方量是如何计算的，该报表可用作土石方工程量测量报告的附表，如图 7-37 所示。

方格网编号	格网点坐标			目标高程	差值	平均差值 / m		格网面积 / m²		总方量 / m³	
	X	Y	Z（内插值）			填方	挖方	填方	挖方	填方	挖方
	53432.3	31383.4	37.35	36.00	1.35						
	53432.3	31363.4	34.09	36.00	-1.91						
1	53413.4	31383.4	37.10	36.00	1.10	-0.63522	0.613721	70.1997	119.260	44.592	73.192
	53452.3	31383.4	36.88	36.00	0.88						
	53452.3	31377.7	36.04	36.00	0.04						
	53432.3	31363.4	34.09	36.00	-1.91						
2	53432.3	31383.4	37.35	36.00	1.35	-0.63522	0.455140	114.489	141.671	72.726	64.480
	53460.1	31383.4	36.67	36.00	0.67						
	53452.3	31377.7	36.04	36.00	0.04						
3	53452.3	31383.4	36.88	36.00	0.88	0.000000	0.530328	0.00000	21.9269	0.0000	11.628
	53412.3	31403.4	39.21	36.00	3.21						
	53412.3	31384.5	36.90	36.00	0.90						
4	53394.3	31403.4	34.69	36.00	-1.31	-0.43801	1.02880	29.0923	139.873	12.742	143.90
	53432.3	31403.4	40.82	36.00	4.82						
	53432.3	31383.4	37.35	36.00	1.35						
	53413.4	31383.4	37.10	36.00	1.10						
	53412.3	31384.5	36.90	36.00	0.90						
5	53412.3	31403.4	39.21	36.00	3.21	0.000000	2.27804	0.00000	399.414	0.0000	909.87
	53432.3	31383.4	37.35	36.00	1.35						
	53452.3	31383.4	36.88	36.00	0.88						
	53452.3	31403.4	40.50	36.00	4.50						
6	53432.3	31403.4	40.82	36.00	4.82	0.000000	2.88924	0.00000	400.000	0.0000	1155.7

图 7-37　方格网法计算土方工程量 Excel 报表

二、三角网法土方计算

三角网法也是 CASS 软件土方计算的重要方法。它与方格网法的显著不同是，把采集的地形点连接成三角网，以每个三角形为单位进行土方计算。具体操作方法如下。

单击“工程应用”菜单中的“三角网法土方计算”子菜单，会有“根据坐标文件”“根据图上高程点”“根据图上三角网”“计算两期间土方”四种方式，如图 7-38 所示。限于篇幅，本节介绍根据坐标文件和计算两期间土方这两种方式。

图 7-38　三角网法计算土方计算子菜单

（一）根据坐标文件

单击“根据坐标文件”子菜单，并根据命令区提示操作。

“选择计算区域边界线”：用鼠标拾取多段线圈定的施工区域范围。

“输入高程点坐标数据文件名”： 例如输入 D:\Cass10.1 For AUTOCAD2016\demo\Dgx.dat 后，系统会弹出如图 7-39 所示的“DTM 土方计算参数设置”对话框，在其中输入平场标高（如 36m）、边界采样间距（如 20m）、导出 excel 路径设置（如 D:Cass10.1 For AUTOCAD2016\demo\ 根据坐标文件计算土方工程量 .xlsx)，单击“确定”按钮即可进行土方计算。

接着屏幕会显示计算结果，本例的挖方量=46 893.8m^3，填方量=1 820.99m^3，如图 7-40所示。

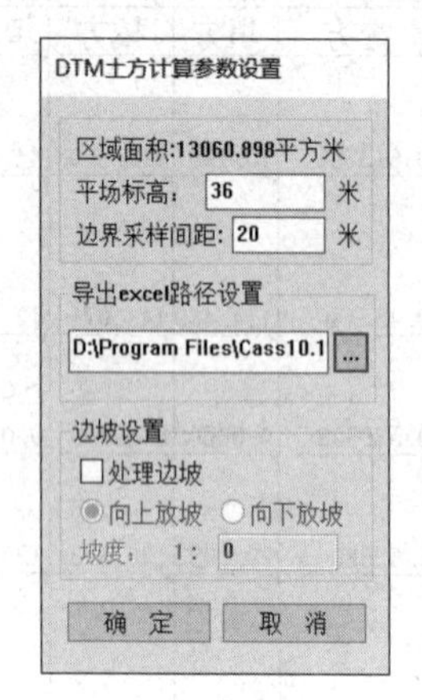

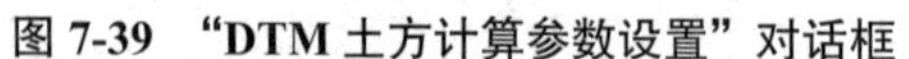
图 7-39 “DTM 土方计算参数设置”对话框

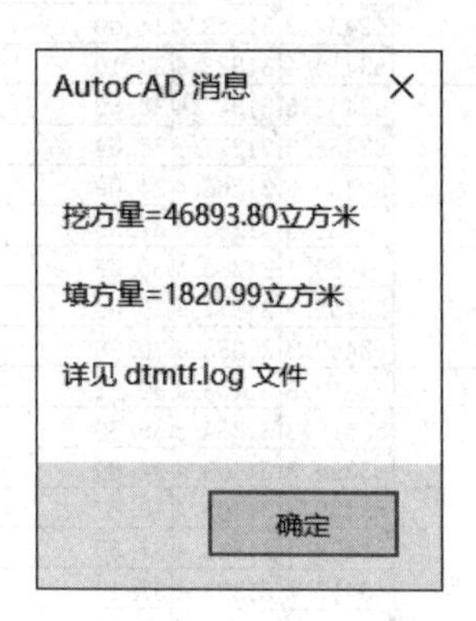

图 7-40 三角网法土方计算屏幕显示结果

“请指定表格左下角位置：<直接回车不绘制表格>”：在绘图区空白处用鼠标指定表格左下角位置，即可绘制如图 7-41 所示的三角网土方计算图。

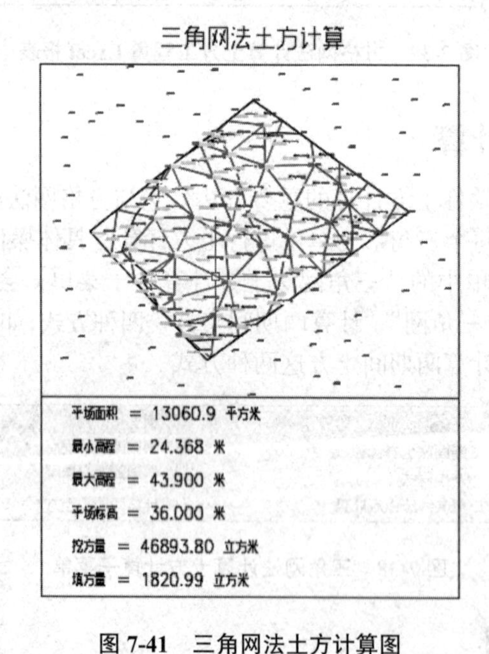

图 7-41 三角网法土方计算图

导出的 Excel 文件显示了每个三角形的计算结果，如图 7-42 所示。

（二）计算两期间土方

南方数码 CASS 软件的计算两期间土方，是一种非常灵活的计算开挖前后土石方变化工程量的方式。它的操作方式非常简单，即开挖前（或填方前），测量施工区域的第一期间地形图，并把数字地形图输出成第一期三角网；开挖后（或填方后）测量施工区域的第二期间地形图，并把数字地形图输出成第二期三角网。系统根据第一期三角网和第二期三角网即可计算出两

				三角形节点1			三角形节点2			三角形节点3			
三角形编号	挖方	填方	三角形面积	开挖前标高	设计标高	施工高差	开挖前标高	设计标高	施工高差	开挖前标高	设计标高	施工高差	平均高差
1	61.28	5.96	56.643	39.555	36.000	3.555	37.000	36.000	1.000	34.375	36.000	-1.625	0.977
2	244.61	25.81	233.835	39.555	36.000	3.555	34.375	36.000	-1.625	36.877	36.000	0.877	0.936
3	7.08	24.61	65.579	37.000	36.000	1.000	34.375	36.000	-1.625	35.824	36.000	-0.176	-0.267
4	541.42	0.00	254.449	39.555	36.000	3.555	36.877	36.000	0.877	37.951	36.000	1.951	2.128
5	3.96	75.40	100.054	34.375	36.000	-1.625	36.877	36.000	0.877	34.606	36.000	-1.394	-0.714
6	120.74	0.04	83.674	37.000	36.000	1.000	35.824	36.000	-0.176	39.504	36.000	3.504	1.443
7	904.24	0.00	231.167	39.555	36.000	3.555	37.951	36.000	1.951	42.229	36.000	6.229	3.912
8	111.57	58.92	225.107	36.877	36.000	0.877	37.951	36.000	1.951	33.873	36.000	-2.127	0.234
9	4.16	115.15	125.971	36.877	36.000	0.877	34.606	36.000	-1.394	33.873	36.000	-2.127	-0.881
10	469.06	0.00	174.608	37.000	36.000	1.000	39.504	36.000	3.504	39.555	36.000	3.555	2.686
11	109.31	0.02	68.175	35.824	36.000	-0.176	39.504	36.000	3.504	37.482	36.000	1.482	1.603
12	1468.0	0.00	249.042	39.555	36.000	3.555	42.229	36.000	6.229	43.900	36.000	7.900	5.895
13	529.34	0.00	187.826	37.951	36.000	1.951	42.229	36.000	6.229	36.275	36.000	0.275	2.818
14	34.41	104.58	170.579	37.951	36.000	1.951	33.873	36.000	-2.127	34.942	36.000	-1.058	-0.411
15	0.00	447.38	177.728	34.606	36.000	-1.394	33.873	36.000	-2.127	31.969	36.000	-4.031	-2.517
16	1552.1	0.00	365.097	39.504	36.000	3.504	39.555	36.000	3.555	41.694	36.000	5.694	4.251
17	6.80	0.02	10.891	35.824	36.000	-0.176	37.482	36.000	1.482	36.562	36.000	0.562	0.622
18	391.41	0.00	163.409	39.504	36.000	3.504	37.482	36.000	1.482	38.200	36.000	2.200	2.395
19	2025.4	0.00	354.311	39.555	36.000	3.555	43.900	36.000	7.900	41.694	36.000	5.694	5.716
20	671.77	0.00	93.141	42.229	36.000	6.229	43.900	36.000	7.900	43.508	36.000	7.508	7.212
21	36.47	7.37	74.786	37.951	36.000	1.951	36.275	36.000	0.275	34.942	36.000	-1.058	0.389
22	393.78	0.00	176.527	42.229	36.000	6.229	36.275	36.000	0.275	36.188	36.000	0.188	2.231
23	912.79	0.00	240.237	39.504	36.000	3.504	41.694	36.000	5.694	38.200	36.000	2.200	3.800
24	102.95	0.00	72.778	37.482	36.000	1.482	36.562	36.000	0.562	38.200	36.000	2.200	1.415

图 7-42　三角网法土方计算 Excel 表

期之间的土石方量变化，即施工前后的总挖方量（或总填土方量）。

单击“计算两期间土方”子菜单，并根据命令区提示操作。

“第一期三角网：[(1)图面选择/(2)三角网文件]<2>”：例如输入“第 1 期三角网 .SJW”。

“第二期三角网：[(1)图面选择/(2)三角网文件]<1>2”：例如输入“第 2 期三角网 .SJW”。

系统即计算出挖方量 =49 187.71m^3，填方量 =4 939.69m^3，并在绘图区显示，如图 7-43 所示。

“请指定表格左上角：< 直接回车不绘制表格 >”：在绘图区的空白处单击计算表格的绘制位置，即可绘制出两期间土方计算的表格，如图 7-44 所示。

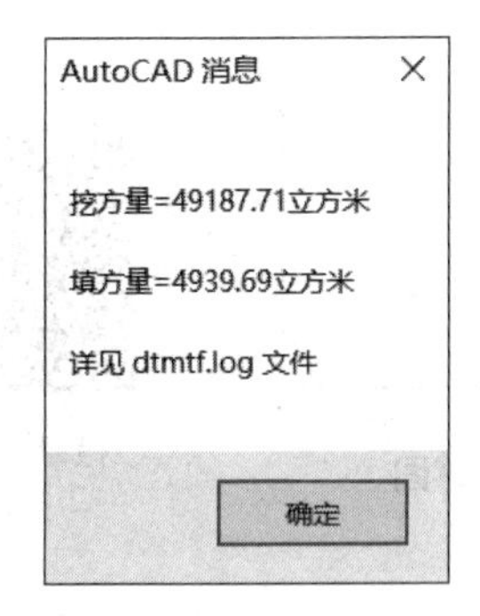

图 7-43　两期间土方计算的屏幕显示结果

两期间土方计算

	一期	二期
平场面积	51235.8 平方米	15748.5 平方米
三角形数	233	26
最大高程	43.900 米	36.000 米
最小高程	24.368 米	36.000 米
挖方量	49187.71 立方米	
填方量	4939.69 立方米	

图 7-44　两期间土方计算表

三、区域土方平衡

所谓区域土方平衡，是指在某一施工区域，确定一个合理的场地平整施工标高，使本区域内的填方和挖方工程量相等。该设计标高将作为计算填挖土方工程量、进行土方平衡调配、选择施工机械、制定施工方案的依据。

如图 7-45 所示，单击“工程应用”菜单中的“区域土方量平衡”子菜单，会有“根据坐标文件”和“根据图上高程点”两种方式，现以第一种方式为例进行操作。

“选择计算区域边界线”：用鼠标拾取用多段线绘制的施工区域闭合边界。

图 7-45　区域土方平衡菜单

“请输入边界插值间隔（m）: <20>” 默认 20 则直接按回车键。系统会弹出如图 7-46 所示的对话框。

通过计算，得到土方平衡高度 =39.451m，挖方量 =13 348m^3，填方量 =13 349m^3，即平场标高为 39.451m。

“请指定表格左下角位置”: < 直接回车不绘制表格 >，用鼠标指定绘制土方平衡图的位置，则系统自动绘制出；图 7-47 所示的土石方计算图。图中会显示平场面积（即施工区域的平面积）、最小高程、最大高程、土方平衡高度、挖方量和填方量等，并绘制一个计算图，图中的黑色线条，即填挖分界线。

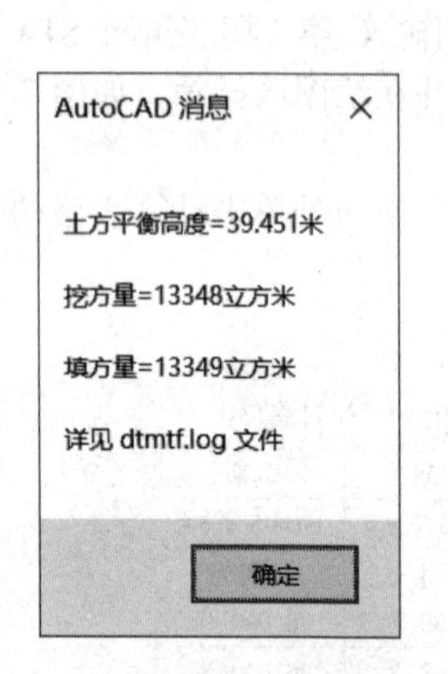

图 7-46　区域土方平衡计算结果

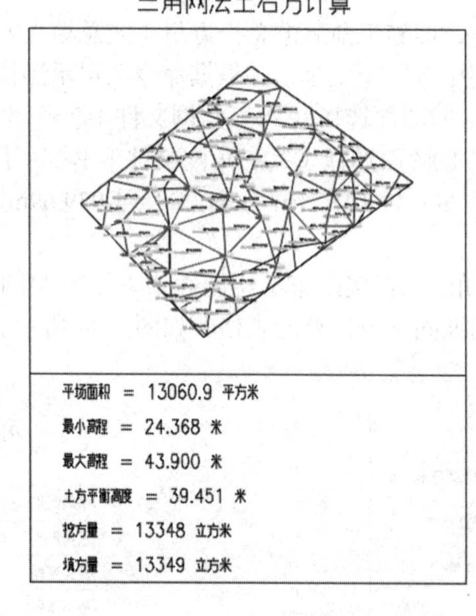

图 7-47　区域土方平衡计算图

微课：土石方工程量计算

四、断面法土方计算

断面法计算土方通常在横断面图的基础上进行。这里先介绍生成里程文件和绘制横断面图的方法，再讲述断面法土方计算。

要绘制横断面图，须先绘制数字地形图等高线，这里以 demo 文件夹下的 dgx.dat 数据为例介绍生成里程文件的方法。

（一）绘制等高线

1. 展点号

生成里程文件前需完成等高线的生成，单击“绘图处理”菜单中的“展野外测点点号”子菜单，弹出“输入坐标数据文件名”对话框，打开 dgx.dat 文件，展绘出测点点号，如图 7-48 所示。

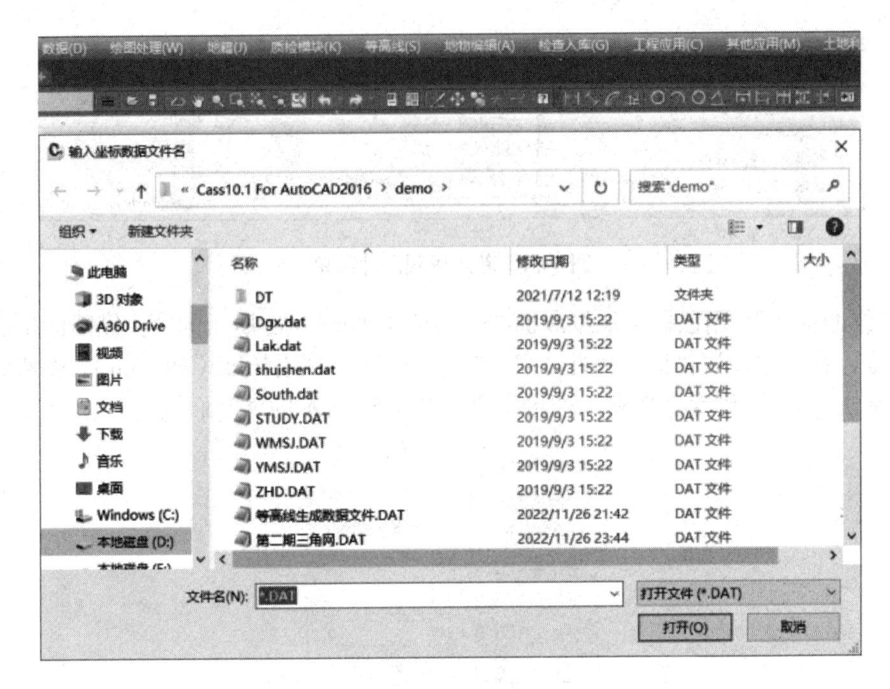

图 7-48 “输入坐标数据文件名”对话框

2. 建立三角网

单击“等高线”菜单中的“建立三角网”子菜单，坐标数据文件名选择 demo 文件夹下的 dgx.dat 文件，其他默认设置，单击“确定”按钮，即完成了三角网的建立，如图 7-49 所示。

3. 绘制等高线

单击“等高线”菜单中的“绘制等高线”子菜单，设置等高距为 0.5，拟合方式为“三次 B 样条拟合”，单击“确定”按钮，即完成等高线绘制。删除三角网，如图 7-50 所示。

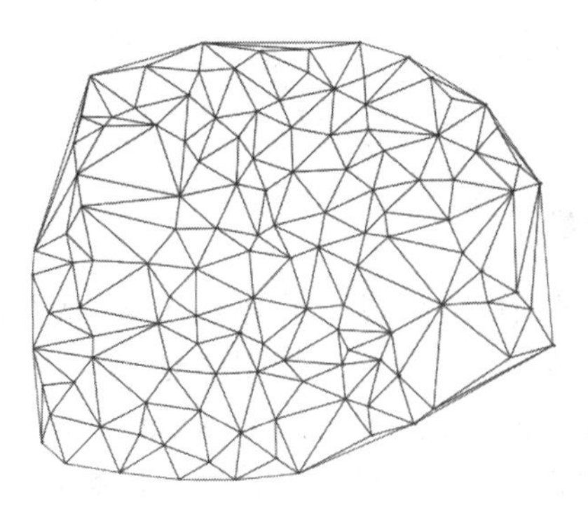

图 7-49 建立三角网

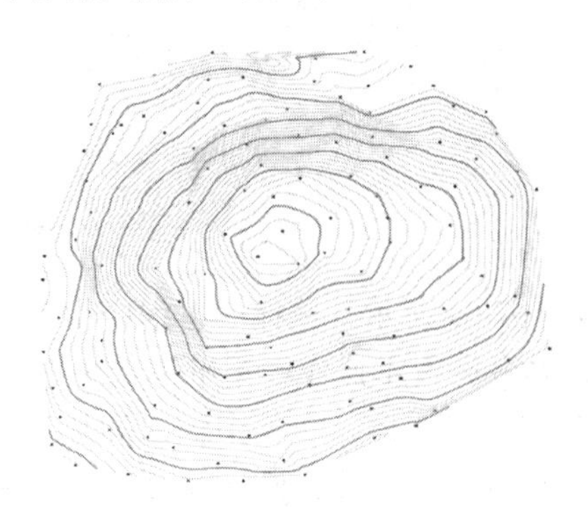

图 7-50 绘制等高线

（二）生成里程文件

用多段线 Pline 命令绘制连接 dgx.dat 中测点点号 10 和 108，起点测点 10，终点测点 108，纵断面线，然后按下述方式生成里程文件。

如图 7-51 所示，选择“工程应用”菜单→“由纵断面线生成”子菜单→“新建”命令，并根据命令区提示操作。

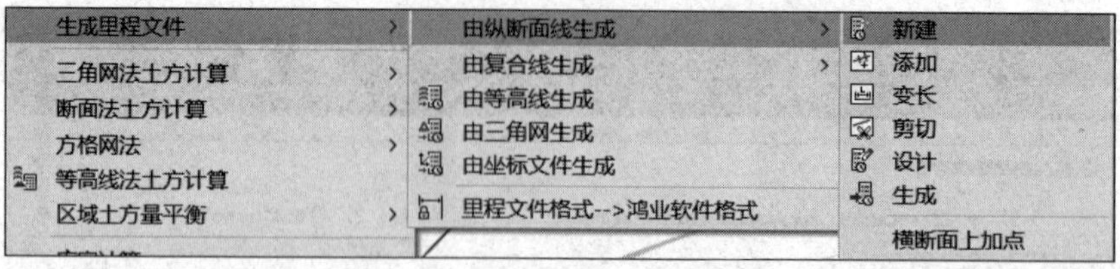

图 7-51　新建里程文件菜单

“选择纵断面线”：用鼠标拾取纵断面线，会弹出如图 7-52 所示的“由纵断面生成里程文件”对话框，在其中设置横断面间距（如 25m）、横断面左边长度（如 15m）、横断面右边长度（如 15m），单击“确定”按钮，即可生成如图 7-53 所示的横断面线。

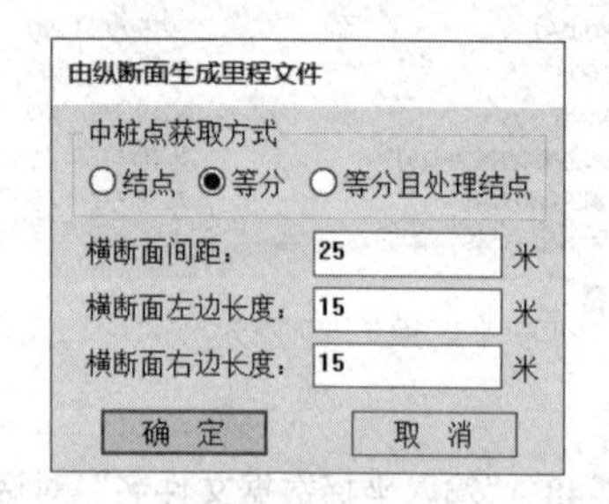

图 7-52　“由纵断面生成里程文件”对话框

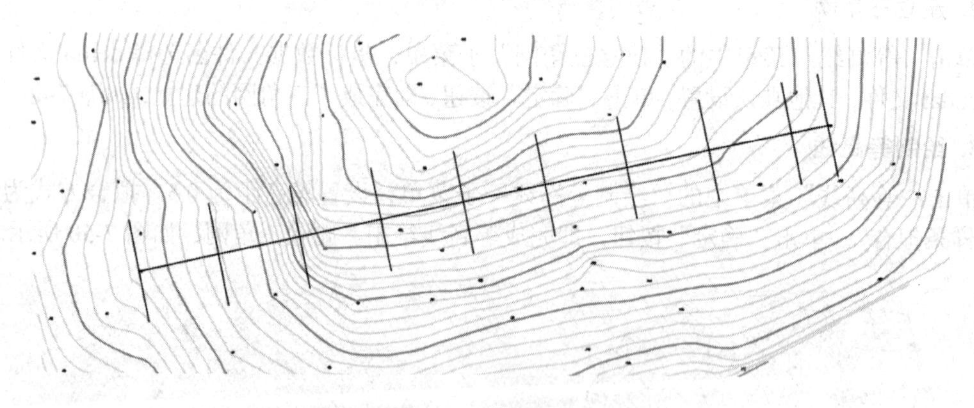

图 7-53　横断面线

如图 7-54 所示，选择“工程应用”菜单→“由纵断面线生成”子菜单→“生成”命令，并根据命令区提示操作。用鼠标选中图 7-53 中的纵断面线，会弹出如图 7-55 所示的“生成里程文件”对话框，在其中输入原地形图绘制等高线的数据文件名（Dgx.dat 数据）、即将生成的里程文件名（横断面生成里程文件 .hdm）、即将生成的里程文件对应的数据文件名

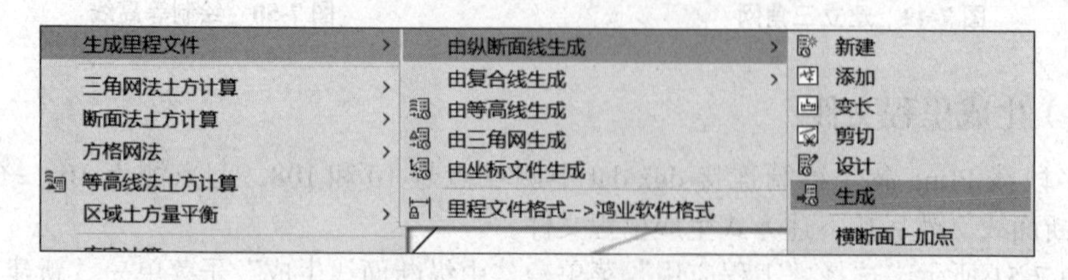

图 7-54　调用“生成”命令

（横断面对应的里程文件 .dat）、输入起始里程、选择是否自动取与地物交点、选择是否输出 EXCEL 表格，单击“确定”按钮，即可生成如图 7-56 所示的横断面桩号和如图 7-57 所示的横断面成果表。

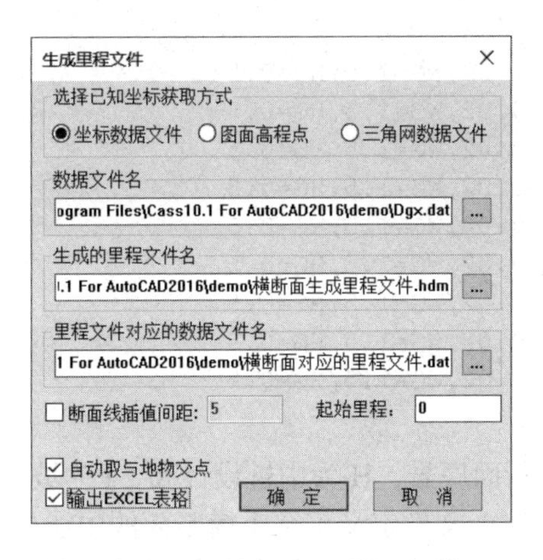

图 7-55　“生成里程文件”对话框

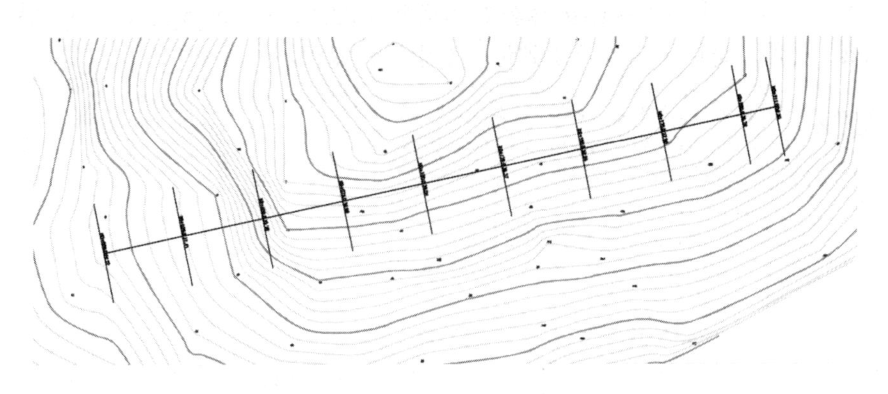

图 7-56　横断面桩号

横断面成果表												
观测：		记录：		量距		计算：						
左边：（以面向前进方向）						桩号	右边：（以面向前进方向）					
					15.000	K0+000.000	4.983	14.318	15.000			
					29.018	29.223	29.000	28.500	28.388			
				15.000	6.500	K0+025.000	15.000					
				31.230	31.424	31.410	31.205					
		15.000	12.371	7.857	2.472	K0+050.000	7.296	10.618	13.830	15.000		
		37.313	37.000	36.500	36.000	35.777	35.500	35.000	34.500	34.317		
	15.000	11.803	7.242	4.467	1.694	K0+075.000	1.177	4.605	7.701	10.741	13.721	15.000
	40.578	40.500	40.000	39.500	39.000	38.694	38.500	38.000	37.500	37.000	36.500	36.284
15.000	13.087	10.263	7.519	4.903	2.355	K0+100.000	0.166	2.692	5.254	8.035	11.652	15.000
41.836	41.500	41.000	40.500	40.000	39.500	39.036	39.000	38.500	38.000	37.500	37.000	36.557
	15.000	12.116	8.425	4.703	0.972	K0+125.000	2.620	6.121	9.612	13.092	15.000	
	40.378	40.000	39.500	39.000	38.500	38.370	38.000	37.500	37.000	36.500	36.225	
	15.000	11.231	7.964	4.708	1.454	K0+150.000	1.798	5.079	8.361	11.650	15.000	
	40.511	40.000	39.500	39.000	38.500	38.286	38.000	37.500	37.000	36.500	36.003	
			15.000	10.191	1.943	K0+175.000	4.242	8.201	11.649	14.966		
			38.772	38.500	38.000	37.897	37.500	37.000	36.500	36.000		
			15.000	9.202	2.734	K0+200.000	3.487	9.232	14.341	15.000		
			37.833	37.500	37.000	36.782	36.500	36.000	35.500	35.449		
				15.000	8.450	K0+210.955	3.052	8.372	13.880	15.000		
				36.688	36.500	36.296	36.000	35.500	35.000	34.913		

图 7-57　各横断面成果表

（三）确定横断面设计文件相关参数

横断面设计文件在 CASS 软件 demo 文件夹下就有一个横断面设计文件 ZDH.TXT，格式如下：

```
1,H=89,I=1:1,W=10,A=0.02,WG=1.5,HG=0.5
2,H=89,I=1:1,W=10,A=0.02,WG=1.5,HG=0.5
3,H=89,I=1:1,W=10,A=0.02,WG=1.5,HG=0.5
4,H=89,I=1:1,W=10,A=0.02,WG=1.5,HG=0.5
5,H=89,I=1:1,W=10,A=0.02,WG=1.5,HG=0.5
6,H=89,I=1:1,W=10,A=0.02,WG=1.5,HG=0.5
7,H=89,I=1:1,W=10,A=0.02,WG=1.5,HG=0.5
8,H=89,I=1:1,W=10,A=0.02,WG=1.5,HG=0.5
9,H=89,I=1:1,W=10,A=0.02,WG=1.5,HG=0.5
END
```

其中，第一列序号为横断面序号，H 为中桩设计高，I 为坡度，W 为路宽，A 为横坡率，WG 为沟上宽，HG 为沟高。以上文件定义了 9 个横断面的中线桩设计高、坡比和宽度等参数，只有编辑好横断面设计文件才能生成需要的各个横断面的断面图。

为便于读者学习，本节直接给出编辑好的横断面设计，在 demo 文件夹下新建“横断面设计文件 .txt”文件。将以下内容复制到记事本中，并保存。

```
1,H=35.0,I=1:1,W=5,A=0.02,WG=1.5,HG=0.5
2,H=35.7,I=1:1,W=5,A=0.02,WG=1.5,HG=0.5
3,H=36.2,I=1:1,W=5,A=0.02,WG=1.5,HG=0.5
4,H=36.8,I=1:1,W=5,A=0.02,WG=1.5,HG=0.5
5,H=37.4,I=1:1,W=5,A=0.02,WG=1.5,HG=0.5
6,H=38.0,I=1:1,W=5,A=0.02,WG=1.5,HG=0.5
7,H=38.5,I=1:1,W=5,A=0.02,WG=1.5,HG=0.5
8,H=39.2,I=1:1,W=5,A=0.02,WG=1.5,HG=0.5
9,H=39.7,I=1:1,W=5,A=0.02,WG=1.5,HG=0.5
10,H=40.0,I=1:1,W=5,A=0.02,WG=1.5,HG=0.5
END
```

（四）南方 CASS 软件道路横断面图绘制方法

选择“工程应用”菜单→“断面法土方计算”子菜单→“道路断面”命令，系统会弹出如图 7-58 所示的“断面设计参数”对话框，在其中选择前面生成的里程文件（横断面生成里程文件 .hdm）、横断面设计文件（横断面设计文件 .txt）、设置道路参数。在“道路参数”中，输入“中桩设计高程”为 35，“路宽”为 5，其他默认，单击“确定”按钮，会弹出“绘制纵断面图”对话框，如图 7-59 所示，在其中设置比例、绘图位置等，单击“确定”按钮后，系统会按照对话框中指定的坐标位置绘制纵断面图，如图 7-60 所示。

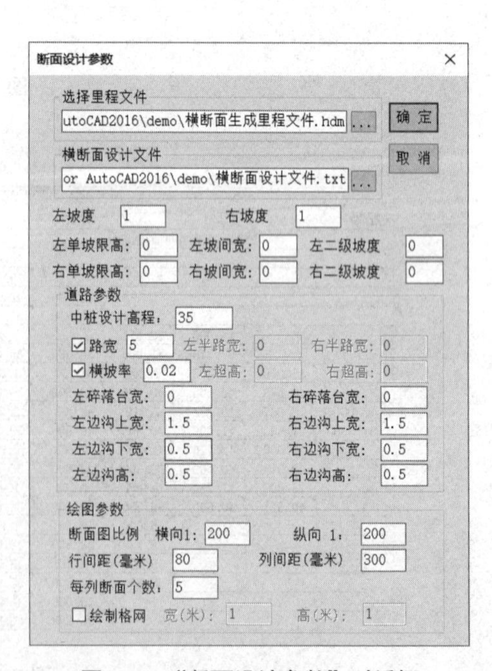

图 7-58 “断面设计参数”对话框

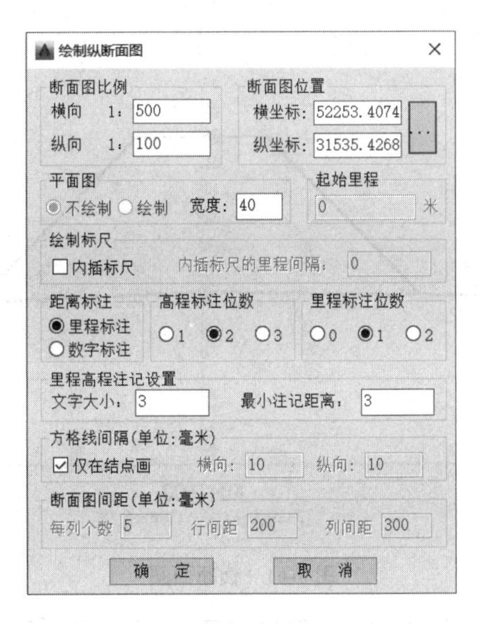

图 7-59 “绘制纵断面图”对话框

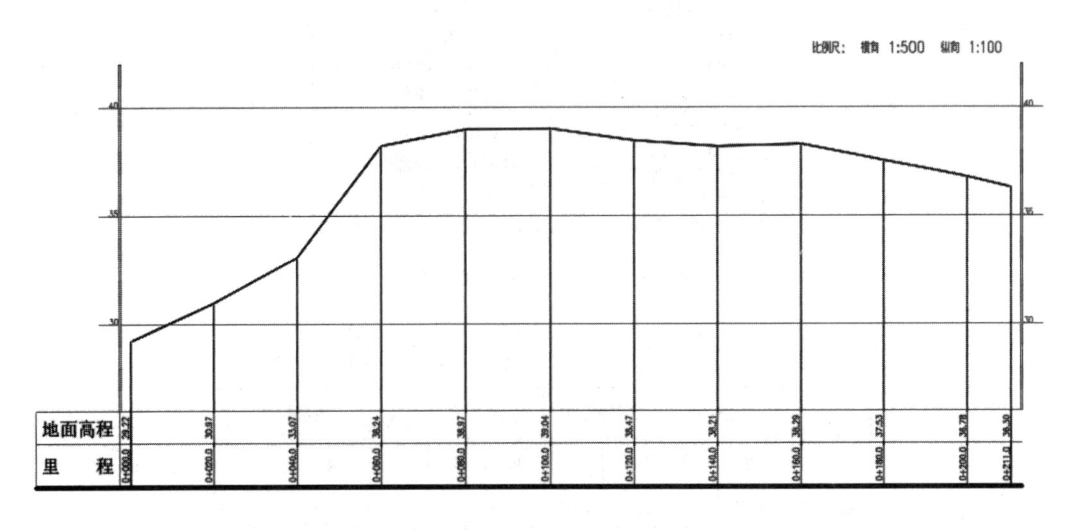

图 7-60 纵断面图

绘制纵断面图后，系统会提示指定横断面图起始位置，鼠标指定位置后会绘制横断面图，如图 7-61 所示。

（五）南方 CASS 软件道路断面土方计算

选择“工程应用”菜单→“断面法土方计算”子菜单→“图面土方计算”命令，如图 7-62 所示，并按命令行提示进行操作。

“选择要计算土方的横断面图”：勾选需要计算土方量的断面，系统会提示找到了多少个对象。

“指定土石方计算表左上角位置”：鼠标指定土石方计算表在图上的位置，即可绘制土石方计算表。同时系统会显示计算结果，如“总挖方 =2 668.62m^3，总填方 =1 163.53m^3”，如图 7-63 所示。

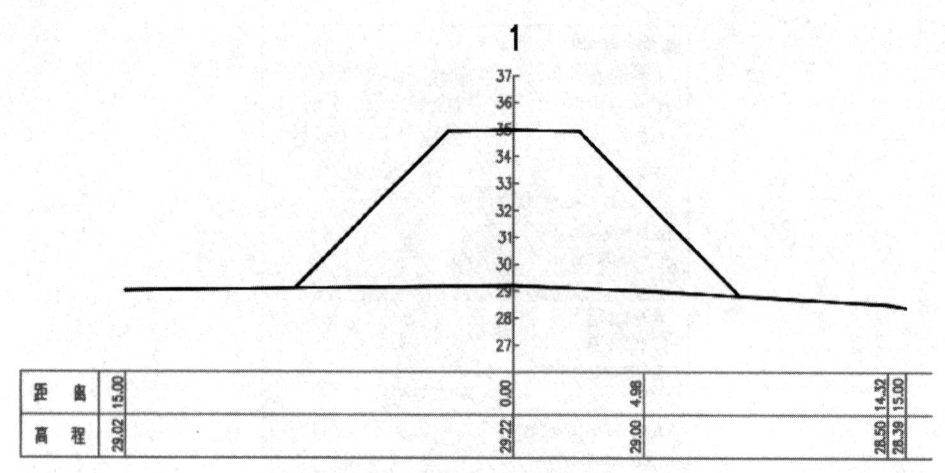

图 7-61 横断面图

断面法土方计算
方格网法
等高线法土方计算
区域土方量平衡
库容计算
绘断面图
公路曲线设计
计算指定范围的面积
统计指定区域的面积
指定点所围成的面积
线条长度调整
道路设计参数文件
道路断面
场地断面
任意断面
图上添加断面线
修改设计参数
编辑断面线
修改断面里程
图面土方计算
图面土方计算(excel)
二断面线间土方计算

图 7-62 图面土方计算子菜单

土石方数量计算表

里程	中心高/m		横断面积/m²		平均面积/m²		距离/m	总数量/m³	
	填	挖	填	挖	填	挖		填	挖
K0+0.00	5.78		63.67	0.00					
					51.62	0.00	25.00	1290.51	0.00
K0+25.00	4.29		39.57	0.00					
					20.76	0.20	25.00	519.00	4.95
K0+50.00	0.42		1.95	0.40					
					0.98	11.06	25.00	24.38	276.58
K0+75.00		1.89	0.00	21.73					
					0.00	20.10	25.00	0.00	502.52
K0+100.00		1.64	0.00	18.47					
					0.00	11.59	25.00	0.00	289.79
K0+125.00		0.37	0.00	4.71					
					0.64	2.97	25.00	16.10	74.30
K0+150.00	0.21		1.29	1.23					
					4.81	0.62	25.00	120.13	15.40
K0+175.00	1.30		8.32	0.00					
					15.62	0.00	25.00	390.50	0.00
K0+200.00	2.92		22.92	0.00					
					28.12	0.00	10.96	308.00	0.00
K0+210.96	3.70		33.31	0.00					
合计								2668.62	1163.53

图 7-63 土石方数量计算表

如果选择“工程应用”菜单→“断面法土方计算”子菜单→“图面土方计算（excel）”命令，选择要计算的断面后，系统会自动产生如图7-63所示的“土石方数量计算表”（Excel表）。

微课：断面图法土方计算

课后习题

1. CAD中一般使用（　　）线画出所要计算土方的区域，且一定要闭合。

A. 复合　B. 直　C. 曲　D. 折

2. 当场地地形较平坦，一般采用（　　）计算土方量。

A. 方格网法　B. 断面法　C. 三角网法　D. 等高线法

3. （　　）适用于地势起伏不大，坡度变化较为平缓场地的土方量计算。

A. 断面法　B. 方格网法　C. 等高线法　D. 不规则三角网法

4. 用DTM法计算土石方时，是通过获取实地坐标和（　　）生成三角网。

A. 设计高程　B. 实际高程　C. 结构高程　D. 原始高程

5. 在狭长地带，比如公路、渠道、沟道等，则适宜使用（　　）计算土方量。

A. DTM法　B. 方格网法　C. 等高线法　D. 断面法

6. 区域土方平衡是指（　　）。

A. 填方 = 挖方　B. 填方 ≥ 挖方

C. 填方标高 = 挖方标高　D. 填方标高 ≥ 挖方标高

7. 基坑下底长10m，下底宽6m，基坑上底长14m，上底宽10m，开挖深度3m，开挖坡率1∶0.5，求基坑开挖土方量（　　）m^2。

A. 300　B. 383.3　C. 291.65　D. 3421.33

8. 土方计算结果出现填方，说明出现（　　）情况。

A. 设计标高 < 自然标高　B. 设计标高 = 自然标高

C. 设计标高 > 自然标高　D. 设计标高异常

9. 下列（　　）不是DTM法数据采集方式。

A. 根据坐标文件　B. 根据图面高程点

C. 根据图面三角网　D. 根据道路设计参数

10. 已知某条道路的中桩线、设计参数和原始地形坐标数据，应采用（　　）方法计算土方。

A. 方格网法　B. 断面法　C. 等高线法　D. 三角网法

二、简述题

1. 简述CASS 10.1软件查询地形图指定点坐标的操作步骤。
2. 简述CASS 10.1软件查询地形图两点距离和方位的操作步骤。
3. 简述CASS 10.1软件查询地形图线长的操作步骤。
4. 简述CASS 10.1软件查询地形图面积的操作步骤。
5. 简述CASS 10.1软件查询地形图变面积的操作步骤。
6. 简述CASS 10.1软件绘制断面图的操作步骤。
7. 简述CASS 10.1软件方格网法土方工程量的操作步骤。
8. 简述CASS 10.1软件三角网法土方工程量的操作步骤。
9. 简述CASS 10.1软件区域土方平衡的操作步骤。
10. 简述CASS 10.1软件断面法土方工程量的操作步骤。

参 考 文 献

[1] 高井祥，肖本林，付培义，等 . 数字测图原理与方法 [M]. 徐州：中国矿业大学出版社，2008.
[2] 范国雄 . 数字测图技术 [M]. 南京：东南大学出版社，2016.
[3] 王正荣 , 徐晓燕，邹时林 . 数字测图 [M]. 郑州：黄河水利出版社，2021.
[4] 李金生 , 唐均，王鹏生 . 数字测图技术 [M]. 成都：西南交通大学出版社，2021.
[5] 冯大福 , 吴继业 . 数字测图 [M]. 重庆：重庆大学出版社，2022.
[6] 广东科力达仪器有限公司 .KTS-440 系列全站仪操作手册 [EB/OL].（2020-06-02）[2022-07-25]. http://www.kolida.com.cn.
[7] 广州中海达卫星导航技术股份有限公司 .Hi-Survey 软件使用说明书 [EB/OL].（2020-05-01）[2022-08-21]. https://www.zhdgps.com/.
[8] 广州南方测绘科技股份有限公司 . 测绘之星用户操作手册 [EB/OL].（2022-05-01）[2022-09-01]. http://www.southsurvey.com/.
[9] 拓普康索佳（上海）科贸有限公司 . 大地测量型全站仪使用手册 [EB/OL].（2019-05-01）[2022-06-01]. https://www.topconchina.cn/.
[10] 崔宇 . 无人机测绘技术 [M]. 深圳：大疆无人机应用技术培训中心 .
[11] 倪晓东，等 .CASS 10.1 说明书 [M]. 广州：南方数码科技股份有限公司，2018.